不锈钢材料耐蚀性能图表手册

曾瑞宏
朱鹤峰
陈　星　主编

化学工业出版社
·北京·

图书在版编目（CIP）数据

不锈钢材料耐蚀性能图表手册 / 曾瑞宏, 朱鹤峰, 陈星主编. -- 北京 : 化学工业出版社, 2025. 2.
ISBN 978-7-122-46810-9

Ⅰ. TG142. 71-62

中国国家版本馆 CIP 数据核字第 2024AE0647 号

责任编辑：周　红　　文字编辑：袁　宁
责任校对：李露洁　　装帧设计：王晓宇

出版发行：化学工业出版社
（北京市东城区青年湖南街 13 号　邮政编码 100011）
印　　刷：三河市航远印刷有限公司
装　　订：三河市宇新装订厂
787mm×1092mm　1/16　印张 29¾　字数 729 千字
2025 年 1 月北京第 1 版第 1 次印刷

购书咨询：010-64518888　　售后服务：010-64518899
网　　址：http://www.cip.com.cn
凡购买本书，如有缺损质量问题，本社销售中心负责调换。

定　　价：188.00 元　

编写人员

主　编　**曾瑞宏**　江苏东顺合金材料有限公司

朱鹤峰　无锡市东明冠特种金属制造有限公司

陈　星　中阀控股（集团）有限公司

编写人员　**路　琛**　江苏万恒铸业有限公司

陈伟伟　上海埃维玛阀门有限公司

吴　强　上海悦阀流体控制有限公司

邱仓祥　伟允阀业股份有限公司

陈纮靖　泉州昇镁阀门有限公司

主　审　**张清双**　北京市阀门总厂股份有限公司

FOREWORD

序言一

管道和阀门等装置、设备是工艺流程的主要组成部分，这些装置和设备在石油裂解、乙烯生产以及精细化工中会和大量的酸、碱、盐接触，尤其是阀门，还要在工业管道中控制水、蒸汽、油品、各种腐蚀性介质、液态金属和放射性介质等流体的流动，同时承受高压、高温、磨损、腐蚀、易燃、易爆、噪声、振动等。这就对组成这些装置和设备的材料提出了很高的要求。

材料选择在管道和阀门制造中发挥着重要作用，尤其是在处理腐蚀性流体时，若材质选型不当，会造成外漏或内漏，零部件的综合力学性能、强度和刚度不能满足使用要求甚至断裂时，还会导致有毒性、腐蚀性、放射性和易燃易爆介质的泄漏甚至引起爆炸，既浪费资源和能源，又污染环境，还可能造成重大的设备故障和人身伤亡事故以及经济损失。所以，无论是阀门的设计者、生产者，还是用户，历来都把材质作为首要因素和关键因素来考虑。本书作者是来自台湾的曾瑞宏先生。曾瑞宏先生先后在天津、福建和江苏长期从事机械设备、管道和阀门材料的铸造工艺技术研究，尤其对石化装备以及阀门材料的耐温、耐蚀机理进行了深入的研究，并取得了卓有成效的研究成果。曾瑞宏先生在繁忙的工作之余，结合多年的研究成果，编撰了《不锈钢材料耐蚀性能图表手册》一书。书中介绍了各种不锈钢的化学成分、力学性能、抗腐蚀当量指数和物理性能，重点描述了各种酸、碱、盐的物性参数、功效以及对各种不锈钢的腐蚀作用和腐蚀速率。本书为管道和阀门等装置及设备的材料选择提供了参考依据，也为不锈钢材料耐腐蚀性能的研究提供了方向。

我和曾瑞宏先生结识多年，多次就压力管道和阀门材料在严酷工况下的使用要求进行探讨，深为曾瑞宏先生严谨的学术思想所钦佩。曾瑞宏先生嘱我为本书写序，并与广大读者共勉。

张希恒于兰州理工大学

FOREWORD

序言二

耐腐蚀不锈钢材料广泛应用于航空航天、化工、食品、造纸等领域，在酸、碱、盐液中都有良好的耐蚀性，在800℃以下空气中有良好的抗氧化性能和可焊接性能。在充氧或有氧化剂存在的还原性酸中，以及有氯离子、氟离子存在的氧化性酸中，具有独特的耐蚀性。有优异的耐点蚀、耐均匀腐蚀及耐晶间腐蚀性能，又有良好的高温力学性能。

不锈钢作为航空航天领域常用的材料之一，因其耐腐蚀性好和高温强度大而备受认可。例如，航空器上的内外壳、发动机部件、涡轮叶片等，都可以采用不锈钢材料制造。不锈钢的耐腐蚀、抗高温等性能，使之成为制造航空器所必需的优质材料。

曾瑞宏先生从事不锈钢阀门制造多年，从台湾来大陆后，曾在一些阀门制造企业工作过，曾获得过“福建省引进台湾高层次人才百人计划”和“福建省劳动模范”等荣誉称号。

本书以使用环境为主线，列出了大部分不锈钢的概略化学性能、物理性能和力学性能，以及和局部腐蚀有关的抗腐蚀当量指数和临界腐蚀温度等具有参考价值的数据。这些对从事不锈钢阀门制造的工程技术人员具有很高的参考价值，特此推荐。

黄天佑

黄天佑 2023.9.28于清华园

PREFACE

前言

笔者从事不锈钢阀门制造多年，在和终端客户接触的过程中，经常发现客户因选材不当，造成阀门因腐蚀而过早失效，导致出现重大的经济损失，严重时甚至产生安全事故；而在与终端客户的交流过程中，客户反馈一直没有合适的参考资料可以使用；业界认为关于材料和介质适用性的信息都比较笼统或片面，因此急需一本可以涵盖各类腐蚀介质环境适用性的参考工具书。

我们都知道不锈钢的耐腐蚀性能主要取决于其中的合金元素，而其中影响耐腐蚀性能的主要合金元素有碳、氮、铬、镍、钼、锰、硅、铜、铌和钛等。在此我们分别简略地说明如下。

碳：碳为间隙型元素，对不锈钢的影响具有两面性。一方面它可以形成晶界碳化物而对高温强度有利，但另一方面它容易在600～900℃的温度下形成晶界碳化铬而耗损晶界附近区域的抗氧化性元素铬，导致晶界腐蚀。因此，不锈钢中的碳含量一般都要求在0.08%以下，甚至0.03%以下。

氮：氮为间隙型元素，氮对不锈钢有许多有利的作用，它不仅可以明显提高不锈钢的强度，且对不锈钢的抗局部腐蚀性能（例如点蚀、缝隙腐蚀、应力腐蚀）也有很明显的帮助；并且因为它可以降低铬、钼的扩散系数，因此也可以降低脆性金属中间相（例如σ相）的形成。但如果铁素体不锈钢和双相不锈钢中的氮含量太高，会因为氮化铬的形成而降低不锈钢的耐腐蚀性能。

铬：铬为不锈钢的基本合金元素，也是其耐蚀性能的主要来源，当铬含量大于10.5%时，可在金属表面形成一层致密的氧化铬保护层，从而使不锈钢在大气环境下保持“不锈”，对提高不锈钢的抗氧化性能（例如硝酸）特别有利。铬为脆性金属中间相的组成元素，容易导致脆性相的产生，特别是在高铬钢种中，例如铁素体不锈钢和双相不锈钢。

镍：镍可提高钝化膜的稳定性及奥氏体的热力学稳定性（使高低温都保持为奥氏体组织）；对提高不锈钢的抗氧化性酸和还原性酸性能都有利，特别是对抗硫酸腐蚀的性能很重要，且对降低应力腐蚀裂纹也有利。但因为高温下镍容易和硫反应形成低熔点的硫化物，所以在高温含硫和硫化物环境中并不适用。

钼：钼可以明显提高不锈钢的抗点蚀和抗缝隙腐蚀性能，且对提高抗还原性酸的腐蚀能力也有利；但钼对不锈钢的抗氧化性腐蚀能力不利，主要是因为钼氧化物具有挥发性（MoO_3，挥发点为450℃）；同时钼也会促进脆性金属中间相的形成。

锰：锰对不锈钢的耐腐蚀性能有特别不利的影响，所形成的硫化锰经常成为点蚀和缝隙腐蚀的起源点；但对于提高含氮不锈钢的氮溶解度有利。

硅：硅对提高不锈钢的抗氧化性能非常有利，对提高抗应力腐蚀裂纹能力也会有帮助；但容易促进脆性相（金属中间相）的产生，且含量过高时会产生大量的熔渣而造成生产困扰。

铜：铜可以提高不锈钢在硫酸和磷酸等还原性介质中的耐腐蚀性能；也是提高时效硬化不锈钢强度的重要元素。

铌和钛：铌和钛都是强碳化物的形成元素，可利用它们和碳的强亲和力而用在稳定化不锈钢中，以降低不锈钢的晶界腐蚀倾向。

本书以使用环境为主线，列出了从最基础的410系列马氏体不锈钢、430系列铁素体不锈钢、304和316系列奥氏体不锈钢、高钼不锈钢654 SMo，一直到904L高合金不锈钢、2205和2507双相不锈钢等对各种环境的适用性；也考虑了介质浓度和温度的影响；同时列出了碳钢和钛合金的耐腐蚀性能作为参照。

在某些工况下，除了一般腐蚀外，还需考虑局部腐蚀的倾向，因此在列表中也指出了环境对局部腐蚀的可能倾向。

本书还列出了大部分不锈钢的一般化学成分、物理性能和力学性能，以及和局部腐蚀有关的抗腐蚀当量指数和临界腐蚀温度等具有参考价值的数据。

本书对各种腐蚀介质做了概略的说明，包括物理和化学性能、酸碱性以及用途等。

曾瑞宏

CONTENTS

目录

如何使用本书

在各种可能的环境中，各种不锈钢的腐蚀速率都已在实际案例中得到了测量。这些数据可以从许多来源获得，下面摘录不锈钢在不同环境中的腐蚀速率图表，这些图表显示了不锈钢在不同环境条件下（如温度、浓度等）的腐蚀行为。这些信息可以指导设计师为不同的环境选择合适的钢材，并且我们强烈推荐使用。

合金元素的影响在任何环境中都不会一样。因此，虽然这些实验数据是有用和必要的，但了解一些主要的合金-环境的匹配特性也会有帮助。

本书图表中符号的含义

○ 这种材料是耐腐蚀的。腐蚀速率小于0.1mm/a。

$○_p$ 这种材料虽耐腐蚀，但有点蚀和缝隙腐蚀的风险。

$○_s$ 这种材料虽耐腐蚀，但有应力腐蚀的风险。

$○_{ps}$ 这种材料虽耐腐蚀，但同时会有点蚀或缝隙腐蚀及应力腐蚀的风险。

● 这种材料不耐腐蚀，但在某些情况下很有用。腐蚀速率0.1～1.0mm/a。

$●_p$ 这种材料不耐腐蚀，但在某些情况下很有用。腐蚀速率为0.1～1.0mm/a，有点蚀和缝隙腐蚀的风险。

$●_s$ 这种材料不耐腐蚀，但在某些情况下很有用。腐蚀速率为0.1～1.0mm/a，有应力腐蚀的风险。

$●_{ps}$ 这种材料不耐腐蚀，但在某些情况下很有用。腐蚀速率为0.1～1.0mm/a，同时会有点蚀、缝隙腐蚀以及应力腐蚀的风险。

X 严重的腐蚀，这种材料不能用。腐蚀速率大于1.0mm/a。

BP 溶液的沸点。

p 有点蚀和缝隙腐蚀的风险（严重风险）。

s 有应力腐蚀开裂的风险（严重风险）。

c 缝隙腐蚀风险（严重风险）。仅在有缝隙的情况下，有局部腐蚀的危险时使用。在更严重的情况下，当存在点蚀的风险时，用 p 或 P 的符号代替。

ig 有晶间腐蚀的风险。

注意

所有空格，表示没有实验资料。备注 ig、p、c 和 s 时，通常只用在均匀腐蚀速率≤1.0mm/a 的场所。点蚀（p）、缝隙腐蚀（c）和应力腐蚀开裂（s）的风险取决于许多因素，例如产品形式、表面粗糙度和环境中氧化剂的存在或缺失。在含氯化物环境的表中使用 p、c 和 s 并不一定意味着在任何情况下都会出现点蚀、缝隙腐蚀或应力腐蚀开裂。反之，这些符号的缺失并不一定意味着局部腐蚀总是可以避免的。

基础数据

一、不锈钢一级分类下的具体钢种

系列	包含类别
Moda 410S/4000	Moda 409/4512
	Moda 410L/4003
	Moda 410S/4000
	Moda 4589
Moda 430/4016	Moda 430/4016
	Moda 4511
	Moda 430Ti/4520
	Moda 439/4510
	Core 441/4509
Core 304L/4307	Core 304L/4307
	Core 304/4301
	Core 304LN/4311
	Core 321/4541
	Core 305/4303
	Core 304L/4306
Supra 316L/4404	Supra 316L/4404
	Supra 316/4401
	Supra 316LN/4406
	Supra 316/4436
	Supra 316L/4432
	Supra 316Ti/4571
	Supra 316L/4435
Ultra 317L/4439	Ultra 317L
	Ultra 4439

以上几种系列均包含具体的钢种，后面的一系列腐蚀图表将不再列出上表所包含的具体钢种。

二、所列不锈钢的化学成分、力学性能、抗腐蚀当量指数和物理性能

（1）化学成分

Outokumpu（奥托昆普）的名称	EN 等级	ASTM 等级	UNS 牌号	基体组织类别	C	N	Cr	Ni	Mo	其他
Moda 410S/4000	1.4000	TYPE 410S	S41008	F	0.03		12.5			
Moda 410L/4003	1.4003		S40977	F	0.02		11.5	0.5		
Moda 430/4016	1.4016	TYPE 430	S43000	F	0.05		16.2			
Moda 439/4510	1.4510	TYPE 439	S43035	F	0.02		17.0			Ti
Moda 409/4512	1.4512	TYPE 409	S40900	F	0.02		11.5	0.2		Ti
Moda 430Ti/4520	1.4520			F	0.02		16.2			Ti
Moda 4589	1.4589			F	0.05		14.0	1.7	0.3	Ti
Core 201LN/4372				A	0.02	0.16	16.2	4.1		Cu:0.75 Mn:6.6
Core 434/4113	1.4113	434	S43400	F	0.05		16.5		1.0	
Core 305/4303	1.4303	TYPE 305	S30500	A	0.04		17.7	12.5		
Core 304L/4306	1.4306	TYPE 304L		A	0.02		18.2	10.1		
Core 304L/4307	1.4307	TYPE 304L	S30403	A	0.02		18.1	8.1		
Core 301/4310	1.4310	TYPE 301	S30100	A	0.10		17.0	7.0		
Core 304LN/4311	1.4311	TYPE 304LN	S30453	A	0.02	0.14	18.5	9.2		
Core 301LN/4318	1.4318	TYPE 301LN	S30153	A	0.02	0.14	17.7	6.5		
Core 201/4372	1.4372	TYPE 201	S20100	A	0.05	0.08	16.1	3.6		Mn:6.6
Core 439M				F	0.02		17.6			Nb、Ti
Core 441/4509	1.4509		S43940	F	0.02		17.6			Nb、Ti
Core 436/4513	1.4513			F	0.02		17.0		1.0	Ti
Core 321/4541	1.4541	TYPE 321	S32100	A	0.04		17.3	9.1		Ti
Core 347/4550	1.4550	TYPE 347H	S34709	A	0.05		17.5	9.5		Nb
Core 201/4618	1.4618			A	0.06		16.6	4.6		Cu:1.7 Mn:7.9
Core 4622	1.4622		S44330	F	0.02	0.02	21			Cu:0.4 Nb、Ti
Supra 316/4401	1.4401	TYPE 316H	S31609	A	0.04		17.2	10.1	2.1	
Supra 316L/4404	1.4404	TYPE 316L	S31603	A	0.02		17.2	10.1	2.1	
Supra 316plus	1.4420		S31655	A	0.02	0.19	20.3	8.6	0.7	

Outokumpu（奥托昆普）的名称	EN 等级	ASTM 等级	UNS 牌号	基体组织类别	C	N	Cr	Ni	Mo	其他
Supra 316LN/4429	1.4429		S31653	A	0.02	0.14	17.3	12.5	2.6	
Supra 316L/4432	1.4432	TYPE 316L		A	0.02		16.9	10.7	2.6	
Supra 316L/4435	1.4435	TYPE 316L		A	0.02		17.3	12.6	2.6	
Supra 316/4436	1.4436	TYPE 316		A	0.04		16.9	10.7	2.6	
Supra 444/4521	1.4521	TYPE 444	S44400	F	0.02		18.0		2.0	Nb、Ti
Supra 316Ti/4571	1.4571	TYPE 316Ti	S31635	A	0.04		16.8	10.9	2.1	Ti
Forta DX 2205	1.4462		S32205	D	0.02	0.17	22.4	5.7	3.1	
Forta DX 2304	1.4362		S32304	D	0.02	0.10	23.0	4.8	0.3	Cu:0.3
Forta SDX 2507	1.4410		S32750	D	0.02	0.27	25.0	7.0	4.0	
Forta 430/4016	1.4016	TYPE 430	S43000	F	0.05		16.2			
Forta 304/4301	1.4301	TYPE 304	S30400	A	0.04		18.1	8.1		
Forta 304L/4307	1.4307	TYPE 304L	S30403	A	0.02		18.1	8.1		
Forta 301/4310	1.4310	TYPE 301	S30100	A	0.10		17.0	7.0		
Forta 301LN/4318	1.4318	TYPE 301LN	S30153	A	0.02	0.14	17.7	6.5		
Forta H400	1.4376			A	0.04	0.20	17.5	4.0		Mn:6.8
Forta 316/4401	1.4401	TYPE 316H	S31609	A	0.04		17.2	10.1	2.1	
Forta 316L/4404	1.4404	TYPE 316L	S31603	A	0.02		17.2	10.1	2.1	
Forta 316plus	1.4420		S31655	A	0.02	0.19	20.3	8.6	0.7	
Forta SDX 100	1.4501		S32760	D	0.02	0.27	25.4	6.9	3.8	Cu:0.7 W:0.7
Forta 316Ti/4571	1.4571	TYPE 316Ti	S31635	A	0.04		16.8	10.9	2.1	Ti
Forta FDX 27		FDX 27	S82031	D						
Forta H500				A						
Forta LDX 2101	1.4162		S32101	D	0.03	0.22	21.5	1.5	0.3	Cu:0.3 Mn:5.0
Forta LDX 2404	1.4662		S82441	D	0.02	0.27	24.0	3.6	1.6	Cu:0.4 Mn:3.0
Ultra 254 SMO	1.4547		S31254	A	0.01	0.20	20.0	18.0	6.1	Cu:0.7
Ultra 317L	1.4438	TYPE 317L	S31703	A	0.02		18.2	13.7	3.1	
Ultra 6XN	1.4529		N08926	A	0.01	0.20	20.5	24.8	6.5	Cu:0.6
Ultra 4565	1.4565		S34565	A	0.02	0.45	24.0	17.0	4.5	Mn:5.5

续表

Outokumpu（奥托昆普）的名称	EN等级	ASTM等级	UNS牌号	基体组织类别	C	N	Cr	Ni	Mo	其他
Ultra 654 SMO	1.4652		S32654	A	0.01	0.50	24.0	22.0	7.3	Cu:0.5 Mn:3.5
Ultra 725LN	1.4466		S31050	A	0.01	0.12	25.0	22.3	2.1	
Ultra 904L	1.4539		N08904	A	0.01		19.8	24.2	4.3	Cu:1.4
Dura 410/4006	1.4006	TYPE 410	S41000	M	0.12		12.0			
Dura 420/4021	1.4021	TYPE 420		M	0.20		13.0			
Dura 4024	1.4024			M	0.16		13.2			
Dura 420/4031	1.4031			M	0.38		13.5			
Dura 420/4034	1.4034			M	0.45		13.7			
Dura 4110	1.4110			M	0.50		14.8		0.6	
Dura 4116	1.4116			M	0.50		14.4		0.6	V:0.11
Dura 4122	1.4122			M	0.41		16.1		1.0	
Dura 4419Mo	1.4419			M	0.38		13.3		1.05	
Dura 17-4PH				PH	0.02		15.5	4.8		Cu:3.4 Nb
Dura 17-7PH	1.4568	TYPE 631		PH	0.08		17.0	7.0		Al:1.0
Therma 253 MA	1.4835		S30815	A	0.09	0.17	21.0	11.0		Ce:0.05 Si:1.6
Therma 4724	1.4724			F	0.07		12.5			Al:0.9 Si:1.0
Therma 4828	1.4828			A	0.05		19.3	11.2		Si:1.9
Therma 309S/4833	1.4833	TYPE 309S	S30908	A	0.06		22.3	12.3		
Therma 314/4841	1.4841	TYPE 314		A	0.06		24.3	19.2		Si:1.7
Therma 310S/4845	1.4845	TYPE 310S	S31008	A	0.05		25.5	19.1		
Therma 304H/4948	1.4948	TYPE 304H	S30409	A	0.05		18.1	8.3		
Prodec 303/4305	1.4305	TYPE 303		A	0.05		17.2	8.1		S:0.3
Prodec 304L/4307	1.4307	TYPE 304L	S30403	A	0.02		18.1	8.1		
Prodec 316L/4404	1.4404	TYPE 316L	S31603	A	0.02		17.2	10.1	2.1	
Prodec 17-4PH				PH	0.02		15.5	4.8		Cu:3.4 Nb

注：基体组织类别说明如下（全书同）。

F—铁素体组织；A—奥氏体组织；D—双相不锈钢；M—马氏体组织；PH—时效硬化不锈钢。

（2）力学性能

Outokumpu（奥托昆普）名称	基体组织类别	规定塑性延伸强度 $R_{p0.2}$/MPa	规定塑性延伸强度 $R_{p1.0}$/MPa	屈服强度 R_e/MPa	延伸率 A/%	延伸率 A_{80}/%	硬度（HRB）	硬度（HB）
Moda 410S/4000	F	320	340	440		27	73	
Moda 410L/4003	F	355	375	525	45	25	80	
Moda 430/4016	F	365	390	520	50	26	79	
Moda 439/4510	F	285	300	450	31	34		
Moda 409/4512	F	255	275	425		33	73	
Moda 430Ti/4520	F	265	285	430		34	73	
Moda 4589	F	470	510	600		20	87	
Core 201LN/4372	A							
Core 434/4113	F	390	420	550		24	82	
Core 304/4301	A	285	315	640	70	57	82	
Core 305/4303	A	260	280	570	70	56	77	
Core 304L/4306	A	255	285	585	70	55	78	
Core 304L/4307	A	295	325	650	70	57	83	
Core 301/4310	A	300	325	770	65	56	90	
Core 304LN/4311	A							
Core 301LN/4318	A	360	400	750	55	50	89	
Core 201/4372	A	430	475	775	65			
Core 439M	F	323		459				
Core 441/4509	F	310	330	480	55	31	77	
Core 436/4513	F	310	325	470		32	76	
Core 321/4541	A	260	285	625	70	55	81	
Core 347/4550	A	275	300	620		57	82	82
Core 201/4618	A	310	335	640		55	81	
Core 4622	F	360	365	470				
Supra 316/4401	A	300	325	630	70	53	81	
Supra 316L/4404	A	300	325	625	70	54	81	
Supra 316plus	A	380		700	45			
Supra 316LN/4429	A							
Supra 316L/4432	A	300	330	620	70	53	80	
Supra 316L/4435	A	290	320	610		53	80	

续表

Outokumpu（奥托昆普）名称	基体组织类别	规定塑性延伸强度 $R_{p0.2}$/MPa	规定塑性延伸强度 $R_{p1.0}$/MPa	屈服强度 R_e/MPa	延伸率 A/%	延伸率 A_{80}/%	硬度（HRB）	硬度（HB）
Supra 316/4436	A	295	330	600	70			
Supra 444/4521	F	350	370	525	50	31	80	
Supra 316Ti/4571	A	285	310	615	70	55	80	
Forta DX 2205	D	690	740	880	47	26	101	
Forta DX 2304	D	620	660	790	42	26	99	
Forta SDX 2507	D	730	790	940	40	24	103	
Forta 430/4016	F	365	390	520	50	26	79	
Forta 304/4301	A	285	315	640	70	57	82	
Forta 304L/4307	A	295	325	650	70	57	83	
Forta 301/4310	A	300	325	770	65	56	90	
Forta 301LN/4318	A	360	400	750	55	50	89	
Forta H400	A	405	455	740		52	90	
Forta 316/4401	A	300	325	630	70	53	81	
Forta 316L/4404	A	300	325	625	70	54	81	
Forta 316plus	A	380		700	45			
Forta SDX 100	D							
Forta 316Ti/4571	A	285	310	615	70	55	80	
Forta FDX 27	D	650		850		36		
Forta H500	A	530		900		51		
Forta LDX 2101	D	610	660	810	46	29	99	
Forta LDX 2404	D	640		850	30	24		
Ultra 254 SMO	A	375	415	735	60	41	87	
Ultra 317L	A							
Ultra 6XN	A							
Ultra 4565	A							
Ultra 654 SMO	A							
Ultra 725LN	A							
Ultra 904L	A	340	375	655	55	38	82	
Dura 410/4006	M							
Dura 420/4021	M	350	375	580		27	84	

续表

Outokumpu（奥托昆普）名称	基体组织类别	规定塑性延伸强度 $R_{p0.2}$/MPa	规定塑性延伸强度 $R_{p1.0}$/MPa	屈服强度 R_e/MPa	延伸率 A/%	延伸率 A_{80}/%	硬度（HRB）	硬度（HB）
Dura 4024	M							
Dura 420/4031	M							
Dura 420/4034	M	375	430	660		24	89	
Dura 4110	M	410	460	690		24	91	
Dura 4116	M	390	430	640		23	89	
Dura 4122	M	460	490	720		22	93	
Dura 4419Mo	M							
Dura 17-4PH	PH							
Dura 17-7PH	PH							
Therma 253 MA	A	415	450	750	65		90	
Therma 4724	F	480	510	600		25	84	
Therma 4828	A	300	330	650		57	82	
Therma 309S/4833	A	280	320	600		50		
Therma 314/4841	A	300	330	620		51	81	
Therma 310S/4845	A	280	320	590	60		76	
Therma 304H/4948	A							
Prodec 303/4305	A							
Prodec 304L/4307	A	295	325	650	70	57	83	
Prodec 316L/4404	A	300	325	625	70	54	81	
Prodec 17-4PH	PH							

(3) 抗腐蚀当量指数

PRE 为抗点蚀当量指数：

奥氏体不锈钢(PRE)＝%Cr＋3.3%Mo＋30%N；

铁素体与马氏体不锈钢(PRE)＝%Cr＋3.3%Mo；

双相不锈钢(PRE)＝%Cr＋3.3%Mo＋16%N；

双相不锈钢(PRE)(含钨)＝%Cr＋3.3%(Mo＋0.5W)＋16%N。

CPT 为点蚀临界温度。

CCT 为缝隙腐蚀临界温度。

耐点蚀和缝隙腐蚀的能力可用 ASTM G48 中的三价铁氯化物试验来测定。用 ASTM G48 标准的 C 方法可以确定发生点蚀的临界温度（CPT）。用 ASTM G48 标准的 D 方法可以确定发生缝隙腐蚀的临界温度（CCT）。试验溶液由 6%的三价铁氯化物和 1%的盐酸水溶液组成。对于CPT试验，需要把试件浸入溶液，保持规定的时间，然后检查蚀点。对于CCT试验，把TFE——四氟化碳垫圈压在试件上以形成缝隙。每种试验方法都对在各种温度下的试验进行评定，以找到发生点蚀的最低温度（CPT）或者发生缝隙腐蚀的最低温度（CCT）。CPT或CCT越高，则被试验材料耐腐蚀能力越强。试验温度可在0～85℃(32～185℉）范围内选取。

Outokumpu（奥托昆普）名称	基体组织类别	PRE	CPT/℃	CCT/℃
Moda 410S/4000	F	13	<10	<0
Moda 410L/4003	F	12	<10	<0
Moda 430/4016	F	16	<10	<0
Moda 439/4510	F	17	<10	<0
Moda 409/4512	F	12	<10	<0
Moda 430Ti/4520	F	16	<10	<0
Moda 4589	F	15	<10	<0
Core 201LN/4372	A	19		
Core 434/4113	F	20	<10	<0
Core 304/4301	A	18	<10	<0
Core 305/4303	A	18	<10	<0
Core 304L/4306	A	18	<10	<0
Core 304L/4307	A	18	<10	<0
Core 301/4310	A	17	<10	<0
Core 304LN/4311	A	21	<10	<0
Core 301LN/4318	A	20	<10	<0
Core 201/4372	A	17	<10	<0
Core 439M	F	18		
Core 441/4509	F	18	<10	<0
Core 436/4513	F	20	<10	<0
Core 321/4541	A	17	<10	<0
Core 347/4550	A	18	<10	<0
Core 201/4618	A	17	<10	<0
Core 4622	F	21		
Supra 316/4401	A	24	20±2	<0
Supra 316L/4404	A	24	20±2	<0

续表

Outokumpu（奥托昆普）名称	基体组织类别	PRE	CPT/℃	CCT/℃
Supra 316plus	A	26		＜0
Supra 316LN/4429	A	28		＜0
Supra 316L/4432	A	25	27±3	＜0
Supra 316L/4435	A	26	21±2	＜0
Supra 316/4436	A	25	27±3	＜0
Supra 444/4521	F	25	＜10	＜0
Supra 316Ti/4571	A	24	15±2	＜0
Forta DX 2205	D	35	52±3	20
Forta DX 2304	D	26	25±3	＜0
Forta SDX 2507	D	43	84±2	35
Forta 430/4016	F	16	＜10	＜0
Forta 304/4301	A	18	＜10	＜0
Forta 304L/4307	A	18	＜10	＜0
Forta 301/4310	A	17	＜10	＜0
Forta 301LN/4318	A	20	＜10	＜0
Forta H400	A	21	＜10	＜0
Forta 316/4401	A	24	20±2	＜0
Forta 316L/4404	A	24	20±2	＜0
Forta 316plus	A	26		＜0
Forta SDX 100	D	42	84±2	
Forta 316Ti/4571	A	24	15±2	＜0
Forta FDX 27	D	0	27±3	
Forta H500	A	0		
Forta LDX 2101	D	26	17±3	＜0
Forta LDX 2404	D	34	43±2	15
Ultra 254 SMO	A	43	87±3	35
Ultra 317L	A	28	33±3	＜0
Ultra 6XN	A	45	＞90	35
Ultra 4565	A	46	＞90	40
Ultra 654 SMO	A	56	＞90	60

续表

Outokumpu（奥托昆普）名称	基体组织类别	PRE	CPT/℃	CCT/℃
Ultra 725LN	A	34		
Ultra 904L	A	34	58±3	10
Dura 410/4006	M	12	<10	<0
Dura 420/4021	M	13	<10	<0
Dura 4024	M	13		
Dura 420/4031	M	14	<10	<0
Dura 420/4034	M	14	<10	<0
Dura 4110	M	17	<10	<0
Dura 4116	M	16	<10	<0
Dura 4122	M	19	<10	<0
Dura 4419Mo	M	17		
Dura 17-4PH	PH	16	<10	<0
Dura 17-7PH	PH	17	<10	<0
Therma253 MA	A	24		
Therma 4724	F	13		
Therma 4828	A	19		
Therma 309S/4833	A	22		
Therma 314/4841	A	24		
Therma 310S/4845	A	26		
Therma 304H/4948	A	18		
Prodec 303/4305	A	17	<10	<0
Prodec 304L/4307	A	18	<10	<0
Prodec 316L/4404	A	24	20±2	<0
Prodec 17-4PH	PH	16	<10	<0

（4）物理性能

Outokumpu（奥托昆普）名称	基体组织类别	密度/(kg/dm^3)	电阻率/(μΩ·m)	磁性	弹性模量/GPa	比热容/[J/(kg·℃)]	热导率/[W/(m·℃)]	热胀系数/(10^{-6}/℃)	最大的可使用温度/℃
Moda 410S/4000	F	7.7	0.60	有	220	460	30	10.5	
Moda 410L/4003	F	7.7	0.60	有	220	430	25	10.4	

续表

Outokumpu（奥托昆普）名称	基体组织类别	密度/(kg/dm³)	电阻率/(μΩ·m)	磁性	弹性模量/GPa	比热容/[J/(kg·℃)]	热导率/[W/(m·℃)]	热胀系数/(10⁻⁶/℃)	最大的可使用温度/℃
Moda 430/4016	F	7.7	0.60	有	220	460	25	10	
Moda 439/4510	F	7.7	0.60	有	220	460	25	11	
Moda 409/4512	F	7.7	0.60	有	220	460	25	10.5	
Moda 430Ti/4520	F	7.7	0.70	有	220	430	20	10.4	
Moda 4589	F	7.7	0.60	有	220	460	25	10.5	
Core 201LN/4372	A	7.8	0.7	无	200		15		
Core 434/4113	F	7.7	0.70	有	220	460	25	10.0	
Core 304/4301	A	7.9	0.73	无	200	500	15	16	
Core 305/4303	A	7.9	0.73	无	200	500	15	16,0	
Core 304L/4306	A	7.9	0.73	无	200	500	15	16.0	
Core 304L/4307	A	7.9	0.73	无	200	500	15	16.0	
Core 301/4310	A	7.9	0.73	无	200	500	15	18.0	
Core 304LN/4311	A	7.9	0.73	无	200	500	15	16.0	
Core 301LN/4318	A	7.9	0.73	无	200	500	15	16.0	
Core 201/4372	A	7.8	0.70	无	200		15		
Core 439M	F	7.7	0.6	有	220	460	25	10	
Core 441/4509	F	7.7	0.60	有	220	460	25	10.0	
Core 436/4513	F	7.7	0.70	有	220	460	25	10.0	
Core 321/4541	A	7.9	0.73	无	200	500	15	16.0	
Core 347/4550	A	7.9	0.73	无	200	500	15	16.0	
Core 201/4618	A	7.9	0.73	无	200	500	15	16.0	
Core 4622	F	7.7	0.65	有	220	460	21	10	
Supra 316/4401	A	8.0	0.75	无	200	500	15	16.0	
Supra 316L/4404	A	8.0	0.75	无	200	500	15	16.0	
Supra 316plus	A	7.9	0,73	无	200	500	15	16.0	
Supra 316LN/4429	A	8.0	0.75	无	200	500	15	16.0	
Supra 316L/4432	A	8.0	0.75	无	200	500	15	16.0	
Supra 316L/4435	A	8.0	0.75	无	200	500	15	16.0	
Supra 316/4436	A	8.0	0.75	无	200	500	15	16.0	

续表

Outokumpu（奥托昆普）名称	基体组织类别	密度/(kg/dm³)	电阻率/(μΩ·m)	磁性	弹性模量/GPa	比热容/[J/(kg·℃)]	热导率/[W/(m·℃)]	热胀系数/(10^{-6}/℃)	最大的可使用温度/℃
Supra 444/4521	F	7.7	0.80	有	220	430	23	10.4	
Supra 316Ti/4571	A	8.0	0.75	无	200	500	15	16.5	
Forta DX 2205	D	7.8	0.8	有	200	500	15	13	
Forta DX 2304	D	7.8	0.8	有	200	500	15	13	
Forta SDX 2507	D	7.8	0.8	有	200	500	15	13	
Forta 430/4016	F	7.7	0.60	有	220	460	25	10	
Forta 304/4301	A	7.9	0.73	无	200	500	15	16	
Forta 304L/4307	A	7.9	0.73	无	200	500	15	16.0	
Forta 301/4310	A	7.9	0.73	无	200	500	15	18.0	
Forta 301LN/4318	A	7.9	0.73	无	200	500	15	16.0	
Forta H400	A	7.9	0.73	无	200	500	15	16.0	
Forta 316/4401	A	8.0	0.75	无	200	500	15	16.0	
Forta 316L/4404	A	8.0	0.75	无	200	500	15	16.0	
Forta 316plus	A	7.9	0.73	无	200	500	15	16.0	
Forta SDX 100	D	7.8	0.8	有	200	500	15	13	
Forta 316Ti/4571	A	8.0	0.75	无	200	500	15	16.5	
Forta FDX 27	D	7.7	0.8	有	205	500	14.5	12.5	
Forta H500	A	7.8		无	200		12.5	16.3	
Forta LDX 2101	D	7.8	0.80	有	200	500	15	13.0	
Forta LDX 2404	D	7.7	0.80	有	205	500	14.5	13.0	
Ultra 254 SMO	A	8.0	0.85	无	195	500	14	16.5	
Ultra 317L	A	8.0	0.85	无	200	500	14	16.0	
Ultra 6XN	A	8.1	1.00	无	195	450	12	15.8	
Ultra 4565	A	8.0	0.92	无	190	450	12	14.5	
Ultra 654 SMO	A	8.0	0.78	无	190	500	11	15	
Ultra 725LN	A	8.0	0.80	无	195	500	14	15.7	
Ultra 904L	A	8.0	1.0	无	195	450	12	15.8	
Dura 410/4006	M	7.7	0.60	有	215	460	30	10.5	
Dura 420/4021	M	7.7	0.60	有	215	460	30	10.5	

续表

Outokumpu（奥托昆普）名称	基体组织类别	密度/(kg/dm³)	电阻率/(μΩ·m)	磁性	弹性模量/GPa	比热容/[J/(kg·℃)]	热导率/[W/(m·℃)]	热胀系数/(10⁻⁶/℃)	最大的可使用温度/℃
Dura 4024	M	7.7	0.60	有	216	460	30	10.5	
Dura 420/4031	M	7.7	0.55	有	215	460	30	10.5	
Dura 420/4034	M	7.7	0.55	有	215	460	30	10.5	
Dura 4110	M	7.7	0.62	有	215	460	30	10.5	
Dura 4116	M	7.7	0.65	有	215	460	30	10.5	
Dura 4122	M	7.7	0.80	有	215	430	15	10.4	
Dura 4419Mo	M	7.7	0.62	有	215	460	30	10.5	
Dura 17-4PH	PH	7.8	0.71	有	200	500	16	10.9	
Dura 17-7PH	PH	7.8	0.80	有	200	500	16	13	
Therma 253 MA	A	7.8	0.85	无	200	500	15	17.0	
Therma 4724	F	7.7	0.75	有		500	21	10.5	
Therma 4828	A	7.9	0.85	无	196	500	15	16.5	
Therma 309S/4833	A	7.9	0.78	无	196	500	15	16.0	
Therma 314/4841	A	7.9	0.90	无		500	15	15.5	
Therma 310S/4845	A	7.9	0.85	无	196	500	15	15.5	
Therma 304H/4948	A	7.9	0.71	无	200	450	17	16.3	
Prodec 303/4305	A	7.9	0.73	无	200	500	15	16.0	
Prodec 304L/4307	A	7.9	0.73	无	200	500	15	16.0	
Prodec 316L/4404	A	8.0	0.75	无	200	500	15	16.0	
Prodec 17-4PH	PH	7.8	0.71	有	200	500	16	10.9	

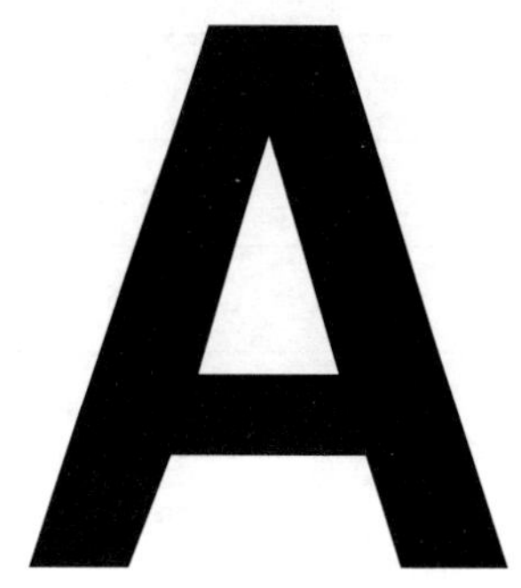

Abietic acid（松香酸）$C_{19}H_{29}COOH$

松香酸是一种三环二萜类化合物，呈微黄至黄红色，透明、硬脆，是有松脂气味的片状晶体或粉末。相对密度 1.067（20℃），软化点 72～74℃（环球法），熔点 172～175℃，沸点 300℃（666Pa），闪点 216℃，燃点 480～500℃，折射率 1.5453（20℃），玻璃化温度 30℃；不溶于冷水，微溶于热水，易溶于乙醇、乙醚、丙酮、二氯乙烷、二硫化碳、苯、汽油、石油醚及松节油等溶剂，也溶于稀氢氧化钠溶液。

松香酸是一种化学试剂，其应用于：辅助乳酸菌和丁酸梭菌的生长（用于发酵工业）；脱氢松香酸（枞酸）的甲酯、乙烯酯和甘油酯用于合成天然漆和清漆；其重金属盐可作为干燥剂；经氢氧化钠皂化转化为钠盐可作为丁苯橡胶、氯丁橡胶等的聚合乳化剂；用作橡胶增塑剂、胶黏剂的增黏剂、高级纸张的上胶胶料、口香糖配料、农药乳化剂、纺织品上浆剂、建筑材料的润滑剂；松香酸及其盐为 CTFA（美国化妆品协会）认可的安全无害的化妆品助剂，有极强的抗菌作用，浓度 3×10^{-4}%就能有效抑制链球菌属细菌活性，与维生素 E 和橄榄油混合可治疗严重烧伤和皮肤病，如银屑病，可用于防止粉刺的面部产品和药效牙膏；对头发有调理修饰作用，在烫发水中用作助剂可避免发丝受到损害；松香酸甲酯、松香酸甘油酯等可用于醋类的生产；用于工程塑料的生产等。

$C_{19}H_{29}COOH$ 浓度为 100%，温度为 275℃时：

材料	性能
碳钢	
Moda 410S/4000	
Moda 430/4016	
Core 304L/4307	○
Supra 444/4521	○
Supra 316L/4404	○
Ultra 317L/4439	○

续表

材料	性能
Ultra 904L	○
Ultra 254 SMO	○
Ultra 4565	○
Ultra 654 SMO	○
Forta LDX 2101	○
Forta DX 2304	○
Forta LDX 2404	○
Forta DX 2205	○
Forta SDX 2507	○
Ti	○

Acetic acid + potassium permanganate（乙酸 + 高锰酸钾）

$CH_3COOH + KMnO_4$

乙酸具有还原性，与强氧化剂高锰酸钾反应会生成二氧化锰和水以及其他一些有机物，高锰酸钾被还原为锰酸钾，从而使颜色去除掉。方程式为：$CH_3COOH + 4KMnO_4 = 2K_2MnO_4 + 2MnO_2 + 2CO_2 + 2H_2O$。也可以用白醋，或是稀乙酸加硫酸钠、亚硫酸钠溶液清洗。

高锰酸钾的氧化性在酸性条件下最强，中性条件下次之，碱性条件下最弱。

材料	CH_3COOH 浓度/%	
	91	99
	$KMnO_4$ 浓度/%	
	9	1
	温度/℃	
	113~BP	BP
碳钢		
Moda 410S/4000		
Moda 430/4016		
Core 304L/4307	○	
Supra 444/4521		
Supra 316L/4404		○
Ultra 317L/4439		○
Ultra 904L	○	○
Ultra 254 SMO	○	○
Ultra 4565	○	○
Ultra 654 SMO	○	○
Forta LDX 2101		
Forta DX 2304	○	○
Forta LDX 2404	○	○
Forta DX 2205	○	○
Forta SDX 2507	○	○
Ti	○	○

Acetone（丙酮）

$(CH_3)_2CO$

丙酮，又名二甲基酮，为最简单的饱和酮。弱碱性物质，pH 值在 8 左右；熔点为 −94.9℃，沸点为 56.5℃。

丙酮是一种无色透明液体，有特殊的辛辣气味。易溶于水和甲醇、乙醇、乙醚、氯仿、吡啶等有机溶剂。易燃、易挥发，化学性质较活泼。目前丙酮的工业生产以异丙苯法为主。丙酮是重要的有机合成原料，用于生产环氧树脂、聚碳酸酯、有机玻璃、医药、农药等。亦是良好溶剂，用于生产涂料、黏结剂、钢瓶乙炔等。也用作稀释剂、清洗剂、萃取剂。还是制造醋酐、双丙酮醇、氯仿、碘仿、环氧树脂、聚异戊二烯橡胶、甲基丙烯酸甲酯等的重要原料。在无烟火药、赛璐珞、醋酸纤维素、油漆等工业产品中用作溶剂。在油脂等工业产品中用作提取剂。

$(CH_3)_2CO$ 浓度为 100%，温度为 BP 时：

材料	性能
碳钢	×
Moda 410S/4000	●
Moda 430/4016	○
Core 304L/4307	○
Supra 444/4521	○
Supra 316L/4404	○
Ultra 317L/4439	○
Ultra 904L	○
Ultra 254 SMO	○
Ultra 4565	○
Ultra 654 SMO	○
Forta LDX 2101	○
Forta DX 2304	○
Forta LDX 2404	○
Forta DX 2205	○
Forta SDX 2507	○
Ti	○

Alum，potassium aluminium sulphate（硫酸铝钾）

$KAl(SO_4)_2$

硫酸铝钾也称明矾，是含有结晶水的硫酸钾和硫酸铝的复盐。水溶液呈弱酸性。化学式为 $KAl(SO_4)_2 \cdot 12H_2O$，式量 474.39，无色单斜或六方晶系晶体，有玻璃光泽，密度 1.757g/cm^3，熔点 92.5℃。64.5℃时失去 9 个分子结晶水，200℃时失去 12 个分子结晶水。溶于水，不溶于乙醇。明矾性味酸涩，寒，有毒，有抗菌、收敛作用等，可用作中药。明矾还可用于制备铝盐、发酵粉、油漆、鞣料、澄清剂、媒染剂、纸、防水剂等。

材料	$KAl(SO_4)_2$浓度/%										
	2.5	2.5	5.5	5.5	10	10	10	10	15	15	饱和
	温度/℃										
	90	BP	20~90	BP	20	50	80	BP	50	BP	BP
碳钢	×	×	×	×	×	×	×	×	×	×	×
Moda 410S/4000	●	×	×	×	×	×	×	×	×	×	×
Moda 430/4016	●	×	●	×	○	●	●	×	●	×	×
Core 304L/4307	○	●	○	●	○	○	●	●	○	×	×
Supra 444/4521	○				○	○					
Supra 316L/4404	○	○	○	●	○	○	○	●	○	×	×
Ultra 317L/4439	○	○	○	●	○	○	○	—/○	—/○	○	—/●
Ultra 904L	○	○	○	○	○	○	○	○	○	○	○
Ultra 254 SMO											
Ultra 4565											
Ultra 654 SMO											
Forta LDX 2101											
Forta DX 2304											
Forta LDX 2404											
Forta DX 2205											
Forta SDX 2507											
Ti	○	○	○	●	○	○	○	●	○	●	●

Aluminium chloride（氯化铝）

$AlCl_3$

氯化铝，白色颗粒或粉末，有强盐酸气味，工业品呈淡黄色。熔化的氯化铝不易导电，这和大多数含卤素离子的盐类（如氯化钠）不同。氯化铝的水溶液可完全解离，是良好的导电体。

无水氯化铝在 178℃升华，它的蒸气是缔合的双分子。

$AlCl_3$ 为“YCl_3”结构，是 Al 立方中的最密堆积层状结构，而 $AlBr_3$ 中 Al 却占据了 Br 最密堆积框架的相邻四面体间隙。熔融时 $AlCl_3$ 生成可挥发的二聚体 Al_2Cl_6，含有两个三中心四电子氯桥键，更高温度下 Al_2Cl_6 二聚体则解离生成平面三角形 $AlCl_3$，与 BF_3 结构类似。

氯化铝极易吸收水分并部分水解放出氯化氢而形成酸雾。易溶于水并强烈水解，溶液显酸性。也溶于乙醇和乙醚，同时放出大量的热。六水合氯化铝为无色斜方晶系晶体，密度 2.398g/cm^3，100℃时分解。

材料	$AlCl_3$ 浓度/%								
	5	5	10	10	20	20	25	25	27.5
	温度/℃								
	50	100	100	150	100	150	20	60	110
碳钢			×	×	×	×	×	×	×
Moda 410S/4000			×	×	×	×	×	×	×
Moda 430/4016	○p		×	×	×	×	×	×	×
Core 304L/4307	○ps	×	×	×	×	×	×	×	×
Supra 444/4521			×	×	×	×	×	×	×
Supra 316L/4404	○ps	×	×	×	×	×	×	×	×
Ultra 317L/4439	○ps	○ps	×	×	×	×	●p	×	×
Ultra 904L	○p	○p	×	×	×	×	●p	×	×
Ultra 254 SMO		○p	●p		×			●p	×
Ultra 4565									
Ultra 654 SMO									
Forta LDX 2101									
Forta DX 2304		○p	×		×			×	×
Forta LDX 2404		○p			×			×	×
Forta DX 2205		○p	×		×			×	×
Forta SDX 2507		○p	○p		×			×	×
Ti	○	○	○	○p	○	×	○	○	×

Ammonium acetate + potassium dichromate（乙酸铵+重铬酸钾）

$CH_3COONH_4 + K_2Cr_2O_7$

CH_3COONH_4 浓度为 3%，$K_2Cr_2O_7$ 浓度为 2.5%，温度为 BP 时：

材料	性能
碳钢	×
Moda 410S/4000	
Moda 430/4016	○
Core 304L/4307	○
Supra 444/4521	○
Supra 316L/4404	○
Ultra 317L/4439	○
Ultra 904L	○
Ultra 254 SMO	○
Ultra 4565	○
Ultra 654 SMO	○
Forta LDX 2101	○
Forta DX 2304	○
Forta LDX 2404	○
Forta DX 2205	○
Forta SDX 2507	○
Ti	○

Ammonium bromide（溴化铵）

NH_4Br

溴化铵，无色或白色结晶性粉末，无味无臭，在空气中有微吸湿性，密度 2.43g/cm^3，452℃升华。溶于水、醇，水溶液呈弱酸性，微溶于醚。加热时分解。

主要应用于：医药上用作镇静剂，是治疗神经衰弱及癫痫等的口服药；用作木材防火剂及化学分析试剂；用作照相胶片的感光乳剂；也用于石版印刷。

NH_4Br 浓度为 1%～5%，温度为 20～50℃时：

材料	性能
碳钢	×
Moda 410S/4000	×
Moda 430/4016	$○_p$
Core 304L/4307	$○_p$
Supra 444/4521	$○_p$
Supra 316L/4404	$○_p$
Ultra 317L/4439	$○_p$
Ultra 904L	○
Ultra 254 SMO	○
Ultra 4565	
Ultra 654 SMO	○
Forta LDX 2101	
Forta DX 2304	○
Forta LDX 2404	
Forta DX 2205	○
Forta SDX 2507	○
Ti	○

Ammonium chloride + sodium phosphate（氯化铵+磷酸钠）

$NH_4Cl + Na_3PO_4$

NH_4Cl 浓度为 4%，Na_3PO_4 浓度为 1.2%，温度为 100℃时：

材料	性能
碳钢	
Moda 410S/4000	
Moda 430/4016	
Core 304L/4307	$○_{ps}$
Supra 444/4521	$○_{p}$
Supra 316L/4404	$○_{ps}$
Ultra 317L/4439	$○_{ps}$
Ultra 904L	$○_{ps}$
Ultra 254 SMO	
Ultra 4565	
Ultra 654 SMO	
Forta LDX 2101	
Forta DX 2304	
Forta LDX 2404	
Forta DX 2205	
Forta SDX 2507	
Ti	○

Ammonium fluoride（氟化铵）

NH_4F

氟化铵为离子化合物，沸点为 64.6℃。室温下为白色或无色透明斜方晶系晶体，略带酸味。易潮解，受热或遇热水分解为氨与氟化氢。水溶液呈强酸性。由无水氢氟酸与液氨中和而得。能腐蚀玻璃，对皮肤有腐蚀性。

主要用作玻璃蚀刻剂、木材及酿酒防腐剂、消毒剂、分析试剂、锆的点滴试剂、纤维的媒染剂及提取稀有元素的试剂。

NH_4F 浓度为 10%，温度为 25℃时：

材料	性能
碳钢	
Moda 410S/4000	●
Moda 430/4016	●
Core 304L/4307	○
Supra 444/4521	
Supra 316L/4404	○
Ultra 317L/4439	○
Ultra 904L	○
Ultra 254 SMO	○
Ultra 4565	○
Ultra 654 SMO	○
Forta LDX 2101	○
Forta DX 2304	○
Forta LDX 2404	○
Forta DX 2205	○
Forta SDX 2507	○
Ti	×

Ammonium oxalate（草酸铵）

$(NH_4)_2C_2O_4$

沸点为365.1℃，熔点为133℃，溶于水，微溶于乙醇。水溶液显酸性。有毒：吸入可刺激鼻、咽喉、肺；接触刺激皮肤，反复接触可导致皮肤破裂，并减缓破裂愈合；过度暴露可导致肾结石和肾损伤。

材料	$(NH_4)_2C_2O_4$ 浓度/%	
	1~8	5~20
	温度/℃	
	20	100
碳钢		
Moda 410S/4000		
Moda 430/4016		
Core 304L/4307	○	●
Supra 444/4521	○	
Supra 316L/4404	○	○
Ultra 317L/4439	○	○
Ultra 904L	○	○
Ultra 254 SMO	○	○
Ultra 4565	○	○
Ultra 654 SMO	○	○
Forta LDX 2101	○	
Forta DX 2304	○	○
Forta LDX 2404	○	
Forta DX 2205	○	○
Forta SDX 2507	○	○
Ti	×	○

Ammonium phosphate,mono-,di-and tri-［单(二、三)磷酸铵］

$(NH_4)H_2PO_4$，$(NH_4)_2HPO_4$，$(NH_4)_3PO_4$

单（二、三）磷酸铵，是一种无机化合物，化学式为 $(NH_4)H_2PO_4$［$(NH_4)_2HPO_4$、$(NH_4)_3PO_4$］，是磷酸的铵盐，为白色结晶性粉末，易溶于水，微溶于稀氨水，不溶于液氨、丙酮、乙醇和乙醚，主要用作甘蔗生长的催芽剂、木材防火剂、水处理的软水剂、生物培养剂和化学分析试剂。

$(NH_4)H_2PO_4$［$(NH_4)_2HPO_4$、$(NH_4)_3PO_4$］在所有浓度下，温度为 20～100℃时：

材料	性能
碳钢	
Moda 410S/4000	○
Moda 430/4016	○
Core 304L/4307	○
Supra 444/4521	○
Supra 316L/4404	○
Ultra 317L/4439	○
Ultra 904L	○
Ultra 254 SMO	○
Ultra 4565	○
Ultra 654 SMO	○
Forta LDX 2101	○
Forta DX 2304	○
Forta LDX 2404	○
Forta DX 2205	○
Forta SDX 2507	○
Ti	○

Ammonium sulphite（亚硫酸铵）

$(NH_4)_2SO_3$

亚硫酸铵，熔点 60℃，可溶于水，易潮解，水溶液呈碱性。主要用于造纸工业，此外也在感光工业中用作还原剂，在日用化工中用作卷发液的原料。可由制酸尾气的吸收液与碳酸氢铵反应，再经离心分离和干燥而制得。有毒：可刺激鼻、咽喉、支气管、皮肤和眼睛，进入肺部时会刺激肺，导致过敏性气喘，症状为咳嗽、呼吸短促、喘鸣，严重过敏者可致死。

$(NH_4)_2SO_3$ 浓度为饱和，温度为 20℃～BP 时：

材料	性能
碳钢	
Moda 410S/4000	
Moda 430/4016	○
Core 304L/4307	○
Supra 444/4521	○
Supra 316L/4404	○
Ultra 317L/4439	○
Ultra 904L	○
Ultra 254 SMO	○
Ultra 4565	○
Ultra 654 SMO	○
Forta LDX 2101	○
Forta DX 2304	○
Forta LDX 2404	○
Forta DX 2205	○
Forta SDX 2507	○
Ti	○

Amyl chloride（氯戊烷）

$C_5H_{11}Cl$

氯戊烷是一种分子量为 106.59 的有机化合物，又称正戊基氯或 1-氯戊烷；熔点为 -60℃，沸点为 107～108℃，几乎不溶于水；主要用于医药、农药和有机合成的中间体。

所有浓度的 $C_5H_{11}Cl$，温度为 20℃时：

材料	性能
碳钢	
Moda 410S/4000	
Moda 430/4016	
Core 304L/4307	○$_p$
Supra 444/4521	
Supra 316L/4404	○$_p$
Ultra 317L/4439	○
Ultra 904L	○$_p$
Ultra 254 SMO	
Ultra 4565	
Ultra 654 SMO	
Forta LDX 2101	
Forta DX 2304	
Forta LDX 2404	
Forta DX 2205	
Forta SDX 2507	
Ti	○

Antimony（锑）

Sb

锑是一种有毒的化学元素，元素符号为Sb，原子序数为51。为银白色有光泽的硬脆金属（常制成棒、块、粉等多种形状）。有鳞片状晶体结构。在潮湿空气中逐渐失去光泽，遇强热则燃烧成白色的锑氧化物。易溶于王水，溶于浓硫酸。相对密度6.68，熔点630℃，沸点1635℃（1440℃）。有毒，最小致死量（大鼠，腹腔）100mg/kg。有刺激性。

在自然界中主要存在于硫化物矿物辉锑矿（Sb_2S_3）中。锑的工业制法是先焙烧，再用碳在高温下还原，或者是直接用金属铁还原辉锑矿。铅酸电池中所用的是铅锑合金板。锑与铅和锡制成合金可用来提升焊接材料、子弹及轴承的性能。锑化合物是用途广泛的含氯及含溴阻燃剂的重要添加剂。锑在新兴的微电子技术中也有着广泛用途，如用于AMD显卡制造。

Sb为熔融态，温度为650℃时：

材料	性能
碳钢	×
Moda 410S/4000	×
Moda 430/4016	×
Core 304L/4307	×
Supra 444/4521	×
Supra 316L/4404	×
Ultra 317L/4439	×
Ultra 904L	×
Ultra 254 SMO	
Ultra 4565	
Ultra 654 SMO	
Forta LDX 2101	
Forta DX 2304	
Forta LDX 2404	
Forta DX 2205	
Forta SDX 2507	
Ti	×

Acetic acid（乙酸）

CH_3COOH

乙酸，也叫醋酸、冰醋酸，是一种有机一元酸，为食醋内酸味及刺激性气味的来源。熔点为16.6℃，沸点为117.9℃。纯的无水乙酸（冰醋酸：纯的乙酸在低于熔点时会冻结成冰状晶体，故被称为冰醋酸）是无色的吸湿性液体，凝固后为无色晶体。根据乙酸在水溶液中的解离能力，尽管它是一种弱酸，但仍具有腐蚀性，其蒸气对眼和鼻有刺激性作用。

乙酸在常温下是一种有强烈刺激性酸味的无色液体。相对密度1.05，闪点39℃，爆炸极限4%～17%（体积）。乙酸易溶于水和乙醇，其水溶液呈弱酸性。

材料	CH_3COOH浓度/%												
	1	1	5	5	5	5	10	10	10	20	20	20	20
	温度/℃												
	90	100～BP	20	50	75	100～BP	20	75	100～BP	20	80	90	100～BP
碳钢	●	×	●	×	×	×	●	×	×	×	×	×	×
Moda 410S/4000	○	●	●	×	×	×	●	×	×	●	×	×	×
Moda 430/4016	○	○	○	●	×	×	●	×	×	●	×	×	×
Core 304L/4307	○	○	○	○	○	○	○	○	●	○	○	●	×
Supra 444/4521	○	○	○	○	○	○	○	○	○	○	○	○	○
Supra 316L/4404	○	○	○	○	○	○	○	○	○	○	○	○	○
Ultra 317L/4439	○	○	○	○	○	○	○	○	○	○	○	○	○
Ultra 904L	○	○	○	○	○	○	○	○	○	○	○	○	○
Ultra 254 SMO	○	○	○	○	○	○	○	○	○	○	○	○	○
Ultra 4565	○	○	○	○	○	○	○	○	○	○	○	○	○
Ultra 654 SMO	○	○	○	○	○	○	○	○	○	○	○	○	○
Forta LDX 2101	○	○	○	○	○	○	○	○	○	○	○	○	○
Forta DX 2304	○	○	○	○	○	○	○	○	○	○	○	○	○
Forta LDX 2404	○	○	○	○	○	○	○	○	○	○	○	○	○
Forta DX 2205	○	○	○	○	○	○	○	○	○	○	○	○	○
Forta SDX 2507	○	○	○	○	○	○	○	○	○	○	○	○	○
Ti	○	○	○	○	○	○	○	○	○	○	○	○	○

续表

材料	CH_3COOH 浓度/%											
	50	50	50	50	80	80	80	80	99.5	100	100	100
	温度/℃											
	20	80	90	100	20	40	85	106~BP	200	20	80	100
碳钢	×	×	×	×	×	×	×		×	×	×	×
Moda 410S/4000	×	×	×	×	×	×	×		×	●	×	×
Moda 430/4016	●	×	×	×	●	×	●		×	○	○	●
Core 304L/4307	○	○	●	×	○	○	●	●	×	○	○	●p
Supra 444/4521	○	○	○	○	○	○	○			○	○	○
Supra 316L/4404	○	○	○	○	○	○	○	○	●	○	○	○
Ultra 317L/4439	○	○	○	○	○	○	○		○	○	○	○
Ultra 904L	○	○	○	○	○	○	○	○	○	○	○	○
Ultra 254 SMO	○	○	○	○	○	○	○	○		○	○	
Ultra 4565	○	○	○	○	○	○	○	○		○	○	○
Ultra 654 SMO	○	○	○	○	○	○	○	○		○	○	○
Forta LDX 2101	○	○	○	○	○	○	○	○		○	○	○
Forta DX 2304	○	○	○	○	○	○	○	○		○	○	○
Forta LDX 2404	○	○	○	○	○	○	○	○		○	○	○
Forta DX 2205	○	○	○	○	○	○	○	○		○	○	○
Forta SDX 2507	○	○	○	○	○	○	○	○		○	○	○
Ti	○	○	○	○	○	○	○		○	○	○	○

Isocorrosion Diagram（等蚀图）

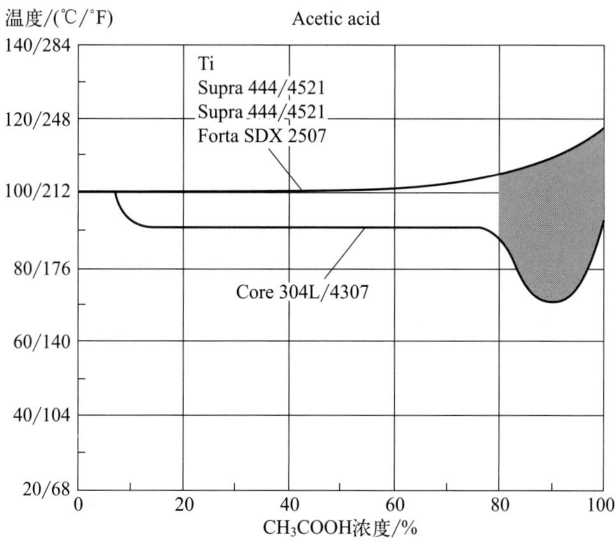

等蚀图，0.1mm/a，化学纯度乙酸阴影区域表示对 Core 304L/4307 有局部侵蚀的风险。Supra 444/4521 等曲线与沸点曲线一致。

Acetic acid + sodium chloride（乙酸 + 氯化钠）

$CH_3COOH + NaCl$

材料	CH_3COOH 浓度/%								
	1	1	3	4	7	7～10	10	10	25
	NaCl 浓度/%								
	1	5	4	1	5	8.5	5	26	26
	温度/℃								
	70	50	BP	70～BP	70	80	BP	BP	BP
碳钢									
Moda 410S/4000									
Moda 430/4016	●$_{p}$			×					
Core 304L/4307	○$_{ps}$			○$_{ps}$	●$_{ps}$	●$_{ps}$	●$_{ps}$		
Supra 444/4521	○$_{p}$								
Supra 316L/4404	○$_{ps}$	○$_{p}$	○$_{ps}$	○$_{ps}$	○$_{ps}$	○$_{ps}$	○$_{ps}$	●$_{ps}$	●$_{ps}$
Ultra 317L/4439	○$_{ps}$	○$_{ps}$	○$_{ps}$	○$_{ps}$	○$_{ps}$	○$_{ps}$	○$_{ps}$	●$_{ps}$	●$_{ps}$
Ultra 904L	○$_{ps}$	○$_{p}$	○$_{ps}$	○$_{ps}$	○$_{ps}$	○$_{ps}$	○$_{ps}$	●$_{ps}$	●$_{ps}$
Ultra 254 SMO	○	○	○	○	○	○	○	○	○
Ultra 4565	○	○	○	○	○	○	○	○	○
Ultra 654 SMO	○	○	○	○	○	○	○	○	○
Forta LDX 2101									
Forta DX 2304	○	○	○	○$_{p}$	○	○	○	×	
Forta LDX 2404									
Forta DX 2205	○	○	○	○	○	○	○	●$_{p}$	
Forta SDX 2507	○	○	○	○	○	○	○	○	○
Ti	○	○	○	○	○	○	○	○	○

Acetyl chloride（氯乙酰）

CH_3COCl

氯乙酰，又名乙酰氯，分子量为 78.5，熔点 -112℃，沸点 52℃，为无色发烟液体，有强烈刺激性气味。可作为有机合成原料，用于生产农药、医药；可用作新型电镀络合剂、羧酸发生氯化反应的催化剂、乙酰化试剂，以及多种精细有机合成中间体。

温度为 BP 时：

材料	CH_3COCl 浓度/%	
	100（干燥）	含水
碳钢		
Moda 410S/4000	×	×
Moda 430/4016	●	●p
Core 304L/4307	●	●ps
Supra 444/4521		
Supra 316L/4404	○	○ps
Ultra 317L/4439	○	○ps
Ultra 904L	○	○ps
Ultra 254 SMO		
Ultra 4565		
Ultra 654 SMO		
Forta LDX 2101		
Forta DX 2304		
Forta LDX 2404	○	○
Forta DX 2205	○	○
Forta SDX 2507	○	○
Ti	○	○

Aluminium（铝）

Al

铝，银白色轻金属，有延展性。常制成棒状、片状、箔状、粉状、带状和丝状。在潮湿空气中能形成一层防止金属腐蚀的氧化膜。铝粉和铝箔在空气中加热能猛烈燃烧，并发出眩目的白色火焰。易溶于稀硫酸、硝酸、盐酸、氢氧化钠和氢氧化钾溶液，难溶于水。相对密度 2.70，熔点 660℃，沸点 2327℃。铝元素在地壳中的含量仅次于氧和硅，居第三位，是地壳中含量最丰富的金属元素。铝及其合金的独特性质使其广泛应用于航空、建筑、汽车等产业，这也大大促进了铝的生产。

Al 为熔融态，温度为 700℃时：

材料	性能
碳钢	×
Moda 410S/4000	×
Moda 430/4016	×
Core 304L/4307	×
Supra 444/4521	×
Supra 316L/4404	×
Ultra 317L/4439	×
Ultra 904L	×
Ultra 254 SMO	
Ultra 4565	
Ultra 654 SMO	
Forta LDX 2101	
Forta DX 2304	
Forta LDX 2404	
Forta DX 2205	
Forta SDX 2507	
Ti	×

Aluminium nitrate（硝酸铝）

$Al(NO_3)_3$

硝酸铝，白色透明晶体。有潮解性。易溶于水和乙醇，极微溶于丙酮，几乎不溶于乙酸乙酯和吡啶。其水溶液呈酸性。熔点 73℃（135℃时分解）。有氧化性。与有机物摩擦或撞击能引起燃烧。有毒性和刺激性。

所有浓度的 $Al(NO_3)_3$，温度为 20℃时：

材料	性能
碳钢	
Moda 410S/4000	○
Moda 430/4016	○
Core 304L/4307	○
Supra 444/4521	○
Supra 316L/4404	○
Ultra 317L/4439	○
Ultra 904L	○
Ultra 254 SMO	○
Ultra 4565	○
Ultra 654 SMO	○
Forta LDX 2101	○
Forta DX 2304	○
Forta LDX 2404	○
Forta DX 2205	○
Forta SDX 2507	○
Ti	○

Ammonium alum（铵矾）

$NH_4Al(SO_4)_2 \cdot 12H_2O$

铵矾，熔点是93.5℃，无色晶体，有强烈涩味。溶于水和甘油，更易溶于沸水，水溶液呈酸性。主要用作工业净水絮凝剂、聚铝和铝化合物的原料中间体、造纸工业的上浆剂、染料工业的防染剂、玻璃工业的着色剂、食品工业的疏松剂，例如用于发酵粉加工、油炸食品制作、海蜇腌制、粉条加工、果蔬保鲜保脆、护色、橡胶加工、制革、洗衣粉加工、饲料加工、铅笔制作等，用途极为广泛。受热时失去结晶水得到白色粉末（烧明矾）。

$NH_4Al(SO_4)_2 \cdot 12H_2O$ 浓度为10%，温度为BP时：

材料	性能
碳钢	×
Moda 410S/4000	×
Moda 430/4016	×
Core 304L/4307	×
Supra 444/4521	×
Supra 316L/4404	○
Ultra 317L/4439	○
Ultra 904L	○
Ultra 254 SMO	
Ultra 4565	
Ultra 654 SMO	
Forta LDX 2101	
Forta DX 2304	
Forta LDX 2404	
Forta DX 2205	
Forta SDX 2507	
Ti	×

Ammonium bifluoride（氟化氢铵）

NH_4HF_2

氟化氢铵别名酸式氟化铵、二氟化氢铵、氟氢化铵，白色或无色透明斜方晶系晶体，略带酸味，相对密度为1.52，熔点125.6℃，沸点240℃。氟化氢铵是一种具有腐蚀性的化学物质，易潮解，分解出有毒氟化物、氮氧化物和氨气。微溶于醇，极易溶于冷水，水溶液呈酸性，在较高温度下能升华，能腐蚀玻璃，对皮肤有腐蚀性，有毒。

可用作化学试剂、玻璃蚀刻剂（与氢氟酸并用）、发酵工业消毒剂和防腐剂，由氧化铍制作金属铍的溶剂以及硅钢板的表面处理剂；还用于制造陶瓷、镁合金、电焊条，锅炉给水系统和蒸气发生系统的清洗脱垢，以及油田砂石的酸处理；也用作烷基化、异构化催化剂组分。

NH_4HF_2浓度为10%，温度为25℃时：

材料	性能
碳钢	×
Moda 410S/4000	×
Moda 430/4016	×
Core 304L/4307	×
Supra 444/4521	×
Supra 316L/4404	●
Ultra 317L/4439	●
Ultra 904L	●
Ultra 254 SMO	●
Ultra 4565	
Ultra 654 SMO	
Forta LDX 2101	
Forta DX 2304	
Forta LDX 2404	
Forta DX 2205	
Forta SDX 2507	
Ti	×

Ammonium carbonate(碳酸铵)

$(NH_4)_2CO_3 \cdot H_2O$

碳酸铵，为无色立方晶系晶体，常含1分子结晶水；易溶于水，水溶液呈碱性；不溶于乙醇、二硫化碳及浓氨水。在空气中不稳定，会逐渐变成碳酸氢铵及氨基甲酸铵。干燥物在58℃下很容易分解，放出氨及二氧化碳。70℃时水溶液开始分解。对光和热均不稳定。稍有吸湿性。对皮肤有刺激作用。

所有浓度的$(NH_4)_2CO_3 \cdot H_2O$：

材料	温度/℃	
	20	100
碳钢	○	
Moda 410S/4000	○	
Moda 430/4016	○	○
Core 304L/4307	○	○
Supra 444/4521	○	○
Supra 316L/4404	○	○
Ultra 317L/4439	○	○
Ultra 904L	○	○
Ultra 254 SMO	○	○
Ultra 4565	○	○
Ultra 654 SMO	○	○
Forta LDX 2101	○	○
Forta DX 2304	○	○
Forta LDX 2404	○	○
Forta DX 2205	○	○
Forta SDX 2507	○	○
Ti	○	○

Ammonium chloride + zinc chloride（氯化铵+氯化锌）

$NH_4Cl + ZnCl_2$

NH_4Cl 浓度为 20%，$ZnCl_2$ 浓度为 20%，温度为 65℃时：

材料	性能
碳钢	
Moda 410S/4000	
Moda 430/4016	●$_p$
Core 304L/4307	●$_{ps}$
Supra 444/4521	●$_p$
Supra 316L/4404	○$_{ps}$
Ultra 317L/4439	○$_{ps}$
Ultra 904L	○$_{ps}$
Ultra 254 SMO	
Ultra 4565	
Ultra 654 SMO	
Forta LDX 2101	
Forta DX 2304	
Forta LDX 2404	
Forta DX 2205	
Forta SDX 2507	
Ti	○

Ammonium hydroxide（氢氧化铵）

NH_4OH

氨水，中文别名为氢氧化铵，指氨气的水溶液，有强烈刺鼻气味，具弱碱性。熔点为－77℃，沸点为36℃。氨水中，氨气分子发生微弱水解生成氢氧根离子及铵根离子。“氢氧化铵”这个名称并不十分恰当，它只是对氨水溶液中的离子的描述，并无法从溶液中分离出来。氨水是实验室中氨的常用来源。它可与含铜（Ⅱ）离子的溶液作用生成深蓝色的配合物，也可用于配置银氨溶液等化学分析试剂。

所有浓度的NH_4OH，温度在0℃～BP时：

材料	性能
碳钢	○
Moda 410S/4000	○
Moda 430/4016	○
Core 304L/4307	○
Supra 444/4521	○
Supra 316L/4404	○
Ultra 317L/4439	○
Ultra 904L	○
Ultra 254 SMO	○
Ultra 4565	○
Ultra 654 SMO	○
Forta LDX 2101	○
Forta DX 2304	○
Forta LDX 2404	○
Forta DX 2205	○
Forta SDX 2507	○
Ti	○

Ammonium perchlorate（高氯酸铵）

NH_4ClO_4

注意

有氯化物存在时，不锈钢有点蚀和应力腐蚀开裂的危险。

高氯酸铵为白色的晶体，易溶于水、丙酮，微溶于醇，不溶于乙酸乙酯、乙醚。有潮解性，pH 值为 4.68～8.32，分解温度为 130℃。高氯酸铵是强氧化剂，与还原剂、有机物、易燃物（如硫、磷或金属粉末等）混合会发生爆炸。与强酸接触有引起燃烧爆炸的危险。

用途：用于制作炸药、焰火等；用金属镁引发铝氧化，进而引发高氯酸铵分解产生大量气体，用于火箭发射。

材料	NH_4ClO_4 浓度/%		
	10	10	20
	温度/℃		
	20	BP	30
碳钢			
Moda 410S/4000		×	
Moda 430/4016	○	●	○
Core 304L/4307	○	○	○
Supra 444/4521	○	○	○
Supra 316L/4404	○	○	○
Ultra 317L/4439	○	○	○
Ultra 904L	○	○	○
Ultra 254 SMO	○	○	○
Ultra 4565	○	○	○
Ultra 654 SMO	○	○	○
Forta LDX 2101	○	○	○
Forta DX 2304	○	○	○
Forta LDX 2404	○	○	○
Forta DX 2205	○	○	○
Forta SDX 2507	○	○	○
Ti	○	○	○

Ammonium sulphate（硫酸铵）

$(NH_4)_2SO_4$

硫酸铵，纯品为无色透明斜方晶系晶体，熔点 230～280℃。水溶液呈酸性，水（100mL）中溶解度：0℃时 70.6g，100℃时 103.8g。0.1mol/L 水溶液的 pH 为 5.5。相对密度 1.77。不溶于醇、丙酮和氨水。有吸湿性，吸湿后固结成块。加热到 513℃以上完全分解成氨气、氮气、二氧化硫及水。与碱类作用则放出氨气，与氯化钡溶液反应生成硫酸钡沉淀，也可以使蛋白质发生盐析。

硫酸铵主要用作肥料，适用于各种土壤和作物。还可用于纺织、皮革、医药等方面。

所有浓度的 $(NH_4)_2SO_4$，温度为 20℃～BP 时：

材料	性能
碳钢	
Moda 410S/4000	×
Moda 430/4016	●
Core 304L/4307	○
Supra 444/4521	○
Supra 316L/4404	○
Ultra 317L/4439	○
Ultra 904L	○
Ultra 254 SMO	○
Ultra 4565	○
Ultra 654 SMO	○
Forta LDX 2101	○
Forta DX 2304	○
Forta LDX 2404	○
Forta DX 2205	○
Forta SDX 2507	○
Ti	○

Ammonium thiocyanate（硫氰酸铵）

NH_4SCN

硫氰酸铵，无色晶体，易潮解。易溶于水和乙醇，溶于甲醇和丙酮，几乎不溶于氯仿和乙酸乙酯。其水溶液遇铁盐呈血红色，遇亚铁盐则无反应。将干燥品加热至 159℃时不分解而熔融，加热至 170℃时分子转变成为硫脲。相对密度 1.305。有毒，最小致死量（小鼠，经口）330mg/kg。有刺激性。

所有浓度的 NH_4SCN，温度为 20℃～BP 时：

材料	性能
碳钢	
Moda 410S/4000	○
Moda 430/4016	○
Core 304L/4307	○
Supra 444/4521	○
Supra 316L/4404	○
Ultra 317L/4439	○
Ultra 904L	○
Ultra 254 SMO	○
Ultra 4565	○
Ultra 654 SMO	○
Forta LDX 2101	○
Forta DX 2304	○
Forta LDX 2404	○
Forta DX 2205	○
Forta SDX 2507	○
Ti	○

Aniline hydrochloride（盐酸苯胺）

$C_6H_5NH_2 \cdot HCl$

盐酸苯胺是一种弱碱性物质，可溶于强酸中形成盐酸盐。在氢氧化钠溶液中，盐酸苯胺可以转化为相应的钠盐。同时，它也可以和盐酸反应，生成二盐酸苯胺。这些反应说明盐酸苯胺既有碱性又有酸性。

盐酸苯胺可以被一些还原剂还原，如锌粉、铁末等。当盐酸苯胺被还原时，会释放出氢气，并转化为苯胺。

微有吸湿性。见光及遇空气，久置会变成绿黑色。溶于水、乙醇、乙醚和氯仿。熔点198℃，相对密度1.222，沸点245℃。用于糠醛的检定、氧化剂的比色测定、有机合成及蔗糖分析。

材料	$C_6H_5NH_2 \cdot HCl$ 浓度/%	
	所有浓度	5
	温度/℃	
	20	100
碳钢		
Moda 410S/4000	×	×
Moda 430/4016	×	×
Core 304L/4307	×	×
Supra 444/4521	×	×
Supra 316L/4404	×	×
Ultra 317L/4439		×
Ultra 904L		●ps
Ultra 254 SMO		
Ultra 4565		
Ultra 654 SMO		
Forta LDX 2101		
Forta DX 2304		
Forta LDX 2404		
Forta DX 2205		
Forta SDX 2507		
Ti	○	○

Antimony chloride（氯化锑）

$SbCl_3$

氯化锑为白色易潮解的斜方晶系晶体，熔点为73℃，沸点为223.5℃。在室温下溶于无水乙醇而不分解，加热时能与乙醇反应生成碱式盐。与热的浓硫酸反应产生氯化氢和硫酸锑；能被浓硝酸氧化成锑酸；能与碱金属和碱土金属的氯化物反应生成络合物。氯化锑能够抑制强酸对铁、钴、镍的腐蚀，而加速锌、镉、锡、铬的溶解，因此用来除去铁、镍、钴等金属上面的锌、镉、锡、铬等涂层。在浓盐酸中对铁有保护作用。

溶于盐酸时生成氯锑酸。有腐蚀性，能引起烧伤，对呼吸系统有刺激性。由升华所得的是正交晶系晶体。有吸湿性，在空气中发烟。在少量水中可以溶解，在大量水中水解成SbOCl。溶于冷乙醇、CS_2、丙酮及乙醚等。用于将钢铁器件染成棕色（铜色涂料）。在分子量测定工作中有重要应用。

所有浓度的$SbCl_3$，温度为20℃时：

材料	性能
碳钢	
Moda 410S/4000	
Moda 430/4016	
Core 304L/4307	○p
Supra 444/4521	
Supra 316L/4404	○p
Ultra 317L/4439	○p
Ultra 904L	○p
Ultra 254 SMO	
Ultra 4565	
Ultra 654 SMO	
Forta LDX 2101	
Forta DX 2304	
Forta LDX 2404	
Forta DX 2205	
Forta SDX 2507	
Ti	○

Acetic acid + formic acid（乙酸 + 甲酸）

$CH_3COOH + HCOOH$

材料	CH_3COOH 浓度/%												
	5	5	7	8	20	20	25	30	40	40	50	50	50
	HCOOH 浓度/%												
	5	95	3	2	80	80	5	6	60	60	5	10	15
	温度/℃												
	BP	102	BP	BP	95	103	BP	200	90	105	BP	BP	BP
碳钢								×					
Moda 410S/4000								×					
Moda 430/4016								×					
Core 304L/4307	●						●	×			×		
Supra 444/4521								×					
Supra 316L/4404	●		○	○			●	×			●	●	●
Ultra 317L/4439	●		○	○			●	×			○	●	●
Ultra 904L	●	○	○	○	○	○	○	×	○	○		●	
Ultra 254 SMO	○	○	○	○	○	○	○		○	○	○	○	○
Ultra 4565													
Ultra 654 SMO	○		○	○	○		○		○		○	○	
Forta LDX 2101	○	●	○	○		●	○			●	○	○	○
Forta DX 2304	○	●	○	○	○		○		○	●	○	●	●
Forta LDX 2404	○		○	○	○		○		○		○		
Forta DX 2205	○		○	○	○		○		○	●	○	○	○
Forta SDX 2507	○	●	○	○	○		○		○		○	○	○
Ti								○					

续表

材料	CH_3COOH 浓度/%									
	50	50	50	60	60	80	80	90	95	98
	HCOOH 浓度/%									
	20	25	50	40	40	20	20	10	5	2
	温度/℃									
	BP	BP	BP	90	109～BP	95	113～BP	BP	117～BP	BP
碳钢										
Moda 410S/4000										
Moda 430/4016										
Core 304L/4307										
Supra 444/4521										
Supra 316L/4404	●	●					○	○	○	○
Ultra 317L/4439	●	●	●				○	○	○	○
Ultra 904L		●	●	○	○	○	○	○	○	○
Ultra 254 SMO	○	○	○	○	○	○	○	○	○	○
Ultra 4565		○	○							
Ultra 654 SMO		○	○			○		○		○
Forta LDX 2101	●	×			×		●		○	
Forta DX 2304	●	●	●		●	○	●	●	●	○
Forta LDX 2404						○				○
Forta DX 2205	○	●	●			○		○		○
Forta SDX 2507	○	○	○		○	○	○	○	○	○
Ti										

A

Acetic anhydride（乙酸酐）

$(CH_3CO)_2O$

无色透明液体，有强烈的乙酸气味，有吸湿性，溶于氯仿和乙醚，可缓慢地溶于水形成乙酸，与乙醇作用形成乙酸乙酯。熔点－73℃，沸点 139℃，闪点 49℃，燃点 400℃。低毒，易燃，有腐蚀性，有催泪性；勿接触皮肤或眼睛，以防引起损伤。其蒸气与空气可形成爆炸性混合物，遇明火、高热能引起燃烧爆炸。与强氧化剂接触可发生化学反应。能使醇、酚、氨和胺等分别形成乙酸酯和乙酰胺类化合物。在路易斯酸存在下，乙酸酐还可使芳烃或烯烃发生乙酰化反应。在乙酸钠存在下，乙酸酐与苯甲醛发生缩合反应，生成肉桂酸。

乙酸酐是重要的乙酰化试剂，用于制造纤维素乙酸酯、不燃性电影胶片等；在医药工业中用于制造合成痢特灵、地巴唑、咖啡因、阿司匹林、磺胺药等；在染料工业中主要用于生产分散深蓝 HCL、分散大红 S-SWEL、分散黄棕 S-2REL 等；在香料工业中用于生产香豆素、乙酸龙脑酯、葵子麝香、乙酸柏木酯、乙酸松油酯、乙酸苯乙酯、乙酸香叶酯等；由乙酸酐制造的过氧化乙酰，是聚合反应的引发剂和漂白剂。

材料	$(CH_3CO)_2O$ 浓度/%	
	100	100
	温度/℃	
	20	BP
碳钢	×	×
Moda 410S/4000	●	×
Moda 430/4016	○	●
Core 304L/4307	○	●
Supra 444/4521	○	●
Supra 316L/4404	○	○
Ultra 317L/4439	○	○
Ultra 904L	○	○
Ultra 254 SMO	○	○
Ultra 4565	○	○
Ultra 654 SMO	○	○
Forta LDX 2101	○	○
Forta DX 2304	○	○
Forta LDX 2404	○	○
Forta DX 2205	○	○
Forta SDX 2507	○	○
Ti	○	○

Adipic acid（己二酸）

$HOOC(C_2H_4)_2COOH$

己二酸，又称肥酸，是一种重要的有机二元酸，能够发生成盐反应、酯化反应、酰胺化反应等，并能与二元胺或二元醇缩聚成高分子聚合物等。

相对密度 1.360（25℃），熔点 152℃，沸点 337.5℃（分解），闪点（开杯）209.85℃，燃点 231.85℃，熔融黏度 4.54mPa·s（160℃）。微溶于冷水及乙醚，极易溶于沸水，易溶于甲醇、乙醇，溶于丙酮，不溶于苯、石油醚；水溶液呈酸性。

己二酸是工业上具有重要意义的二元羧酸，在有机合成工业、医药等方面都有重要作用。己二酸主要用作尼龙-66和工程塑料的原料，也用于生产各种酯类产品，还用作聚氨基甲酸酯弹性体的原料，以及各种食品和饮料的酸化剂，其作用有时胜过柠檬酸和酒石酸。己二酸也是医药、酵母提纯、杀虫剂、黏合剂、合成革、合成染料和香料的原料。

所有浓度的 $HOOC(C_2H_4)_2COOH$：

材料	温度/℃	
	100	200
碳钢		
Moda 410S/4000		
Moda 430/4016	○	
Core 304L/4307	○	○
Supra 444/4521	○	○
Supra 316L/4404	○	○
Ultra 317L/4439	○	○
Ultra 904L	○	○
Ultra 254 SMO	○	○
Ultra 4565	○	○
Ultra 654 SMO	○	○
Forta LDX 2101	○	○
Forta DX 2304	○	○
Forta LDX 2404	○	○
Forta DX 2205	○	○
Forta SDX 2507	○	○
Ti	○	○

Aluminium acetate（醋酸铝）

$Al(OOCCH_3)_3$

醋酸铝是一种铝盐，分子量为 204.11。溶于碱溶液，难溶于丙酮，不溶于水或苯，但具强吸湿性，遇水可发生水解，生成凝胶状沉淀。常以碱式盐存在，受热易分解。

$Al(OOCCH_3)_3$ 的浓度为饱和，温度为 BP 时：

材料	性能
碳钢	
Moda 410S/4000	○
Moda 430/4016	○
Core 304L/4307	○
Supra 444/4521	○
Supra 316L/4404	○
Ultra 317L/4439	○
Ultra 904L	○
Ultra 254 SMO	○
Ultra 4565	○
Ultra 654 SMO	○
Forta LDX 2101	○
Forta DX 2304	○
Forta LDX 2404	○
Forta DX 2205	○
Forta SDX 2507	○
Ti	○

Aluminium sulphate（硫酸铝）

$Al_2(SO_4)_3$

硫酸铝极易溶于水，在纯硫酸中不能溶解（只是共存），在硫酸溶液中与硫酸共同溶解于水，所以硫酸铝在硫酸溶液中的溶解度就是硫酸铝在水中的溶解度。

硫酸铝不易风化而失去结晶水，比较稳定，加热会失水，高温会分解为氧化铝和硫的氧化物。加热至770℃开始分解为氧化铝、三氧化硫、二氧化硫和水蒸气。溶于酸和碱，不溶于乙醇。水溶液呈酸性。水解后生成氢氧化铝。水溶液长时间沸腾可生成碱式硫酸铝。工业品为灰白色片状、粒状或块状，因含低价铁盐而带淡绿色，又因低价铁盐被氧化而使表面发黄。粗品为灰白色细晶结构多孔状物。无毒，粉尘能刺激眼睛。

材料	$Al_2(SO_4)_3$ 浓度/%											
	0.5	1.0	2.3	5	10	10	10	23	23	27	27	饱和
	温度/℃											
	50	20	101～BP	101～BP	20	50	102～BP	20	100	20	102～BP	105～BP
碳钢	×	×	×	×	×	×	×	×	×	×	×	×
Moda 410S/4000	×	○	×	×	×	×	×	×	×	×	×	×
Moda 430/4016	○	○	×	×	○	○	×	×	×	×	×	×
Core 304L/4307	○	○	×	×	○	○	×	×	×	×	×	×
Supra 444/4521	○	○	×	×	○	○	×	×	×	×	×	×
Supra 316L/4404	○	○	○	○	○	○	●	○	●	○	●	×
Ultra 317L/4439	○	○	○	○	○	○	—/○	○	○	○	●	—/●
Ultra 904L	○	○	○	○	○	○	○	○	○	○	○	●
Ultra 254 SMO	○	○	○	○	○	○	○	○	○	○	○	●
Ultra 4565	○	○	○	○	○	○	○	○	○	○	○	●
Ultra 654 SMO	○	○	○	○	○	○	○	○	○	○	○	
Forta LDX 2101	○	○	○	○	○	○	○	○	○	○	○	
Forta DX 2304	○	○	○	○	○	○	○	○	○	○	○	
Forta LDX 2404	○	○	○	○	○	○	○	○	○	○	○	
Forta DX 2205	○	○	○	○	○	○	○	○	○	○	○	×
Forta SDX 2507	○	○	○	○	○	○	○	○	○	○	○	●
Ti	○	○	×	×	○	●	×	○	×	○	×	×

Ammonium bicarbonate（碳酸氢铵）

NH_4HCO_3

碳酸氢铵，又称碳铵，是一种碳酸盐，无色或浅色化合物，呈粒状、板状或柱状结晶。相对密度 1.57；容重 0.75，较硫酸铵（0.86）轻，略重于粒状尿素（0.66）；易溶于水，水溶液呈碱性，0℃时溶解度为 11.3%，20℃时为 21%，40℃时为 35%；不溶于乙醇。含氮 17.7%左右，可作为氮肥。性质不稳定，36℃以上分解为 NH_3、CO_2 和 H_2O 三种气体而消失，故又称气肥。60℃可以分解完。有吸湿性，潮解后分解加快。

生产碳铵的原料是氨、二氧化碳和水。碳铵是无（硫）酸根氮肥，其三个组分都是作物的养分，不含有害的中间产物和最终分解产物，长期使用不影响土质，是安全的氮肥品种之一。易挥发，有强烈的刺激性臭味。

所有浓度的 NH_4HCO_3，温度为 20℃时：

材料	性能
碳钢	○
Moda 410S/4000	○
Moda 430/4016	○
Core 304L/4307	○
Supra 444/4521	○
Supra 316L/4404	○
Ultra 317L/4439	○
Ultra 904L	○
Ultra 254 SMO	○
Ultra 4565	○
Ultra 654 SMO	○
Forta LDX 2101	○
Forta DX 2304	○
Forta LDX 2404	○
Forta DX 2205	○
Forta SDX 2507	○
Ti	○

Ammonium bisulphite（亚硫酸氢铵）

NH_4HSO_3

注意

如果有空气存在，在气态可能发生硫酸和亚硫酸的侵蚀。

亚硫酸氢铵是一种黄褐色液体，略有二氧化硫气味，既能与酸作用产生二氧化硫，也能和碱作用。在空气中易被氧化为硫酸盐。遇热分解并放出二氧化硫。易溶于水，150℃升华。亚硫酸氢铵属低毒化合物。其浓溶液对皮肤有轻度的刺激作用，但短时接触不会造成伤害。

材料	NH_4HSO_3 浓度/%	
	10	10
	温度/℃	
	20	BP
碳钢	×	×
Moda 410S/4000	●	×
Moda 430/4016	●	●
Core 304L/4307	○	●
Supra 444/4521		
Supra 316L/4404	○	○
Ultra 317L/4439	○	○
Ultra 904L	○	○
Ultra 254 SMO	○	○
Ultra 4565	○	○
Ultra 654 SMO	○	○
Forta LDX 2101	○	○
Forta DX 2304	○	○
Forta LDX 2404	○	○
Forta DX 2205	○	○
Forta SDX 2507	○	○
Ti	○	○

Ammonium chloride（氯化铵）

NH_4Cl

工业用氯化铵为白色粉末或颗粒状晶体，无臭、味咸而带有清凉感。熔点 340℃，沸点 520℃；易吸潮结块，易溶于水，溶于甘油和液氨，难溶于乙醇，不溶于丙酮和乙醚，在 350℃ 时升华。

氯化铵是一种强电解质，溶于水可电离出铵根离子和氯离子。水溶液呈弱酸性，加热时酸性增强。常温下饱和氯化铵溶液的 pH 值一般在 5.6 左右；25℃时，浓度 1%为 5.5，3%为 5.1，10%为 5.0。100℃时开始分解，337.8℃时可以完全分解为氨气和氯化氢气体，遇冷后又重新化合生成颗粒极小的氯化铵而呈现为白色浓烟，不易下沉，也不易再溶解于水。

对黑色金属和其它金属有腐蚀性，特别对铜腐蚀较大，对生铁无腐蚀作用。工业级氯化铵主要用于电池、电镀、染织、铸造、医药、植绒、化工中间体等方面。

材料	NH_4Cl 浓度/%										
	1	1	5	10	10	10	10	20	20	20	50
	温度/℃										
	20	100	BP	20～50	90～100	BP	135	20～50	90	BP	115
碳钢			×							×	×
Moda 410S/4000	○$_p$	○$_p$	●$_p$	○$_p$	●$_p$	●$_p$	●$_p$	○$_p$	●$_p$	×	×
Moda 430/4016	○$_p$	○$_p$	●$_p$	○$_p$	●$_p$	●$_p$	●$_p$	○$_p$	●$_p$	×	×
Core 304L/4307	○$_p$	○$_{ps}$	○$_{ps}$	○$_p$	○$_{ps}$	●$_{ps}$	●$_{ps}$	○$_p$	●$_{ps}$	●$_{ps}$	×
Supra 444/4521	○$_p$	○$_p$	○$_p$	○$_p$	○$_p$	●$_p$	●$_p$	○$_p$	●$_p$	●$_p$	×
Supra 316L/4404	○$_p$	○$_{ps}$	○$_{ps}$	○$_p$	○$_{ps}$	○$_{ps}$	○$_{ps}$	○$_p$	○$_{ps}$	●$_{ps}$	●$_{ps}$
Ultra 317L/4439	○$_p$	○$_{ps}$	○$_{ps}$	○$_p$	○$_{ps}$	○$_{ps}$	○$_{ps}$	○$_p$	○$_{ps}$	●$_{ps}$	●$_{ps}$
Ultra 904L	○	○$_p$	○$_p$	○$_p$	○$_{ps}$	○$_{ps}$	○$_{ps}$	○$_p$	○$_{ps}$	○$_{ps}$	●$_{ps}$
Ultra 254 SMO	○	○$_p$	○$_p$	○$_p$	○$_p$	○$_p$		○$_p$	○$_p$	○$_p$	○$_{ps}$
Ultra 4565											
Ultra 654 SMO										○	○
Forta LDX 2101											
Forta DX 2304	○$_p$	○$_p$	○$_p$	○$_p$	○$_p$	○$_p$		○$_p$	○$_p$	○$_p$	●$_{ps}$
Forta LDX 2404											
Forta DX 2205	○$_p$	○$_p$	○$_p$	○$_p$	○$_p$	○$_p$		○$_p$	○$_p$	○$_p$	○$_{ps}$
Forta SDX 2507	○	○$_p$	○$_p$	○$_p$	○$_p$	○$_p$		○$_p$	○$_p$	○$_p$	○$_p$
Ti	○	○	○	○	○	○	○$_p$	○	○	○	○

Ammonium chloro-stannate（水合氯代锡酸铵）

$(NH_4)_2SnCl_6$

$(NH_4)_2SnCl_6$浓度为饱和时：

材料	温度/℃	
	20	60
碳钢	×	×
Moda 410S/4000	×	×
Moda 430/4016	×	×
Core 304L/4307	●$_p$	×
Supra 444/4521	●$_p$	×
Supra 316L/4404	○$_p$	×
Ultra 317L/4439	○$_p$	×/●$_p$
Ultra 904L	○$_p$	●$_p$
Ultra 254 SMO		
Ultra 4565		
Ultra 654 SMO		
Forta LDX 2101		
Forta DX 2304		
Forta LDX 2404		
Forta DX 2205		
Forta SDX 2507		
Ti	○	○

Ammonium nitrate + ammonium sulphate（硝酸铵 + 硫酸铵）

$NH_4NO_3 + (NH_4)_2SO_4$

所有浓度的 NH_4NO_3 和（NH_4）$_2SO_4$：

材料	温度/℃	
	60	120
碳钢		
Moda 410S/4000		
Moda 430/4016	○	×
Core 304L/4307	○	●
Supra 444/4521	○	
Supra 316L/4404	○	○
Ultra 317L/4439	○	○
Ultra 904L	○	○
Ultra 254 SMO	○	○
Ultra 4565	○	○
Ultra 654 SMO	○	○
Forta LDX 2101	○	○
Forta DX 2304	○	○
Forta LDX 2404	○	○
Forta DX 2205	○	○
Forta SDX 2507	○	○
Ti	○	○

Ammonium persulphate（过硫酸铵）

$(NH_4)_2S_2O_8$

白色晶体或粉末，120℃时熔解（分解）。干燥纯品能稳定数月，受潮时逐渐分解放出臭氧，加热则分解出氧气而成为焦硫酸铵。易溶于水，水溶液呈酸性，并在室温中逐渐分解，在较高温度时很快分解放出氧气，并生成硫酸氢铵。

用作制造过硫酸盐和双氧水的原料、有机高分子聚合时的助聚剂、氯乙烯单体聚合时的引发剂、生产油脂及肥皂的漂白剂，还用于金属板蚀割时的腐蚀剂及石油工业采油等方面。食品级用作小麦改质剂、啤酒酵母防霉剂。

所有浓度的$(NH_4)_2S_2O_8$：

材料	温度/℃	
	20	70
碳钢		
Moda 410S/4000		
Moda 430/4016	○	
Core 304L/4307	○	○
Supra 444/4521	○	○
Supra 316L/4404	○	○
Ultra 317L/4439	○	○
Ultra 904L	○	○
Ultra 254 SMO	○	○
Ultra 4565	○	○
Ultra 654 SMO	○	○
Forta LDX 2101	○	○
Forta DX 2304	○	○
Forta LDX 2404	○	○
Forta DX 2205	○	○
Forta SDX 2507	○	○
Ti	○	○

Ammonium sulphide（硫化铵）

$(NH_4)_2S$

硫化铵是一种铵盐，熔点为−18℃，沸点为40℃；溶于水，水溶液呈碱性。主要作为硝酸纤维脱硝剂、分析试剂等。

所有浓度的（NH_4）$_2$S，温度为20℃时：

材料	性能
碳钢	
Moda 410S/4000	●
Moda 430/4016	
Core 304L/4307	○
Supra 444/4521	○
Supra 316L/4404	○
Ultra 317L/4439	○
Ultra 904L	○
Ultra 254 SMO	○
Ultra 4565	○
Ultra 654 SMO	○
Forta LDX 2101	○
Forta DX 2304	○
Forta LDX 2404	○
Forta DX 2205	○
Forta SDX 2507	○
Ti	○

Amyl alcohol（戊醇）

$C_5H_{11}OH$

戊醇，又称正戊醇，是一种有机化合物，为无色透明液体，微溶于水，溶于丙醇，可混溶于乙醇、乙醚等。主要作为涂料溶剂、非铁金属的浮选剂、锅炉给水的消泡剂等。熔点－78℃，沸点 137～139℃。

$C_5H_{11}OH$ 浓度为 100%，温度为 20～100℃时：

材料	性能
碳钢	
Moda 410S/4000	○
Moda 430/4016	○
Core 304L/4307	○
Supra 444/4521	○
Supra 316L/4404	○
Ultra 317L/4439	○
Ultra 904L	○
Ultra 254 SMO	○
Ultra 4565	○
Ultra 654 SMO	○
Forta LDX 2101	○
Forta DX 2304	○
Forta LDX 2404	○
Forta DX 2205	○
Forta SDX 2507	○
Ti	○

Aniline（苯胺），technical grade（工业级）

$C_6H_5NH_2$

苯胺又称阿尼林、阿尼林油、氨基苯，为无色油状液体。熔点－6.3℃，沸点184℃，相对密度1.02（20/4℃），分子量93.128，加热至370℃分解。稍溶于水，易溶于乙醇、乙醚等有机溶剂。

苯胺主要用于制造染料、药物、树脂，还可以用作橡胶硫化促进剂等。它本身也可作为黑色染料使用。其衍生物甲基橙可作为酸碱滴定用的指示剂。

苯胺有碱性，能与盐酸化合生成盐酸盐，与硫酸化合生成硫酸盐。能起卤化、乙酰化、重氮化等作用。遇明火、高热可燃，燃烧的火焰会生烟。与酸类、卤素、醇类、胺类发生强烈反应，会引起燃烧。中等毒性。

$C_6H_5NH_2$ 浓度为100%，温度为20℃时：

材料	性能
碳钢	
Moda 410S/4000	○
Moda 430/4016	○
Core 304L/4307	○
Supra 444/4521	○
Supra 316L/4404	○
Ultra 317L/4439	○
Ultra 904L	○
Ultra 254 SMO	○
Ultra 4565	○
Ultra 654 SMO	○
Forta LDX 2101	○
Forta DX 2304	○
Forta LDX 2404	○
Forta DX 2205	○
Forta SDX 2507	○
Ti	○

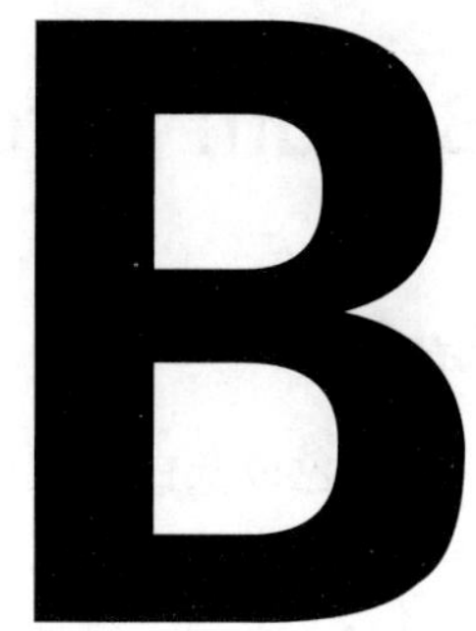

Barium chloride（氯化钡）

$BaCl_2 \cdot 2H_2O$

白色晶体或粒状粉末。味苦咸。微有吸湿性。在100℃时即失去结晶水，但放置在湿空气中又重新吸收二分子结晶水。易溶于水，水溶液呈中性，溶于甲醇，不溶于乙醇、乙酸乙酯和丙酮。相对密度3.86，熔点963℃。

主要用作分析试剂、脱水剂，制钡盐，以及用于电子、仪表、冶金等工业。

材料	$BaCl_2 \cdot 2H_2O$ 浓度/%		
	6	23	熔融
	温度/℃		
	100	100	
碳钢			
Moda 410S/4000	○p	●p	×
Moda 430/4016	○p	○p	×
Core 304L/4307	○ps	○ps	×
Supra 444/4521	○p	○p	×
Supra 316L/4404	○ps	○ps	×
Ultra 317L/4439	○ps	○ps	×
Ultra 904L	○ps	○ps	×
Ultra 254 SMO			
Ultra 4565			
Ultra 654 SMO			
Forta LDX 2101			
Forta DX 2304			
Forta LDX 2404			
Forta DX 2205			
Forta SDX 2507			
Ti	○	○	×

Barium peroxide（过氧化钡）

B

BaO_2

白色或灰白色重质粉末，通常含有一氧化钡。在空气中缓慢分解。不溶于水，但能缓慢水解，水解后呈碱性。接触稀酸或含二氧化碳的水，分解为过氧化氢，与水化合成为$BaO_2 \cdot 8H_2O$。相对密度4.96，熔点450℃，沸点800℃（失去1份氧）。有强氧化性，有毒，有腐蚀性。

BaO_2浓度为10％，温度为95℃时：

材料	性能
碳钢	
Moda 410S/4000	
Moda 430/4016	
Core 304L/4307	○
Supra 444/4521	
Supra 316L/4404	○
Ultra 317L/4439	○
Ultra 904L	○
Ultra 254 SMO	○
Ultra 4565	○
Ultra 654 SMO	○
Forta LDX 2101	○
Forta DX 2304	○
Forta LDX 2404	○
Forta DX 2205	○
Forta SDX 2507	○
Ti	×

Benzene（苯）

C_6H_6

苯是有机化合物，是组成结构最简单的芳香烃，在常温下为一种无色、油状的透明液体，其密度小于水，具有强烈的特殊气味。可燃，有毒，为 IARC（国际癌症研究机构）1 类致癌物。苯不溶于水，易溶于有机溶剂，本身也可作为有机溶剂。熔点为 5.5℃，沸点为 80.1℃。如用水冷却，可凝成无色晶体。其碳与碳之间的化学键介于单键与双键之间，称大 π 键，因此同时具有饱和烃取代反应的性质和不饱和烃加成反应的性质。苯的性质是易取代，难氧化，难加成。苯是一种石油化工基本原料。苯的产量和生产的技术水平是衡量一个国家石油化工发展水平的标准之一。苯具有的环系叫苯环，是最简单的芳环。苯分子去掉一个氢以后的结构叫苯基，用 Ph 表示。因此苯也可表示为 PhH。

用途：是生产合成染料、合成橡胶、合成树脂、合成纤维、合成谷物、塑料、医药、农药、照相胶片的重要原料；本品具有良好的溶解性能，因而被广泛地用作胶黏剂及工业溶剂，例如清漆、硝基漆稀释剂、脱漆剂、润滑油、蜡、赛璐珞、树脂等。

C_6H_6 在所有浓度下，温度为 20℃～BP 时：

材料	性能
碳钢	
Moda 410S/4000	
Moda 430/4016	○
Core 304L/4307	○
Supra 444/4521	○
Supra 316L/4404	○
Ultra 317L/4439	○
Ultra 904L	○
Ultra 254 SMO	○
Ultra 4565	○
Ultra 654 SMO	○
Forta LDX 2101	○
Forta DX 2304	○
Forta LDX 2404	○
Forta DX 2205	○
Forta SDX 2507	○
Ti	○

Benzyl chloride（苄氯）

B

$C_6H_5CH_2Cl$

苄氯，又名氯化苄、苯氯甲烷、氯苯甲烷；熔点−45℃，沸点132℃。

其为无色透明液体，具有强烈刺激性气味。有毒，其蒸气具有催泪作用，能刺激呼吸道，高浓度时具有麻醉作用。溶于乙醚、乙醇、氯仿等有机溶剂，不溶于水，但能与水蒸气一同挥发，在空气中的爆炸极限为1.1%～14%($5mg/m^3$)。

苄氯是制造染料、香料、药物、合成鞣剂、合成树脂等的原料。苄氯是一种重要的有机合成中间体，在农药上，它不仅可以直接合成有机磷杀菌剂稻瘟净、异稻瘟净，而且可以作为其他许多中间体的重要原料，如合成苯乙腈、苯甲酰氯、间苯氧基苯甲醛等。

所有浓度的 $C_6H_5CH_2Cl$，温度为100℃时：

材料	性能
碳钢	
Moda 410S/4000	
Moda 430/4016	○p
Core 304L/4307	○ps
Supra 444/4521	○p
Supra 316L/4404	○ps
Ultra 317L/4439	○ps
Ultra 904L	○ps
Ultra 254 SMO	
Ultra 4565	
Ultra 654 SMO	
Forta LDX 2101	
Forta DX 2304	
Forta LDX 2404	
Forta DX 2205	
Forta SDX 2507	
Ti	○

Blood（血液）

血液是一种特殊的结缔组织，属于生命系统中的组织层次。血液中含有各种营养成分，如无机盐、氧以及细胞代谢产物、激素、酶和抗体等。

所有浓度的血液：

材料	温度/℃	
	20	37
碳钢		
Moda 410S/4000	○p	
Moda 430/4016	○p	
Core 304L/4307	○	
Supra 444/4521	○	
Supra 316L/4404	○	○p
Ultra 317L/4439	○	○
Ultra 904L	○	○
Ultra 254 SMO	○	○
Ultra 4565	○	○
Ultra 654 SMO	○	○
Forta LDX 2101	○	○p
Forta DX 2304	○	○p
Forta LDX 2404	○	○
Forta DX 2205	○	○
Forta SDX 2507	○	○
Ti	○	○

Boric acid + nickel sulphate + hydrochloric acid（硼酸+硫酸镍+盐酸）

B

$B(OH)_3 + NiSO_4 + HCl$

$B(OH)_3$ 浓度为 1.5%，$NiSO_4$ 浓度为 25%，HCl 浓度为 0.2%，温度为 80℃时：

材料	性能
碳钢	
Moda 410S/4000	
Moda 430/4016	
Core 304L/4307	
Supra 444/4521	
Supra 316L/4404	○ps
Ultra 317L/4439	○ps
Ultra 904L	○ps
Ultra 254 SMO	
Ultra 4565	
Ultra 654 SMO	
Forta LDX 2101	
Forta DX 2304	
Forta LDX 2404	
Forta DX 2205	
Forta SDX 2507	
Ti	○

Butyric acid（丁酸）

C_3H_7COOH

丁酸，又称酪酸，存在于腐臭的黄油、巴马干酪、呕吐物和腋臭中，带有难闻的气味，味先辣后甜，与乙醚类似。熔点－5.1℃，沸点163.4℃。0.00001％浓度的丁酸即可被狗嗅出，人则需大于0.001％。丁酸是脂肪酸，在动物脂肪和植物油中以丁酸酯形式存在，是短链脂肪酸的主要一员。工业上用蔗糖或淀粉发酵制取丁酸，丁酸则被用于制取各种丁酸酯。

C_3H_7COOH 浓度为100％时：

材料	温度/℃	
	20	BP
碳钢	×	×
Moda 410S/4000	×	×
Moda 430/4016	○	×
Core 304L/4307	○	●
Supra 444/4521	○	
Supra 316L/4404	○	○
Ultra 317L/4439	○	○
Ultra 904L	○	○
Ultra 254 SMO	○	○
Ultra 4565	○	○
Ultra 654 SMO	○	○
Forta LDX 2101	○	
Forta DX 2304	○	○
Forta LDX 2404	○	○
Forta DX 2205	○	○
Forta SDX 2507	○	○
Ti	○	○

Barium hydroxide（氢氧化钡）

B

$Ba(OH)_2$

白色单斜晶系晶体。水溶液呈碱性，熔点 78℃，沸点 100℃。主要用于石油工业中做多效能添加剂。也用于钡基润滑脂和油类精制。还用于有机合成、其他钡盐的制造、水的软化，以及玻璃和搪瓷工业。

所有浓度的 $Ba(OH)_2$，温度为 0℃～BP 时：

材料	性能
碳钢	○
Moda 410S/4000	○
Moda 430/4016	○
Core 304L/4307	○
Supra 444/4521	○
Supra 316L/4404	○
Ultra 317L/4439	○
Ultra 904L	○
Ultra 254 SMO	○
Ultra 4565	○
Ultra 654 SMO	○
Forta LDX 2101	○
Forta DX 2304	○
Forta LDX 2404	○
Forta DX 2205	○
Forta SDX 2507	○
Ti	○

Beer（啤酒）

啤酒的主要成分是大麦芽、啤酒花、酵母、水。这些原料都是纯天然物质，德国的啤酒厂大都还按照1516年颁布的法令，只使用这4种原料，其他大部分国家或地区在啤酒中都添加了辅助原料，如玉米、大米、蔗糖、小麦、淀粉、水果、蜜糖等。

啤酒在所有浓度下，温度为20～70℃时：

材料	性能
碳钢	
Moda 410S/4000	
Moda 430/4016	○
Core 304L/4307	○
Supra 444/4521	○
Supra 316L/4404	○
Ultra 317L/4439	○
Ultra 904L	○
Ultra 254 SMO	○
Ultra 4565	○
Ultra 654 SMO	○
Forta LDX 2101	○
Forta DX 2304	○
Forta LDX 2404	○
Forta DX 2205	○
Forta SDX 2507	○
Ti	○

Benzenesulphonic acid（苯磺酸）

B

$C_6H_5SO_2OH$

苯磺酸，无色针状或片状晶体。熔点 30～60℃，沸点 137℃。易溶于水，水溶液为一种有机强酸，易溶于乙醇，微溶于苯，不溶于乙醚、二硫化碳。用于经碱熔制苯酚，也用于制间苯二酚等，还用作催化剂。

材料	$C_6H_5SO_2OH$ 浓度/%								
	5	5	5	10	10	10	10	20	100
	温度/℃								
	40	50	60	40	50	80	100	50	20
碳钢	×	×	×	×	×	×	×	×	
Moda 410S/4000	●	×	×	●	×	×	×	×	
Moda 430/4016	○	●	×	○	×	×	×	×	
Core 304L/4307	○	○	×	○	●	×	×	×	○
Supra 444/4521									
Supra 316L/4404	○	○	●	○	○	●	×	×	○
Ultra 317L/4439	○	○		○	○		×	×	○
Ultra 904L	○	○	○	○	○	○	●	●	○
Ultra 254 SMO								○	
Ultra 4565									
Ultra 654 SMO									
Forta LDX 2101									
Forta DX 2304									
Forta LDX 2404									
Forta DX 2205									
Forta SDX 2507									
Ti	●	●	×	●	×	×	×	×	×

Beryllium chloride（氯化铍）

$BeCl_2$

B

氯化铍是碱土金属铍的氯化物，室温下为雪白色易升华的固体，熔点 405℃，沸点 488℃。为易潮解的晶体或块状物。溶于水和部分有机溶剂，水溶液呈强酸性。在空气中吸湿，加热时可以风化。主要用于制取金属铍和有机反应催化剂。由氧化铍与碳的混合物在氯气流中反应制得。

所有浓度的 $BeCl_2$，温度为 100℃时：

材料	性能
碳钢	
Moda 410S/4000	
Moda 430/4016	$\bigcirc_p$
Core 304L/4307	$\bigcirc_{ps}$
Supra 444/4521	$\bigcirc_p$
Supra 316L/4404	$\bigcirc_{ps}$
Ultra 317L/4439	$\bigcirc_{ps}$
Ultra 904L	$\bigcirc_{ps}$
Ultra 254 SMO	
Ultra 4565	
Ultra 654 SMO	
Forta LDX 2101	
Forta DX 2304	
Forta LDX 2404	
Forta DX 2205	
Forta SDX 2507	
Ti	○

Borax（硼砂），sodium tetraborate（四硼酸钠）

B

$Na_2B_4O_7 \cdot 10H_2O$

硼砂是非常重要的含硼矿物及硼化合物。熔点约880℃，沸点为1575℃。通常为含有无色晶体的白色粉末，易溶于水，水溶液呈弱碱性。硼砂有广泛的用途，可用于清洁剂、化妆品、杀虫剂，也可用于配置缓冲溶液和制取其他硼化合物等。市售硼砂往往已经部分风化。硼砂毒性较高，世界各国多禁用为食品添加剂。人体若摄入过多的硼，会引发多脏器的蓄积性中毒。

材料	$Na_2B_4O_7 \cdot 10H_2O$ 浓度/%	
	所有浓度	熔融
	温度/℃	
	20～BP	
碳钢	○	×
Moda 410S/4000	○	×
Moda 430/4016	○	×
Core 304L/4307	○	×
Supra 444/4521	○	
Supra 316L/4404	○	×
Ultra 317L/4439	○	
Ultra 904L	○	
Ultra 254 SMO	○	
Ultra 4565	○	
Ultra 654 SMO	○	
Forta LDX 2101	○	
Forta DX 2304	○	
Forta LDX 2404	○	
Forta DX 2205	○	
Forta SDX 2507	○	
Ti	○	

Boron trichloride（三氯化硼）

BCl_3

B

注意

不锈钢在潮湿的情况下会有点蚀的危险。

无色发烟液体或气体。不可燃，有刺激性、酸性气味。遇水分解生成氯化氢和硼酸，并放出大量热量，在湿空气中因水解而生成烟雾，在醇中分解为盐酸和硼酸酯。相对密度1.43，熔点−107.3℃，沸点12.5℃。三氯化硼反应能力较强，能形成多种配位化合物，具有较高的热力学稳定性，但在放电作用下，会分解形成低价的氯化硼。在大气中，三氯化硼加热能和玻璃、陶瓷起反应，也能和许多有机物反应形成各种有机硼化合物。

可用于制造高纯硼、有机合成用催化剂、硅酸盐分解时的助熔剂，可对钢铁进行硼化，可用作半导体的掺杂源、合金精制中的除氧剂、氮化物和碳化物的添加剂。还可用来制造氮化硼及硼烷化合物。

BCl_3浓度为100%，温度为20℃时：

材料	性能
碳钢	×
Moda 410S/4000	
Moda 430/4016	
Core 304L/4307	○
Supra 444/4521	
Supra 316L/4404	○
Ultra 317L/4439	○
Ultra 904L	○
Ultra 254 SMO	○
Ultra 4565	○
Ultra 654 SMO	○
Forta LDX 2101	○
Forta DX 2304	○
Forta LDX 2404	○
Forta DX 2205	○
Forta SDX 2507	○
Ti	○

Butyl acetate（乙酸正丁酯）

B

$CH_3COOC_4H_9$

乙酸正丁酯，简称乙酸丁酯。无色透明有果香气味的液体。较低级同系物难溶于水，25℃时溶于约 120 份水；与醇、醚、酮等有机溶剂混溶，溶于大多数烃类化合物。相对密度 0.8826，凝固点 −77℃，沸点 125～126℃。易燃，蒸气能与空气形成爆炸性混合物，爆炸极限 1.4%～8.0%（体积）。急性毒性较小，但对眼鼻有较强的刺激性，而且在高浓度下会引起麻醉。

乙酸正丁酯是一种优良的有机溶剂，对乙基纤维素、醋酸丁酸纤维素、聚苯乙烯、甲基丙烯酸树脂、氯化橡胶以及多种天然树胶均有较好的溶解性能。

$CH_3COOC_4H_9$ 在所有浓度下，温度为 25℃～BP 时：

材料	性能
碳钢	
Moda 410S/4000	○
Moda 430/4016	○
Core 304L/4307	○
Supra 444/4521	○
Supra 316L/4404	○
Ultra 317L/4439	○
Ultra 904L	○
Ultra 254 SMO	○
Ultra 4565	○
Ultra 654 SMO	○
Forta LDX 2101	○
Forta DX 2304	○
Forta LDX 2404	○
Forta DX 2205	○
Forta SDX 2507	○
Ti	○

Barium nitrate（硝酸钡）

$Ba(NO_3)_2$

硝酸钡，分子量 261.35。无色立方晶系晶体或白色粉末，有毒，密度 3.24g/cm^3，微具吸湿性，溶于水，水溶液呈中性，不溶于乙醇。加热时分解放出氧气，有强氧化性，跟硫、磷、有机物接触、摩擦或撞击能引起燃烧或爆炸。熔点 592℃，温度再高即分解。燃烧时呈现绿色火焰。

用作氧化剂、分析试剂。用于制钡盐、信号弹及焰火，还用于制陶瓷釉、医药等。由硝酸跟氢氧化钡反应制得。

所有浓度的 $Ba(NO_3)_2$，温度为 BP 时：

材料	性能
碳钢	
Moda 410S/4000	○
Moda 430/4016	○
Core 304L/4307	○
Supra 444/4521	○
Supra 316L/4404	○
Ultra 317L/4439	○
Ultra 904L	○
Ultra 254 SMO	○
Ultra 4565	○
Ultra 654 SMO	○
Forta LDX 2101	○
Forta DX 2304	○
Forta LDX 2404	○
Forta DX 2205	○
Forta SDX 2507	○
Ti	○

Benzaldehyde（苯甲醛）

B

C_6H_5CHO

苯甲醛的熔点−26℃，沸点为179℃，微溶于水，为苯的氢被醛基取代后形成的有机化合物。苯甲醛为最简单的，同时也是工业上最常使用的芳香醛。在室温下为无色液体，具有特殊的杏仁气味。苯甲醛为苦扁桃油提取物中的主要成分，也可从杏、樱桃、月桂叶、桃核中提取得到。该化合物也在果仁和坚果中以和糖苷结合的形式（扁桃苷，Amygdalin）存在。

苯甲醛的化学性质与脂肪醛类似，但也有不同。苯甲醛不能还原费林试剂；用还原脂肪醛时所用的试剂还原苯甲醛时，除主要产物苯甲醇外，还产生一些四取代邻二醇类化合物和均二苯基乙二醇。在氰化钾存在下，两分子苯甲醛通过授受氢原子生成安息香。苯甲醛还可进行芳核上的亲电取代反应，主要生成间位取代产物，例如硝化时主要产物为间硝基苯甲醛。空气中极易被氧化，生成白色苯甲酸。可与酰胺类物质反应，生产医药中间体。

所有浓度的C_6H_5CHO，温度为100℃时：

材料	性能
碳钢	
Moda 410S/4000	○
Moda 430/4016	○
Core 304L/4307	○
Supra 444/4521	○
Supra 316L/4404	○
Ultra 317L/4439	○
Ultra 904L	○
Ultra 254 SMO	○
Ultra 4565	○
Ultra 654 SMO	○
Forta LDX 2101	○
Forta DX 2304	○
Forta LDX 2404	○
Forta DX 2205	○
Forta SDX 2507	○
Ti	○

Benzoic acid（苯甲酸）

C_6H_5COOH

苯甲酸为具有苯或甲醛气味的鳞片状或针状晶体，熔点 122.13℃，沸点 249℃，相对密度 1.2659（4～15℃）。在 100℃时迅速升华，它的蒸气有很强的刺激性，吸入后易引起咳嗽。微溶于水，易溶于乙醇、乙醚等有机溶剂。苯甲酸是弱酸，比脂肪酸强。它们的化学性质相似，都能形成盐、酯、酰卤、酰胺、酸酐等，都不易被氧化。苯甲酸的苯环上可发生亲电取代反应，主要得到间位取代产物。有毒性，对微生物有强烈的毒性，但其钠盐的毒性则很低。

所有浓度的 C_6H_5COOH，温度为 20℃～BP 时：

材料	性能
碳钢	×
Moda 410S/4000	○
Moda 430/4016	○
Core 304L/4307	○
Supra 444/4521	○
Supra 316L/4404	○
Ultra 317L/4439	○
Ultra 904L	○
Ultra 254 SMO	○
Ultra 4565	○
Ultra 654 SMO	○
Forta LDX 2101	○
Forta DX 2304	○
Forta LDX 2404	○
Forta DX 2205	○
Forta SDX 2507	○
Ti	○

Bismuth（铋）

B

Bi

纯铋是柔软的金属，不纯时性脆。主要矿石为辉铋矿（Bi_2S_5）和赭铋石（Bi_2O_5）。液态铋凝固时有膨胀现象。导电和导热性都较差。铋的硒化物和碲化物具有半导体性质。

金属铋为有银白色（粉红色）到淡黄色光泽的金属；室温下，铋不与氧气或水反应，在空气中稳定。熔点 271.3℃，沸点（1560±5）℃。以前铋被认为是相对原子质量最大的稳定元素，但在 2003 年，发现了铋微弱的放射性，可经 α 衰变为铊-205。其半衰期为 1.9×10^{19}a 左右。加热到熔点以上时能燃烧，发出淡蓝色的火焰，生成三氧化二铋，铋在红热时也可与硫、卤素化合。铋不溶于水，不溶于非氧化性的酸（如盐酸），即使浓硫酸和浓盐酸也只是在共热时才稍有反应，但铋能溶于王水和浓硝酸。其中＋5 价化合物 $NaBiO_3$（铋酸钠）是强氧化剂。

铋主要用于制造易熔合金，熔点范围是 47～262℃，最常用的是铋同铅、锡、锑、铟等金属组成的合金，用于自动喷水器（消防用）、锅炉的安全塞，例如发生火灾时，一些水管的活塞会“自动”熔化，喷出水来。在消防和电气工业上，用作自动灭火系统和电器保险丝、焊锡。铋合金具有凝固时不收缩的特性，用于铸造印刷铅字和高精度铸型。碳酸氧铋和硝酸氧铋用于治疗皮肤损伤和肠胃病。

熔融态的 Bi：

材料	温度/℃		
	500	550	650
碳钢			
Moda 410S/4000			
Moda 430/4016			
Core 304L/4307	○	●	×
Supra 444/4521			
Supra 316L/4404	○	●	●
Ultra 317L/4439			
Ultra 904L			
Ultra 254 SMO			
Ultra 4565			
Ultra 654 SMO			
Forta LDX 2101			
Forta DX 2304			
Forta LDX 2404			
Forta DX 2205			
Forta SDX 2507			
Ti	×	×	×

Boric acid（硼酸）

$B(OH)_3$

硼酸，为白色粉末状晶体或三斜轴面鳞片状有光泽晶体，有滑腻手感，无臭味。溶于水、乙醇、甘油、醚类及香精油中，水溶液呈弱酸性。大量用于玻璃（光学玻璃、耐酸玻璃、耐热玻璃、绝缘材料用玻璃纤维）工业，可以改善玻璃制品的耐热、透明性能，提高机械强度，缩短熔融时间。露置在空气中无变化。能随水蒸气挥发。加热至100～105℃时失去一分子水而形成偏硼酸，于104～160℃时长时间加热转变为焦硼酸，更高温度则形成无水物。0.1mol/L水溶液pH为5.1。1g能溶于18mL冷水、4mL沸水、18mL冷乙醇、6mL沸乙醇和4mL甘油。在水中的溶解度能随盐酸、柠檬酸和酒石酸的加入而增加。相对密度1.4347，熔点184℃（分解），沸点300℃。有刺激性，有毒。

材料	$B(OH)_3$浓度/%	
	4	20
	温度/℃	
	BP	BP
碳钢	×	×
Moda 410S/4000	○	●
Moda 430/4016	○	●
Core 304L/4307	○	○
Supra 444/4521	○	○
Supra 316L/4404	○	○
Ultra 317L/4439	○	
Ultra 904L	○	○
Ultra 254 SMO	○	○
Ultra 4565	○	○
Ultra 654 SMO	○	○
Forta LDX 2101	○	○
Forta DX 2304	○	○
Forta LDX 2404	○	○
Forta DX 2205	○	○
Forta SDX 2507	○	○
Ti	○	○

Bromine（溴）

B

Br_2

溴在化学元素周期表中位于第 4 周期、第ⅦA 族，第一电离能 11.814eV。溴是一种强氧化剂，它会和金属及大部分有机化合物产生激烈的反应，若有水参与则反应更加剧烈。溴是一种卤素，它的活性小于氯但大于碘。溴和金属反应会产生金属溴盐及次溴酸盐（有水参与时）；和有机化合物反应则可能产生磷光或荧光化合物。溴对大多数金属和有机物组织均有侵蚀作用，甚至包括铂和钯。与铝、钾等作用发生燃烧和爆炸。溴微溶于水，但在二硫化碳、有机醇类（像甲醇）与有机酸中的溶解度佳；溶于水呈强酸性。它很容易与其他原子键结并有强烈的漂白作用。

溴是唯一在室温下是液态的非金属元素，并且是元素周期表上在室温或接近室温下为液体的六个元素之一。溴的熔点是−7.2℃，而沸点是 58.8℃。元素单质的形式是双原子分子：Br_2。

一些特定的溴化合物被认为是有可能破坏臭氧层或是具有生物累积性的化合物。所以已不再生产这些工业用的溴化合物。

材料	Br_2 浓度/%			
	0.03	0.3	10	100（无水）
	温度/℃			
	20	20	20	20
碳钢	×	×	×	×
Moda 410S/4000	×	×	×	×
Moda 430/4016	○p	●p	×	×
Core 304L/4307	○p	●p	×	×
Supra 444/4521	○p	●p	×	×
Supra 316L/4404	○p	○p	●p	×
Ultra 317L/4439	○p	○p	●p	×
Ultra 904L	○p	○p	●p	●
Ultra 254 SMO				
Ultra 4565				
Ultra 654 SMO				
Forta LDX 2101				
Forta DX 2304				
Forta LDX 2404				
Forta DX 2205				
Forta SDX 2507				
Ti	○	○	○	×

Butyl alcohol（丁醇）

C_4H_9OH

丁醇相对密度 0.8109，沸点 117.7℃，熔点 −90.2℃，闪点 35～35.5℃，自燃点 365℃；20℃时在水中的溶解度 7.7%（质量），水在正丁醇中的溶解度 20.1%（质量）；水溶液为中性。丁醇还是油脂、药物（如抗生素、激素和维生素）和香料的萃取剂，醇酸树脂涂料的添加剂等，又可用作有机染料和印刷油墨的溶剂、脱蜡剂。

所有浓度的 C_4H_9OH，温度为 20℃～BP 时：

材料	性能
碳钢	○
Moda 410S/4000	○
Moda 430/4016	○
Core 304L/4307	○
Supra 444/4521	○
Supra 316L/4404	○
Ultra 317L/4439	○
Ultra 904L	○
Ultra 254 SMO	○
Ultra 4565	○
Ultra 654 SMO	○
Forta LDX 2101	○
Forta DX 2304	○
Forta LDX 2404	○
Forta DX 2205	○
Forta SDX 2507	○
Ti	○

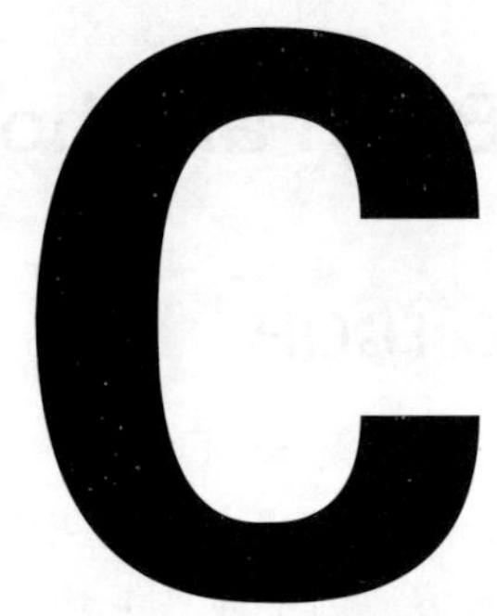

Calcium arsenate（砷酸钙）

$Ca_3(AsO_4)_2$

砷酸钙是一种无机化合物，无色无定形粉末，不纯品呈红色，熔点 1455℃，微溶于水，溶于稀酸。砷酸钙燃烧分解产物为氧化砷及氧化钙。

20 世纪初出现的砷酸盐杀虫剂，可由砷酸溶液与石灰乳反应制得。对害虫为胃毒作用，用于防治咀嚼式口器害虫。砷酸钙较砷酸铅易溶于水，因此毒性更大。现已被有机合成杀虫剂取代，不再使用。

所有浓度的 $Ca_3(AsO_4)_2$，温度为 BP 时：

材料	性能
碳钢	
Moda 410S/4000	○
Moda 430/4016	○
Core 304L/4307	○
Supra 444/4521	○
Supra 316L/4404	○
Ultra 317L/4439	○
Ultra 904L	○
Ultra 254 SMO	○
Ultra 4565	○
Ultra 654 SMO	○
Forta LDX 2101	○
Forta DX 2304	○
Forta LDX 2404	○
Forta DX 2205	○
Forta SDX 2507	○
Ti	○

Calcium hydroxide（氢氧化钙）

$Ca(OH)_2$

氢氧化钙是一种白色粉末状固体。俗称熟石灰、消石灰，水溶液称作澄清石灰水。相对密度 2.24。加热至 580℃脱水成氧化钙，在空气中吸收二氧化碳而成碳酸钙。溶于酸、铵盐、甘油，微溶于水，不溶于醇。氢氧化钙具有碱的通性，是一种强碱。在工业中有广泛的应用。此外，对皮肤、织物有腐蚀作用。

所有浓度的 $Ca(OH)_2$，温度为 20℃～BP 时：

材料	性能
碳钢	○
Moda 410S/4000	○
Moda 430/4016	○
Core 304L/4307	○
Supra 444/4521	○
Supra 316L/4404	○
Ultra 317L/4439	○
Ultra 904L	○
Ultra 254 SMO	○
Ultra 4565	○
Ultra 654 SMO	○
Forta LDX 2101	○
Forta DX 2304	○
Forta LDX 2404	○
Forta DX 2205	○
Forta SDX 2507	○
Ti	○

Calcium hypochlorite（次氯酸钙）

$CaOCl_2$，活性氯量

白色粉末，具有类似氯气的臭味。溶于水，水溶液呈碱性。熔点 100℃。用于棉、麻、纸浆、丝纤维织物的漂白，自来水、游泳池水等的杀菌和消毒，乙炔的净化，金属铈和铈盐的制备等。溶于水使用时，不溶性残渣少，性质稳定。其杀菌机理与液氯相似。长期使用该产品会增加体系 Ca^{2+} 浓度。

材料	$CaOCl_2$，活性氯量浓度/%			
	0.8	1	20	30
	温度/℃			
	20	BP	35	20
碳钢				
Moda 410S/4000	×			×
Moda 430/4016	×			×
Core 304L/4307	●p			●
Supra 444/4521	●p			●
Supra 316L/4404	○p	○ps	○p	●
Ultra 317L/4439	○p	○ps	○p	●
Ultra 904L	○p	○ps	○p	●
Ultra 254 SMO				
Ultra 4565				
Ultra 654 SMO				
Forta LDX 2101				
Forta DX 2304				
Forta LDX 2404				
Forta DX 2205				
Forta SDX 2507				
Ti	○	○	○	○

Calcium hypophosphite（次磷酸钙）

$Ca(H_2PO_2)_2$

白色结晶性粉末，溶于水，不溶于醇。分子量为 170.064。常温时在水中的溶解度为 16.7g/100g 水；其水溶液呈弱酸性。

用作阻燃剂、化学镀层、食品添加剂和动物营养剂；用于制造药品，并可作为抗氧化剂、分析试剂。

$Ca(H_2PO_2)_2$浓度为 5%，温度为 BP 时：

材料	性能
碳钢	
Moda 410S/4000	
Moda 430/4016	
Core 304L/4307	○
Supra 444/4521	
Supra 316L/4404	○
Ultra 317L/4439	○
Ultra 904L	○
Ultra 254 SMO	○
Ultra 4565	○
Ultra 654 SMO	○
Forta LDX 2101	○
Forta DX 2304	○
Forta LDX 2404	○
Forta DX 2205	○
Forta SDX 2507	○
Ti	○

Calcium sulphide（硫化钙）

CaS

浅黄色吸湿性氯化钠结构立方晶系晶体，有类似腐烂的鸡蛋味。熔点 2400℃。在干燥空气中可被氧化。微溶于水，遇水或湿气可发生水解，水溶液为弱碱性。微溶于醇，遇酸迅速分解而释出硫化氢气体。与氯、碘反应析出硫。

用作脱毛剂、杀虫剂和制作发光漆、硫脲等。纯品经稀土元素掺杂后用作电致发光材料。

所有浓度的 CaS，温度为 100℃时：

材料	性能
碳钢	
Moda 410S/4000	○
Moda 430/4016	○
Core 304L/4307	○
Supra 444/4521	○
Supra 316L/4404	○
Ultra 317L/4439	○
Ultra 904L	○
Ultra 254 SMO	○
Ultra 4565	○
Ultra 654 SMO	○
Forta LDX 2101	○
Forta DX 2304	○
Forta LDX 2404	○
Forta DX 2205	○
Forta SDX 2507	○
Ti	○

Carbon disulphide + sodium hydroxide + hydrogen sulphide（二硫化碳 + 氢氧化钠 + 硫化氢）

CS_2 + NaOH + H_2S

CS_2浓度为 10%，NaOH 浓度为 50%，H_2S 浓度为饱和，温度为 BP 时：

材料	性能
碳钢	
Moda 410S/4000	
Moda 430/4016	○
Core 304L/4307	○
Supra 444/4521	○
Supra 316L/4404	○
Ultra 317L/4439	○
Ultra 904L	○
Ultra 254 SMO	○
Ultra 4565	○
Ultra 654 SMO	○
Forta LDX 2101	○
Forta DX 2304	○
Forta LDX 2404	○
Forta DX 2205	○
Forta SDX 2507	○
Ti	○

Cellulose acetate（醋酸纤维素）

溶解在丙酮中

C

醋酸纤维素是指以醋酸作为溶剂，醋酐作为乙酰化剂，在催化剂作用下进行酯化，而得到的一种热塑性树脂。是纤维素衍生物中最早进行商品化生产，并且不断发展的纤维素有机酸酯。醋酸纤维素作为多孔膜材料，具有选择性高、透水量大、加工简单等特点。

市售产品可分为：一般的醋酸纤维素（乙酰基含量 37%～40%），常加入增塑剂用作注塑制件，如牙刷把、刷子等；高乙酰含量的醋酸纤维素（乙酰基含量 40%～42%），白色粒状、粉状或棉状固体，对光稳定，不易燃烧，在稀酸、汽油、矿物油和植物油中稳定，在三氯甲烷中溶胀，溶于丙酮、醋酸甲酯等，能被稀碱液侵蚀，具有坚韧、透明、光泽好等优点，熔融流动性好，易成型加工。

二氯甲烷均相法采用精制棉短绒和醋酐为原料，以乙酰硫酸为触媒，在溶剂二氯甲烷存在下进行酯化，部分水解，可得到结合醋酸含量在 60%±0.5%范围内的醋酸纤维素。传统方法是将精制棉短绒干燥，用醋酸活化，在硫酸触媒存在下，用醋酸和醋酐混合液乙酰化，然后加稀醋酸水解，中和触媒，沉析，脱酸洗涤，精煮干燥得到成品。经部分水解的称二醋酸纤维素，酯化度 γ 值 220～270。未经水解的，即酯化度 γ 值为 300 者称三醋酸纤维素。二醋酸纤维素塑料可做各类工具手柄、计算机及打字机的字母数字键、电话机壳、汽车方向盘、纺织器材零件、收音机开关及绝缘件、笔杆、眼镜架及镜片、玩具、日用杂品等，也可做海水淡化膜。三醋酸纤维素，其熔点高，只能配成溶液后加工，用作电影胶片片基、X 射线片基、录音带、透明容器、银锌电池中的隔膜等。

溶解在丙酮中，浓度为 20%，温度为 20℃时：

材料	性能
碳钢	×
Moda 410S/4000	●
Moda 430/4016	○
Core 304L/4307	○
Supra 444/4521	○
Supra 316L/4404	○
Ultra 317L/4439	○
Ultra 904L	○
Ultra 254 SMO	○
Ultra 4565	○
Ultra 654 SMO	○
Forta LDX 2101	○
Forta DX 2304	○
Forta LDX 2404	○
Forta DX 2205	○
Forta SDX 2507	○
Ti	○

Chloroacetic acid，mono-（氯乙酸）

$CH_2ClCOOH$

无色或白色易潮解晶体。以 α、β、γ 三种形式存在。易溶于水，为强酸性物质，溶于乙醇、乙醚、苯、二硫化碳和氯仿。相对密度 1.580，熔点 63℃（α 型）、55～56℃（β 型）、50℃（γ 型），沸点 189℃。中等毒性，有腐蚀性。

用于合成咖啡碱、肾上腺素、氨基乙酸、萘乙酸，制造各种染料、除锈剂、农药和作为有机合成中间体。

材料	$CH_2ClCOOH$ 浓度/%									
	80	80	80	80	80	80	80	80	80	80
	温度/℃									
	30	35	40	45	50	55	60	65	70	80
碳钢										
Moda 410S/4000										
Moda 430/4016										
Core 304L/4307										
Supra 444/4521										
Supra 316L/4404	○	○	○$_c$							×
Ultra 317L/4439										
Ultra 904L	○	○	○		●$_c$					×
Ultra 254 SMO	○	○	○	○	○	○	○$_c$		●$_c$	×
Ultra 4565										
Ultra 654 SMO	○	○	○	○	○	○	○	○	○$_c$	●$_c$
Forta LDX 2101										
Forta DX 2304	○	○	○	○	○$_c$	●$_c$	●$_c$			
Forta LDX 2404										
Forta DX 2205	○	○	○	○	○	○$_c$	○$_c$		×	×
Forta SDX 2507	○	○	○	○	○		○$_c$		×	×
Ti										○

Chlorohydrin（氯乙醇）

$CH_2ClCHOH \cdot CH_2OH$

氯乙醇的熔点−63℃，沸点129℃，其蒸气与空气可形成爆炸性混合物，遇明火、高热能引起燃烧爆炸。与氧化剂可发生反应。高热时能分解出剧毒的光气（碳酰氯）。遇水或水蒸气会发生反应并放热，产生有毒的腐蚀性气体。其蒸气比空气重，能在较低处扩散到相当远的地方，遇火源会着火回燃。是重要的有机溶剂和有机合成原料。

用于制造环氧乙烷、合成橡胶、染料、医药及农药等。

温度为BP时：

材料	$CH_2ClCHOH \cdot CH_2OH$ 浓度/%	
	所有浓度	100（干燥）
碳钢		
Moda 410S/4000	○$_p$	○
Moda 430/4016	○$_p$	○
Core 304L/4307	○$_{ps}$	○
Supra 444/4521	○$_p$	○
Supra 316L/4404	○$_{ps}$	○
Ultra 317L/4439	○$_{ps}$	○
Ultra 904L	○$_{ps}$	○
Ultra 254 SMO		○
Ultra 4565		○
Ultra 654 SMO		○
Forta LDX 2101		○
Forta DX 2304		○
Forta LDX 2404		○
Forta DX 2205		○
Forta SDX 2507		○
Ti	○	○

Chlorotoluene（氯甲苯）

$ClC_6H_4CH_3$

在常温下为无色透明油状液体，有特殊气味，不溶于水，能与多数有机溶剂混溶。熔点为−39℃，沸点为179.4℃。在常温下对钢铁等金属的腐蚀性较小，能溶解橡胶制品。易燃易爆。本品有毒，对呼吸道有损伤，对眼、鼻有刺激作用，避免用手直接接触，要穿戴防护用品。

用途：制造农药、医药、染料及过氧化物的中间体和溶剂。

温度为BP时：

材料	$ClC_6H_4CH_3$浓度/%	
	100（干燥）	潮湿
碳钢		
Moda 410S/4000	○	×
Moda 430/4016	○	×
Core 304L/4307	○	×
Supra 444/4521		
Supra 316L/4404	○	×
Ultra 317L/4439	○	●ps
Ultra 904L	○	●ps
Ultra 254 SMO	○	
Ultra 4565	○	
Ultra 654 SMO	○	
Forta LDX 2101	○	
Forta DX 2304	○	
Forta LDX 2404	○	
Forta DX 2205	○	
Forta SDX 2507	○	
Ti	○	○

Coal gas（煤气）

煤气是以煤为原料加工制得的含有可燃成分的气体，其中的主要可燃成分为 CO、H_2 和 CH_4。根据加工方法可分为：煤气化得到的是水煤气、半水煤气、空气煤气（或称发生炉煤气），这些煤气的发热值较低，故又统称为低热值煤气；煤干馏得到的气体称为焦炉煤气、高炉煤气，属于中热值煤气，可作民用燃料。煤气中的一氧化碳和氢气是重要的化工原料。煤气的种类繁多，成分也很复杂，一般可分为天然煤气和人工煤气两大类。

C

任何浓度和温度下：

材料	性能
碳钢	○
Moda 410S/4000	○
Moda 430/4016	○
Core 304L/4307	○
Supra 444/4521	○
Supra 316L/4404	○
Ultra 317L/4439	○
Ultra 904L	○
Ultra 254 SMO	○
Ultra 4565	○
Ultra 654 SMO	○
Forta LDX 2101	○
Forta DX 2304	○
Forta LDX 2404	○
Forta DX 2205	○
Forta SDX 2507	○
Ti	○

Coffee（咖啡）

咖啡属于碱性物质，含有一定的营养成分。
所有浓度下，温度为 20℃～BP 时：

材料	性能
碳钢	●
Moda 410S/4000	○
Moda 430/4016	○
Core 304L/4307	○
Supra 444/4521	○
Supra 316L/4404	○
Ultra 317L/4439	○
Ultra 904L	○
Ultra 254 SMO	○
Ultra 4565	○
Ultra 654 SMO	○
Forta LDX 2101	○
Forta DX 2304	○
Forta LDX 2404	○
Forta DX 2205	○
Forta SDX 2507	○
Ti	○

Copper chloride（氯化铜）

$CuCl_2$

绿色至蓝色的粉末或斜方双锥体晶体。熔点 620℃，沸点 993℃。在湿空气中潮解，在干燥空气中风化。在 70～200℃时失去水分。易溶于水、乙醇和甲醇，略溶于丙酮和乙酸乙酯，微溶于乙醚。其水溶液对石蕊呈酸性，0.2mol/L 水溶液的 pH 值为 3.6。相对密度 2.54。100℃时失去结晶水。有刺激性，有毒。溶液为绿色（有时称蓝绿色），稀溶液是蓝色，离子为绿色，固体为绿色，无水氯化铜呈棕黄色，常以 $(CuCl_2)_n$ 的形式存在。

用于颜料、木材防腐等工业，并用作消毒剂、媒染剂、催化剂。

材料	$CuCl_2$ 浓度/%					
	0.05	1	2~5	8	8	8
	温度/℃					
	100~BP	60	60	20	BP	135
碳钢			×	×	×	×
Moda 410S/4000					×	×
Moda 430/4016					×	×
Core 304L/4307	○$_{p}$	●$_{ps}$	×	○$_{p}$	×	×
Supra 444/4521					×	×
Supra 316L/4404	○$_{p}$	●$_{ps}$	●$_{ps}$	○$_{p}$	×	×
Ultra 317L/4439	○$_{p}$	●$_{ps}$	●$_{ps}$	○$_{p}$	×	×
Ultra 904L	○$_{p}$	●$_{ps}$	●$_{ps}$	○$_{p}$	×	×
Ultra 254 SMO		○	●$_{p}$		×	
Ultra 4565						
Ultra 654 SMO		○	○		○$_{p}$	
Forta LDX 2101						
Forta DX 2304		×	×		×	
Forta LDX 2404						
Forta DX 2205		●$_{p}$	×		×	
Forta SDX 2507		○	○$_{p}$		×	
Ti	○	○	○	○	○	○$_{p}$

Copper sulphate（硫酸铜）

$CuSO_4$

硫酸铜是强酸弱碱盐，水解溶液呈弱酸性。熔点 560℃。吸水性很强，吸水后反应生成蓝色的五水合硫酸铜（俗称胆矾或蓝矾）（$CuSO_4+5H_2O \xlongequal{} CuSO_4 \cdot 5H_2O$）。水溶液呈蓝色。将硫酸铜溶液浓缩结晶，可得到五水硫酸铜蓝色晶体。相对密度 2.28，分子量为 249.8，三斜晶系晶体，在干燥空气中易风化。加热至 190℃时失去四分子结晶水变为 $CuSO_4 \cdot H_2O$（分子量为 177.62，淡绿色粉末）。至 258℃变成无水盐，常利用这一特性来检验某些液态有机物中是否含有微量水分。将胆矾加热至 650℃高温，可分解为黑色氧化铜、二氧化硫及氧气。溶于水，不溶于乙醇。在空气的作用下由铜与浓硫酸反应或将氧化铜溶于稀硫酸后，经蒸发、结晶而得。

用作棉丝媒染剂、木材防腐剂、农用杀虫剂、水质杀菌剂、医用呕吐剂，也可作为电镀、染料和皮革工业的原料。无水硫酸铜用作脱水剂和气体干燥剂。

所有浓度的 $CuSO_4$，温度为 20℃～BP 时：

材料	性能
碳钢	
Moda 410S/4000	○
Moda 430/4016	○
Core 304L/4307	○
Supra 444/4521	○
Supra 316L/4404	○
Ultra 317L/4439	○
Ultra 904L	○
Ultra 254 SMO	○
Ultra 4565	○
Ultra 654 SMO	○
Forta LDX 2101	○
Forta DX 2304	○
Forta LDX 2404	○
Forta DX 2205	○
Forta SDX 2507	○
Ti	○

C

Calcium bisulphite（亚硫酸氢钙）

$Ca(HSO_3)_2$

C

《注意》

如果有空气存在，在气态可能发生硫酸和亚硫酸的侵蚀。

熔点为201.5～203℃，可溶于水和酸中，水溶液呈酸性。在工业上可用亚硫酸氢钙和亚硫酸钙催化法合成石膏，亚硫酸氢钙还可用于工业脱硫、造纸，亚硫酸氢钙在二氧化硫存在下，可还原硝酸钠，生成二磺酸盐。

$Ca(HSO_3)_2$ 浓度为10%时：

材料	温度/℃	
	20	BP
碳钢	×	×
Moda 410S/4000	●	×
Moda 430/4016	●	●
Core 304L/4307	○	●
Supra 444/4521	○	○
Supra 316L/4404	○	○
Ultra 317L/4439	○	○
Ultra 904L	○	○
Ultra 254 SMO	○	○
Ultra 4565	○	○
Ultra 654 SMO	○	○
Forta LDX 2101	○	
Forta DX 2304	○	○
Forta LDX 2404	○	○
Forta DX 2205	○	○
Forta SDX 2507	○	○
Ti	○	○

Calcium hydroxide + calcium chloride（氢氧化钙 + 氯化钙）

$Ca(OH)_2 + CaCl_2$

$Ca(OH)_2$ 浓度为 1%，$CaCl_2$ 浓度为 1%，温度为 BP 时：

材料	性能
碳钢	
Moda 410S/4000	
Moda 430/4016	$\bigcirc_{p}$
Core 304L/4307	$\bigcirc_{ps}$
Supra 444/4521	$\bigcirc_{p}$
Supra 316L/4404	$\bigcirc_{ps}$
Ultra 317L/4439	$\bigcirc_{ps}$
Ultra 904L	$\bigcirc_{ps}$
Ultra 254 SMO	
Ultra 4565	
Ultra 654 SMO	
Forta LDX 2101	
Forta DX 2304	
Forta LDX 2404	
Forta DX 2205	
Forta SDX 2507	
Ti	○

Calcium nitrate（硝酸钙）

$Ca(NO_3)_2$

硝酸钙，分子量 164.09。无色立方晶系晶体，密度 2.504g/cm^3，熔点 561℃，在空气中可潮解，易溶于水，水溶液为中性。可形成一水合物和四水合物。其中 $Ca(NO_3)_2 \cdot 4H_2O$，分子量 236.15，无色晶体，易潮解，溶于甲醇和丙酮。

四水合物为无色透明单斜晶系晶体，有 α 型和 β 型两种。相对密度：α 型 1.896，β 型 1.82。熔点：α 型 42.7℃，β 型 39.7℃。在 132℃分解。一水合物是颗粒状物质，熔点约 560℃。无水物是白色固体，相对密度 2.36，熔点 561℃。灼烧时可分解成氧化钙。

材料	$Ca(NO_3)_2$ 浓度/%	
	所有浓度	熔融
	温度/℃	
	100	148
碳钢		
Moda 410S/4000		
Moda 430/4016	○	
Core 304L/4307	○	
Supra 444/4521	○	
Supra 316L/4404	○	○
Ultra 317L/4439	○	○
Ultra 904L	○	○
Ultra 254 SMO	○	○
Ultra 4565	○	○
Ultra 654 SMO	○	○
Forta LDX 2101	○	
Forta DX 2304	○	○
Forta LDX 2404	○	○
Forta DX 2205	○	○
Forta SDX 2507	○	○
Ti	○	○

Camphor（樟脑）

樟脑为樟科植物——樟的枝、干、叶及根部，经提炼制得的颗粒状晶体。熔点为179～181℃，沸点为204℃。樟脑主要成分为纯粹的右旋樟脑（d-Camphora），是莰类化合物。

所有浓度，温度为20℃时：

材料	性能
碳钢	○
Moda 410S/4000	○
Moda 430/4016	○
Core 304L/4307	○
Supra 444/4521	○
Supra 316L/4404	○
Ultra 317L/4439	○
Ultra 904L	○
Ultra 254 SMO	○
Ultra 4565	○
Ultra 654 SMO	○
Forta LDX 2101	○
Forta DX 2304	○
Forta LDX 2404	○
Forta DX 2205	○
Forta SDX 2507	○
Ti	○

Carbon monoxide（一氧化碳）

CO

标准状况下一氧化碳纯品为无色、无臭、无刺激性的气体。分子量为 28.01，密度 1.250g/L，冰点为－207℃，沸点－190℃。在水中的溶解度甚低，不易溶于水。与空气混合的爆炸极限为 12.5%～74%。

一氧化碳是合成气和各类煤气的主要组分，是有机化工的重要原料，是 C1 化学（以一个碳的化学物质为原料的工业）的基础，由它可制造一系列产品，例如甲醇、乙酸、光气等。在冶金工业中用作还原剂。目前已工业化的 C1 化学生产技术主要有：乙酸合成、乙酐合成、草酸合成、费-托合成、莫比尔法。

CO 为水溶液，温度为 100℃时：

材料	性能
碳钢	
Moda 410S/4000	○
Moda 430/4016	○
Core 304L/4307	○
Supra 444/4521	○
Supra 316L/4404	○
Ultra 317L/4439	○
Ultra 904L	○
Ultra 254 SMO	○
Ultra 4565	○
Ultra 654 SMO	○
Forta LDX 2101	○
Forta DX 2304	○
Forta LDX 2404	○
Forta DX 2205	○
Forta SDX 2507	○
Ti	○

Carnallite（光卤石）

$KCl \cdot MgCl_2$

光卤石为无色至白色，透明至不透明。在空气中极易潮解，易溶于水。含杂质后呈粉红色。味苦，具有脂肪光泽，性脆，无解理，具强荧光性。摩氏硬度 2～3，相对密度 1.602。加热到 110～120℃分解为氯化镁四水合物和氯化钾。加热到 176℃完全脱水，同时有少量水解现象。加热到 750～800℃时，脱水熔融，沉淀出氧化镁。

光卤石是制取钾肥的重要原料，也是提炼金属镁的重要原料。主要用作提炼金属镁的精炼剂、生产铝镁合金的保护剂。也用作铝镁合金的焊接剂、金属的助熔剂、生产钾盐和镁盐的原料。还用于制造肥料和盐酸等。

$KCl \cdot MgCl_2$浓度为饱和时：

材料	温度/℃	
	20	BP
碳钢		
Moda 410S/4000	×	×
Moda 430/4016	×	×
Core 304L/4307	○p	●ps
Supra 444/4521	○p	●p
Supra 316L/4404	○p	○ps
Ultra 317L/4439	○p	○ps
Ultra 904L	○p	○ps
Ultra 254 SMO		
Ultra 4565		
Ultra 654 SMO		
Forta LDX 2101		
Forta DX 2304		
Forta LDX 2404		
Forta DX 2205		
Forta SDX 2507		
Ti	○	○

Chloramine，mono-（氯胺）

NH_2Cl

氯胺是由氯气遇到氨气反应生成的一类化合物，具有氧化和消毒的作用，是常用的饮用水二级消毒剂，主要包括一氯胺、二氯胺和三氯胺（NH_2Cl、$NHCl_2$ 和 NCl_3），副产物少于其他水消毒剂。沸点：－66℃。能够溶于冷水中，水溶液呈弱碱性，也能溶于乙醇，微溶于四氯化碳和苯。当被消毒的水中氨氮含量为 0.05mg/L 时，在加氯前先加氨或铵盐，再加氯使之生成化合性氯的消毒方法叫氯胺消毒，其中起作用的主要是一氯胺和二氯胺。氯胺的灭活能力差，一直被作为二级消毒剂广泛使用，即使一些病菌可以被氯胺灭活，但所需要的浓度较高，接触时间较长。氯胺是一种无色的不稳定的液体。

所有浓度的 NH_2Cl，温度为 20℃时：

材料	性能
碳钢	
Moda 410S/4000	
Moda 430/4016	
Core 304L/4307	○$_p$
Supra 444/4521	
Supra 316L/4404	○$_p$
Ultra 317L/4439	○$_p$
Ultra 904L	○$_p$
Ultra 254 SMO	
Ultra 4565	
Ultra 654 SMO	
Forta LDX 2101	
Forta DX 2304	
Forta LDX 2404	
Forta DX 2205	
Forta SDX 2507	
Ti	○

Chlorine（氯）

Cl_2

氯是一种非金属元素，属于卤族之一。熔点为−107.1℃，沸点为−34.6℃，为酸性气体。氯气常温常压下为黄绿色气体，化学性质十分活泼，具有毒性。氯以化合态的形式广泛存在于自然界当中。

C

材料	Cl_2 浓度/%				
	100（干燥气体）	潮湿气体	潮湿气体	0.0001（水溶液）	0.1（水溶液）
	温度/℃				
	70	20~60	60~100	20	20
碳钢	○	×	×	●p	
Moda 410S/4000	○	×	×	○p	
Moda 430/4016	○	×	×	○	
Core 304L/4307	○	×	×	○	●p
Supra 444/4521	○	×	×	○	
Supra 316L/4404	○	×	×	○	●p
Ultra 317L/4439	○	×	○	○	●p
Ultra 904L	○	●p	×	○	○p
Ultra 254 SMO		×			
Ultra 4565					
Ultra 654 SMO		●			
Forta LDX 2101					
Forta DX 2304					
Forta LDX 2404					
Forta DX 2205		×			
Forta SDX 2507		×			
Ti	×	○	○	○	○

Chlorobenzene（氯苯）

C_6H_5Cl

C

《 注意 》

在潮湿的情况下，不锈钢有点蚀和应力腐蚀开裂的危险。

氯苯为无色透明液体，具有苦杏仁味，熔点－45℃，沸点 132.2℃。在染料、医药工业中用于制造苯酚、硝基氯苯、苯胺、硝基酚等有机中间体；在橡胶工业中用于制造橡胶助剂；在农药工业中用于制造 DDT；在涂料工业中用于制造油漆；在轻工业中用于制造干洗剂和快干油墨；在化工生产中用作溶剂和传热介质；在分析化学中用作化学试剂。

C_6H_5Cl 浓度为 100％时：

材料	温度/℃	
	20	132～BP
碳钢		
Moda 410S/4000		
Moda 430/4016		
Core 304L/4307	○	○
Supra 444/4521	○	○
Supra 316L/4404	○	○
Ultra 317L/4439	○	○
Ultra 904L	○	○
Ultra 254 SMO	○	○
Ultra 4565	○	○
Ultra 654 SMO	○	○
Forta LDX 2101	○	○
Forta DX 2304	○	○
Forta LDX 2404	○	○
Forta DX 2205	○	○
Forta SDX 2507	○	○
Ti	○	○

Chlorohydrin + hydrochloric acid（氯乙醇 + 盐酸）

$CH_2ClCHOH \cdot CH_2OH + HCl$

$CH_2ClCHOH \cdot CH_2OH$ 浓度为 4%，HCl 浓度为 1.5%，温度为 95℃时：

材料	性能
碳钢	×
Moda 410S/4000	×
Moda 430/4016	×
Core 304L/4307	×
Supra 444/4521	×
Supra 316L/4404	×
Ultra 317L/4439	×
Ultra 904L	×
Ultra 254 SMO	
Ultra 4565	
Ultra 654 SMO	
Forta LDX 2101	
Forta DX 2304	
Forta LDX 2404	
Forta DX 2205	
Forta SDX 2507	
Ti	×

Chromium trioxide，chromic acid（三氧化铬、铬酸）

CrO_3

铬酸仅仅存在于溶液中，为强酸性溶液，熔点为196℃，沸点为330℃；由三氧化铬溶于水中而得。只会以溶液或盐类而存在。

铬酸是三氧化铬溶于硫酸以及铬酸盐/重铬酸盐酸化时生成的化合物之一。

重铬酸是二分子铬酸脱水形成的多酸，化学式为 $H_2Cr_2O_7$。三氧化铬是铬酸的酸酐，室温下为橘红色固体。由于它可通过加浓硫酸于铬酸盐或重铬酸盐的水溶液沉淀出来，故在工业上曾长期被称为“铬酸”。

铬与同族的钼、钨不同，其形成多酸的倾向不强，四铬酸以上的多铬酸很少见。这些化合物中都含有六价铬，具有致癌性和氧化性，酸性溶液中的还原产物一般为紫色的 $[Cr(H_2O)_6]^{3+}$ 离子。

铬酸洗液是实验室常用的清洗液，兼有酸性和氧化性，可以去除实验仪器内壁和外壁的污垢及难溶物质。通常该清洗液由重铬酸钾加入浓硫酸中得到，但是六价铬对环境有害，强酸性环境有时也会使仪器受损，故目前铬酸洗液的应用已减少。铬酸也是镀铬时的中间体，也用于某些釉和彩色玻璃的生产。

材料	CrO_3 浓度											
	2	2	5	5	10	10	20	20	20	40	40	50
	温度/℃											
	75	100~BP	80	100~BP	40	BP	20	50	BP	20	40	20
碳钢		×		×	○	×	○	×	×	○	●	●
Moda 410S/4000		×		×	○	×		×	×		×	×
Moda 430/4016		×		×	○	×		●	×		×	×
Core 304L/4307	○	×	○	●	○	×	○	●	×	●	×	×
Supra 444/4521		×		×	○	×		●	×		×	×
Supra 316L/4404	○	×	○	×	○	×	○	●	×	●	×	×
Ultra 317L/4439	○	×	○/●	×	○	×	○	●	×		×	×
Ultra 904L	○	×	○	●	○	×	○	●	×		×	×
Ultra 254 SMO	○	○	○	●	○	×		●	×	●	×	×
Ultra 4565	○				○							
Ultra 654 SMO	○				○							
Forta LDX 2101	○				○							

续表

材料	CrO_3 浓度											
	2	2	5	5	10	10	20	20	20	40	40	50
	温度/℃											
	75	100~BP	80	100~BP	40	BP	20	50	BP	20	40	20
Forta DX 2304	○	○	○	●	○	×		●	×	●	×	×
Forta LDX 2404	○				○	×			×		×	×
Forta DX 2205	○	○	●	×	○	×		×	×	×	×	×
Forta SDX 2507	○	○	●	×	○	×		×	×	×	×	×
Ti	○	○	○	○	○	○	○	○	○	○	○	○

Isocorrosion Diagram（等蚀图）

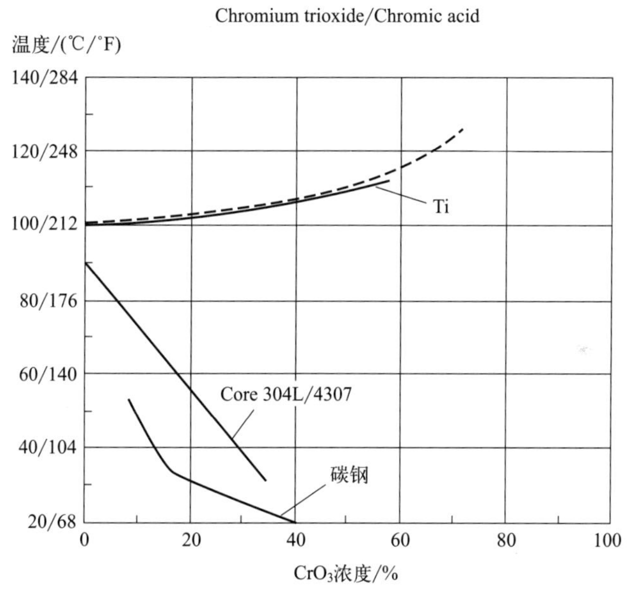

等蚀图，0.1mm/a，化学纯度的铬酸。钼合金化会降低合金在铬酸中的耐蚀性。因此，Supra 316L/4404 比 Core 304L/4307 的抗性要小。虚线表示沸点。

Cobalt sulphate（硫酸钴）

$CoSO_4$

红色粉末，溶于水和甲醇，微溶于乙醇。熔点为96～98℃，沸点为330℃，水溶液为弱酸性。用于陶瓷釉料和油漆催干剂，也用于电镀、生产碱性电池、生产含钴颜料和其它钴产品，还用作催化剂、分析试剂、饲料添加剂、轮胎胶黏剂、立德粉添加剂等。

$CoSO_4$ 浓度为3%，温度为65℃时：

材料	性能
碳钢	
Moda 410S/4000	
Moda 430/4016	○
Core 304L/4307	○
Supra 444/4521	○
Supra 316L/4404	○
Ultra 317L/4439	○
Ultra 904L	○
Ultra 254 SMO	○
Ultra 4565	○
Ultra 654 SMO	○
Forta LDX 2101	○
Forta DX 2304	○
Forta LDX 2404	○
Forta DX 2205	○
Forta SDX 2507	○
Ti	○

Copper acetate（乙酸铜）

$Cu(OOCCH_3)_2$

暗绿色晶体或结晶性粉末，有乙酸气味，溶于水和醇；熔点 115℃，水溶液呈酸性。用于分析试剂、有机合成催化剂、杀虫剂、杀菌剂、印染固色剂、制备巴黎绿的中间体。

所有浓度的 $Cu(OOCCH_3)_2$，温度为 BP 时：

材料	性能
碳钢	
Moda 410S/4000	
Moda 430/4016	○
Core 304L/4307	○
Supra 444/4521	○
Supra 316L/4404	○
Ultra 317L/4439	○
Ultra 904L	○
Ultra 254 SMO	○
Ultra 4565	○
Ultra 654 SMO	○
Forta LDX 2101	○
Forta DX 2304	○
Forta LDX 2404	○
Forta DX 2205	○
Forta SDX 2507	○
Ti	○

Copper cyanide（氰化铜）

$Cu(CN)_2$

黄绿色粉末，剧毒，受热易分解。不溶于水，溶于乙醇、吡啶、碱液、氰化钾。与酸作用产生极毒的氰化氢气体。用于电镀和印染等行业。由氰化钾加入二价铜溶液沉淀而制得。

C

$Cu(CN)_2$ 浓度为饱和（100℃），温度为 BP 时：

材料	性能
碳钢	×
Moda 410S/4000	×
Moda 430/4016	○
Core 304L/4307	○
Supra 444/4521	○
Supra 316L/4404	○
Ultra 317L/4439	○
Ultra 904L	○
Ultra 254 SMO	○
Ultra 4565	○
Ultra 654 SMO	○
Forta LDX 2101	○
Forta DX 2304	○
Forta LDX 2404	○
Forta DX 2205	○
Forta SDX 2507	○
Ti	○

Creosote + sodium chloride（杂酚油 + 氯化钠）

杂酚油 + NaCl

杂酚油浓度为 97%，NaCl 浓度为 3%，温度为 20℃时：

材料	性能
碳钢	
Moda 410S/4000	×
Moda 430/4016	$●_p$
Core 304L/4307	$○_p$
Supra 444/4521	$○_p$
Supra 316L/4404	$○_p$
Ultra 317L/4439	$○_p$
Ultra 904L	$○_p$
Ultra 254 SMO	
Ultra 4565	
Ultra 654 SMO	
Forta LDX 2101	
Forta DX 2304	
Forta LDX 2404	
Forta DX 2205	
Forta SDX 2507	
Ti	○

Calcium chloride（氯化钙）

$CaCl_2$

氯化钙，一种由氯元素和钙元素组成的盐，化学式为 $CaCl_2$。熔点 772℃，沸点 1600℃。微毒，微苦，无味。它是典型的离子型卤化物，无色立方晶系晶体，白色或灰白色，有粒状、蜂窝块状、圆球状、不规则颗粒状、粉末状。吸湿性极强，暴露于空气中极易潮解。易溶于水（水溶性：740g/L），同时放出大量的热（氯化钙的溶解焓为 −176.2cal/g），其水溶液呈微酸性。溶于醇、丙酮、乙酸。与氨或乙醇作用，分别生成 $CaCl_2 \cdot 8NH_3$ 和 $CaCl_2 \cdot 4C_2H_5OH$ 络合物。低温下溶液结晶而析出的为六水合物，逐渐加热至 30℃时则溶解在自身的结晶水中，继续加热逐渐失水，至 200℃时变为二水合物，再加热至 260℃则变为白色多孔状的无水氯化钙。

常见应用包括制冷设备所用的盐水、道路融冰剂和干燥剂。因为它在空气中易吸收水分发生潮解，所以无水氯化钙必须在容器中密封储藏。氯化钙及其水合物和溶液在食品制造、建筑材料、医学和生物学等多个方面均有重要的应用价值。氯化钙对氨具有突出的吸附能力和低的脱附温度，在合成氨吸附分离方面具有很大的应用前景。但由于氯化钙不易形成稳定的多孔材料，与气氨的接触面积小，并且在吸附、解吸过程中容易膨胀、结块，因此使之难以在这方面付诸实际应用。

材料	$CaCl_2$浓度/%										
	5	5	5	10	10	10	10	25	40	62	73
	温度/℃										
	20	50	100	20	50	100~BP	135	100	100	155	176
碳钢	×	×	×	×	×	×		×	×		
Moda 410S/4000	○$_p$	●$_p$	●$_p$	●$_p$	●$_p$	●$_p$		●$_p$	×		
Moda 430/4016	○$_p$	○$_p$	●$_p$	○$_p$	●$_p$	●$_p$		●$_p$	●$_p$		
Core 304L/4307	○$_p$	○$_p$	○$_{ps}$	○$_p$	○$_p$	○$_{ps}$		○$_{ps}$	○$_{ps}$		
Supra 444/4521	○$_p$	○$_p$	○$_p$	○$_p$	○$_p$	○$_p$		○$_p$	○$_p$		
Supra 316L/4404	○$_p$	○$_p$	○$_{ps}$	○$_p$	○$_p$	○$_{ps}$		○$_{ps}$	○$_{ps}$		
Ultra 317L/4439	○$_p$	○$_p$	○$_{ps}$	○$_p$	○$_p$	○$_{ps}$		○$_{ps}$	○$_{ps}$		
Ultra 904L	○$_p$	○$_p$	○$_{ps}$	○$_p$	○$_p$	○$_{ps}$		○$_{ps}$	○$_{ps}$		
Ultra 254 SMO			○					○$_p$	○$_p$	○$_s$	
Ultra 4565											
Ultra 654 SMO			○					○	○$_p$	○$_s$	
Forta LDX 2101											
Forta DX 2304			○$_p$					○$_p$	○$_p$	○$_s$	
Forta LDX 2404			○$_p$					○$_p$	○$_p$	○$_s$	
Forta DX 2205			○$_p$					○$_p$	○$_p$	○$_s$	
Forta SDX 2507			○					○	○$_p$	○$_s$	
Ti	○	○	○	○	○	○	○$_p$	○	○	●$_p$	×

Calcium hypochlorite（次氯酸钙）

$Ca(ClO)_2$

白色粉末，具有类似氯气的臭味，溶于水。熔点 100℃，水溶液呈弱酸性。用作棉、麻、纸浆、丝纤维织物的漂白，饮用水、游泳池水等的杀菌和消毒，乙炔的净化等。

C

材料	$Ca(ClO)_2$ 浓度/%			
	1	2	6	6
	温度/℃			
	20	100	20	100
碳钢		×	×	×
Moda 410S/4000		×	×	×
Moda 430/4016	●p	×	×	×
Core 304L/4307	●p	●ps	●p	×
Supra 444/4521	●p	●p	●p	×
Supra 316L/4404	○p	●ps	●p	●ps
Ultra 317L/4439	○p	○ps	○p	●ps
Ultra 904L	○p	○ps	○p	●ps
Ultra 254 SMO				
Ultra 4565				
Ultra 654 SMO				
Forta LDX 2101				
Forta DX 2304				
Forta LDX 2404				
Forta DX 2205				
Forta SDX 2507				
Ti	○	○	○	○

Calcium sulphate（硫酸钙）

$CaSO_4$

硫酸钙为无色正交或单斜晶系晶体，单斜晶系晶体熔点 1450℃，1193℃正交转单斜晶系。密度 2.61g/cm^3，微溶于水，水溶液呈中性。1200℃以上可以分解：

$$2CaSO_4 = 2CaO + 2SO_2 \uparrow + O_2 \uparrow$$

一般从天然矿物中提取。也是磷酸盐工业和某些其他工业的副产品。

除大量用作建筑材料和水泥原料外，广泛用于橡胶、塑料、肥料、农药、油漆、纺织、食品、医药、造纸、日用化工、工艺美术、文教等行业。

所有浓度的 $CaSO_4$，温度为 100℃时：

材料	性能
碳钢	×
Moda 410S/4000	○
Moda 430/4016	○
Core 304L/4307	○
Supra 444/4521	○
Supra 316L/4404	○
Ultra 317L/4439	○
Ultra 904L	○
Ultra 254 SMO	○
Ultra 4565	○
Ultra 654 SMO	○
Forta LDX 2101	○
Forta DX 2304	○
Forta LDX 2404	○
Forta DX 2205	○
Forta SDX 2507	○
Ti	○

Carbon disulphide（二硫化碳）

CS_2

在常温常压下二硫化碳为无色透明微带芳香味的脂溶性液体，有杂质时呈黄色，少量天然存在于煤焦油与原油中；高纯品有愉快的甜味及似乙醚气味，一般试剂有腐败臭鸡蛋味；具有极强的挥发性、易燃性和爆炸性。燃烧时伴有蓝色火焰并分解成二氧化碳与二氧化硫。

熔点为－112～－111℃，沸点为46.2℃，水溶液呈弱酸性。

主要用于生产人造黏胶纤维（人造棉、人造毛）和黏胶薄膜，还用以制造四氯化碳（由二硫化碳与氯反应制得）、二硫代氨基甲酸铵（杀菌剂，由二硫化碳与氨反应制得）、黄原酸酯、浮选矿剂、溶剂和橡胶硫化剂。二硫化碳也是硫、磷、硒、溴、碘、樟脑、树脂、蜡、橡胶和油脂等的良好溶剂，也是许多有机物进行红外光谱测定和氢质子核磁共振谱测定用的溶剂。

CS_2 浓度为100%，温度为20～46℃时：

材料	性能
碳钢	●
Moda 410S/4000	○
Moda 430/4016	○
Core 304L/4307	○
Supra 444/4521	○
Supra 316L/4404	○
Ultra 317L/4439	○
Ultra 904L	○
Ultra 254 SMO	○
Ultra 4565	○
Ultra 654 SMO	○
Forta LDX 2101	○
Forta DX 2304	○
Forta LDX 2404	○
Forta DX 2205	○
Forta SDX 2507	○
Ti	○

Carbon tetrachloride，tetrachloromethane（四氯化碳）

CCl_4

C

注意

在潮湿的情况下，不锈钢有点蚀和应力腐蚀开裂的危险。

四氯化碳是一种无色有毒液体，能溶解脂肪、油漆等多种物质，为易挥发液体，具氯仿的微甜气味。分子量 153.84，在常温常压下密度 1.595g/cm^3（20℃），沸点 76.8℃，蒸气压 15.26kPa（25℃），蒸气密度 5.3g/L。四氯化碳与水互不相溶，可与乙醇、乙醚、氯仿及石油醚等混溶。它不易燃，曾作为灭火剂，但因它在 500℃以上时可以与水反应，产生二氧化碳和有毒的光气、氯气和氯化氢气体，加之它会加快臭氧层的分解，所以已被停用。国家已经严格限制四氯化碳的使用，仅限于非消耗臭氧层物质原料用途和特殊用途，作为萃取剂并不常用。

CCl_4 浓度为 100%时：

材料	温度/℃	
	20	76～BP
碳钢	○	○
Moda 410S/4000	○	○
Moda 430/4016	○	○
Core 304L/4307	○	○
Supra 444/4521	○	○
Supra 316L/4404	○	○
Ultra 317L/4439	○	○
Ultra 904L	○	○
Ultra 254 SMO	○	○
Ultra 4565	○	○
Ultra 654 SMO	○	○
Forta LDX 2101	○	○
Forta DX 2304	○	○
Forta LDX 2404	○	○
Forta DX 2205	○	○
Forta SDX 2507	○	○
Ti	○	○

Celluloid（赛璐珞）

溶解在丙酮中

赛璐珞是由胶棉（低氮含量的硝酸纤维素）、增塑剂（主要是樟脑）、润滑剂、染料等经加工而成的塑料。角质状，透明而坚韧。有热塑性，在80～90℃软化。耐水、耐稀酸、耐弱碱、耐盐溶液，并能耐烃类、油类等。但浓酸、强碱和许多有机溶剂可使之溶解或破坏。易着火。可制成鲜艳美观的产品，如文具、玩具、乒乓球、塑料板棒、塑料伞柄、发夹等。

溶解在丙酮中，所有浓度，温度为20℃～BP时：

材料	性能
碳钢	×
Moda 410S/4000	●
Moda 430/4016	○
Core 304L/4307	○
Supra 444/4521	○
Supra 316L/4404	○
Ultra 317L/4439	○
Ultra 904L	○
Ultra 254 SMO	○
Ultra 4565	○
Ultra 654 SMO	○
Forta LDX 2101	○
Forta DX 2304	○
Forta LDX 2404	○
Forta DX 2205	○
Forta SDX 2507	○
Ti	○

Chloric acid（氯酸）

$HClO_3$

氯酸，即氯的含氧酸，其中氯的氧化态为+5。氯酸仅存在于溶液中，是一种强酸（pKa≈−1）。水溶液在真空中可浓缩到相对密度 1.282，即浓度 40.1%。熔点<−20℃，溶解度（水）为>40g/100mL（20℃）；加热到 40℃时即分解，并发生爆炸。浓酸浅黄色，有类似硝酸的刺激性气味。稀酸无色，在常温时没有气味。有强烈氧化性（略弱于溴酸但强于碘酸、硫酸），可用于制取多种氯酸盐。由氯酸钡溶液与硫酸作用后，经过滤、蒸馏而得。热力学上，氯酸是不稳定的，会自发发生歧化反应。

浓度在 30%以下的氯酸冷溶液都是稳定的，浓度 40%的溶液也可在减压下小心蒸发制取，但是在加热时会分解，产物不一：

$$8HClO_3 = 4HClO_4 + 2H_2O + 3O_2\uparrow + 2Cl_2\uparrow$$

$$3HClO_3 = HClO_4 + H_2O + 2ClO_2\uparrow$$

（产生大量气体，爆炸效果与硝酸铵类似）。

它与金属反应一般不生成氢气，浓度较高的氯酸与铜反应会生成 ClO_2 气体。

温度为 20℃时：

材料	$HClO_3$浓度/%	
	10	100
碳钢		×
Moda 410S/4000		×
Moda 430/4016		×
Core 304L/4307		×
Supra 444/4521		×
Supra 316L/4404		×
Ultra 317L/4439		×
Ultra 904L		●p
Ultra 254 SMO		
Ultra 4565		
Ultra 654 SMO		
Forta LDX 2101		
Forta DX 2304		
Forta LDX 2404		
Forta DX 2205		
Forta SDX 2507		
Ti	○	

Chlorine dioxide（二氧化氯）

ClO_2

高浓度时呈红黄色，低浓度时呈黄色，有强烈刺激性臭味气体；11℃时液化成红棕色液体，−59℃时凝固成橙红色晶体。密度 2.3g/L。遇热水则分解成次氯酸、氯气、氧气，受光也易分解，其溶液于冷暗处相对稳定。二氧化氯能与许多化学物质发生爆炸性反应。对热、光、振动、撞击和摩擦相当敏感，极易分解发生爆炸。气相浓度超过 10%会发生爆炸，若用空气、二氧化碳、氮气等气体稀释时，爆炸性则降低。属强氧化剂，其有效氯是氯气的 2.6 倍。腐蚀性很强。极易溶于水（水溶液为中性）而不与水反应，几乎不发生水解（水溶液中的亚氯酸和氯酸只占溶质的 2%）；在水中的溶解度是氯气的 5～8 倍。溶于碱溶液而生成亚氯酸盐和氯酸盐。20℃时水中溶解度为 8300mg/L。

二氧化氯因为具有杀菌能力强、对人体及动物没有危害以及对环境不造成二次污染等特点而备受人们的青睐。二氧化氯不仅是一种不产生致癌物的广谱环保型杀菌消毒剂，而且还在食品保鲜、除臭、漂白等方面表现出显著的效果。

温度为 20℃时：

材料	ClO_2浓度/%	
	干燥气体	潮湿气体
碳钢		
Moda 410S/4000		
Moda 430/4016		
Core 304L/4307		
Supra 444/4521		
Supra 316L/4404	○	×
Ultra 317L/4439	○	×
Ultra 904L	○	×
Ultra 254 SMO	○	
Ultra 4565		
Ultra 654 SMO	○	
Forta LDX 2101		
Forta DX 2304		
Forta LDX 2404		
Forta DX 2205		
Forta SDX 2507	○	
Ti	○	○

Chloroform（三氯甲烷）

$CHCl_3$

无色透明液体。有特殊气味，味甜，高折光，不燃，易挥发。纯品对光敏感，遇光照会与空气中的氧作用，逐渐分解而生成剧毒的光气和氯化氢，故需保存在密封的棕色瓶中，也常加入1%乙醇以破坏可能生成的光气。能与乙醇、苯、乙醚、石油醚、四氯化碳、二硫化碳和油类等混溶，25℃时1mL溶于200mL水，水溶液为中性。相对密度1.4840，凝固点−63.5℃，沸点61～62℃，折光率1.4476。在氯甲烷中最易水解成甲酸和HCl，稳定性差，450℃以上发生热分解，能进一步氯化为CCl_4。低毒、有麻醉性、有致癌可能性。

有机合成原料，主要用来生产氟利昂（F-21、F-22、F-23）、染料和药物，在医学上常用作麻醉剂。可用作抗生素、香料、油脂、树脂、橡胶的溶剂和萃取剂。与四氯化碳混合可制成不冻的防火液体。还用于烟雾剂的发射药、谷物的熏蒸剂和校准温度的标准液。工业品通常加有少量乙醇，使生成的光气与乙醇作用生成无毒的碳酸二乙酯。使用工业品前可加入少量浓硫酸振摇后水洗，经氯化钙或碳酸钾干燥，即可得不含乙醇的氯仿。

材料	$CHCl_3$浓度/%		
	所有浓度	所有浓度	100（干燥）
	温度/℃		
	20	BP	62～BP
碳钢	●		
Moda 410S/4000	○p	○p	○
Moda 430/4016	○p	○p	○
Core 304L/4307	○p	○ps	○
Supra 444/4521	○p	○p	○
Supra 316L/4404	○p	○ps	○
Ultra 317L/4439	○p	○ps	○
Ultra 904L	○p	○ps	○
Ultra 254 SMO			
Ultra 4565			
Ultra 654 SMO			
Forta LDX 2101			
Forta DX 2304			
Forta LDX 2404			
Forta DX 2205			
Forta SDX 2507			
Ti	○	○	○

Chlorosulphonic acid（氯磺酸）

$HOClSO_2$

氯磺酸是一种无色或淡黄色的液体，具有辛辣气味，在空气中发烟，是硫酸的一个—OH 基团被氯取代后形成的化合物；属于强酸，其酸性强于硫酸。分子为四面体构型，取代的基团处于硫酸与硫酰氯之间，有催泪性。熔点－80℃，沸点 151～158℃，相对密度（水＝1）1.77，不溶于二硫化碳、四氯化碳，溶于氯仿、乙酸、二氯甲烷。

主要用于有机化合物的磺化，制取药物、染料、农药、洗涤剂等。

材料	$HOClSO_2$ 浓度/%		
	0.5	10	100
	温度/℃		
	20	25	25
碳钢	×	×	×
Moda 410S/4000	×	×	×
Moda 430/4016	×	×	●$_p$
Core 304L/4307	●$_p$	×	○$_p$
Supra 444/4521	●$_p$	×	○$_p$
Supra 316L/4404	○$_p$	×	○$_p$
Ultra 317L/4439	○$_p$	●$_p$	○$_p$
Ultra 904L	○$_p$	●$_p$	○$_p$
Ultra 254 SMO			
Ultra 4565			
Ultra 654 SMO			
Forta LDX 2101			
Forta DX 2304			
Forta LDX 2404			
Forta DX 2205			
Forta SDX 2507			
Ti	○	●	●

Citric acid（柠檬酸）

$C_3H_4(OH)(COOH)_3$

柠檬酸是一种重要的有机酸，又名枸橼酸。在室温下，柠檬酸为无色半透明晶体或白色颗粒或白色结晶性粉末，无臭，味极酸，有涩味，有微弱腐蚀性，潮解性强，并伴有结晶水合物生成，在潮湿的空气中微有潮解性。熔点 153～159℃，在 175℃时会分解，易溶于水，水溶液呈酸性。它可以以无水物或者一水合物的形式存在：柠檬酸从热水中结晶时，生成无水物；在冷水中结晶则生成一水合物。加热到 78℃时一水合物会分解得到无水物。在 15℃时，柠檬酸也可在无水乙醇中溶解。

从结构上讲柠檬酸是一种三羧酸类化合物，并因此而与其他羧酸有相似的物理和化学性质。加热至 175℃时它会分解产生二氧化碳和水，剩余一些白色晶体。柠檬酸是一种较强的有机酸，有 3 个 H^+ 可以电离；加热后可以分解成多种产物，与酸、碱、甘油等发生反应。

在食品、纺织、化工、环保、化妆等行业具有极多的用途。

材料	$C_3H_4(OH)(COOH)_3$浓度/%									
	1	1	5	5	5	10	10	25	25	25
	温度/℃									
	20	BP	20～50	85～BP	140	20～40	85～BP	20	40	85
碳钢	×	×	×	×	×	×	×	×	×	×
Moda 410S/4000	●	×	×	×	×	×	×	×	×	×
Moda 430/4016	○	●	●	×	×	●	×	●	×	×
Core 304L/4307	○	○	○	○	●	○	○	○	○	●
Supra 444/4521	○	○	○	○	○	○	○	○	○	○
Supra 316L/4404	○	○	○	○	○	○	○	○	○	○
Ultra 317L/4439	○	○	○	○	○	○	○	○	○	○
Ultra 904L	○	○	○	○	○	○	○	○	○	○
Ultra 254 SMO	○	○	○	○		○	○	○	○	○
Ultra 4565	○	○	○	○		○	○	○	○	○
Ultra 654 SMO	○	○	○	○		○	○	○	○	○
Forta LDX 2101	○	○	○	○		○	○	○	○	○
Forta DX 2304	○	○	○	○		○	○	○	○	○
Forta LDX 2404	○	○	○	○		○	○	○	○	○
Forta DX 2205	○	○	○	○		○	○	○	○	○
Forta SDX 2507	○	○	○	○		○	○	○	○	○
Ti	○	○	○	○	○	○	○	○	○	○

材料	$C_3H_4(OH)(COOH)_3$浓度/%						
	25	25	50	50	50	50	70
	温度/℃						
	100	BP	20	40	100	BP	BP
碳钢	×	×	×	×	×	×	×
Moda 410S/4000	×	×	×	×	×	×	×
Moda 430/4016	×	×	●	×	×	×	×
Core 304L/4307	×	×	○	○	×	×	×
Supra 444/4521	○	○	○	○	○	○	●
Supra 316L/4404	○	○	○	○	○	○	●
Ultra 317L/4439	○	○	○	○	○	○	●
Ultra 904L	○	○	○	○	○	○	○
Ultra 254 SMO	○	○	○	○	○	○	○
Ultra 4565	○	○	○	○	○	○	○
Ultra 654 SMO	○	○	○	○	○	○	○
Forta LDX 2101	○	○	○	○	○	○	○
Forta DX 2304	○	○	○	○	○	○	○
Forta LDX 2404	○	○	○	○	○	○	○
Forta DX 2205	○	○	○	○	○	○	○
Forta SDX 2507	○	○	○	○	○	○	○
Ti	○	●	○	○	○	●	●

Isocorrosion Diagram（等蚀图）

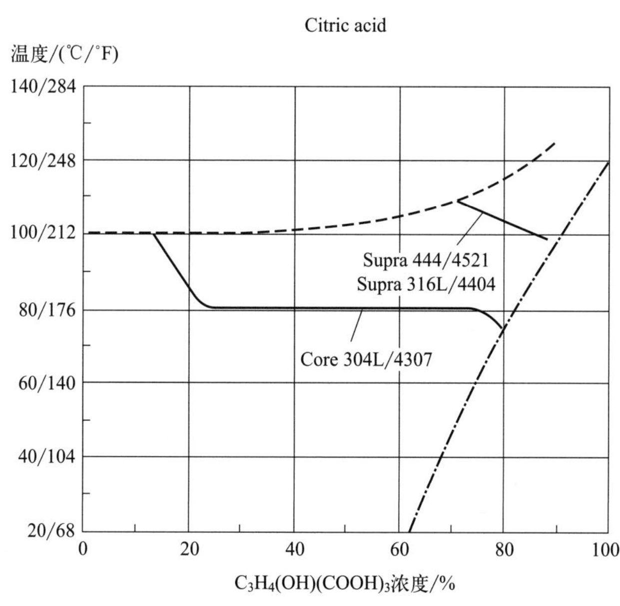

等蚀图，0.1mm/a，在化学纯度的柠檬酸中。点画线表示溶解度曲线。虚线表示沸点。

Cod-liver oil（鱼肝油）

狭义的鱼肝油是指由海鱼类肝脏炼制的油脂。黄色至橙红色的透明油状液体，微有特异的鱼腥味。微溶于乙醇，与乙醚、氯仿能任意混合；属于酸性食品。

广义的鱼肝油还包括鲸、海豹等海兽的肝油。常温下呈黄色透明的液体状，稍有鱼腥味。

C

所有浓度，温度在 BP 时：

材料	性能
碳钢	
Moda 410S/4000	
Moda 430/4016	
Core 304L/4307	
Supra 444/4521	
Supra 316L/4404	○
Ultra 317L/4439	○
Ultra 904L	○
Ultra 254 SMO	○
Ultra 4565	○
Ultra 654 SMO	○
Forta LDX 2101	
Forta DX 2304	○
Forta LDX 2404	○
Forta DX 2205	○
Forta SDX 2507	○
Ti	○

Copper carbonate，alkaline（碱式碳酸铜）

$CuCO_3 \cdot Cu(OH)_2$

为草绿色的单斜晶系纤维状的团状物，或深绿色的粉状物，在自然界中铜通常以此种化合物的形式存在，它是铜与空气中的氧气、二氧化碳和水等物质反应产生的物质。熔点为220℃，沸点为333.6℃，不溶于35℃以下的水和醇，溶于酸、氰化物、氨水和铵盐。不稳定，加热时易分解；能与盐酸反应；将碳酸钠溶液加入到铜盐中，可得碱式碳酸铜沉淀。碱式碳酸铜一般常称为铜锈或铜绿。

碱式碳酸铜可用于颜料、杀虫灭菌剂和信号弹等。

所有浓度的$CuCO_3 \cdot Cu(OH)_2$，温度为20℃时：

材料	性能
碳钢	×
Moda 410S/4000	○
Moda 430/4016	○
Core 304L/4307	○
Supra 444/4521	○
Supra 316L/4404	○
Ultra 317L/4439	○
Ultra 904L	○
Ultra 254 SMO	○
Ultra 4565	○
Ultra 654 SMO	○
Forta LDX 2101	○
Forta DX 2304	○
Forta LDX 2404	○
Forta DX 2205	○
Forta SDX 2507	○
Ti	○

Copper nitrate（硝酸铜）

$Cu(NO_3)_2$

蓝色斜方片状晶体，有潮解性。170℃分解放出氧。易溶于水和乙醇，几乎不溶于乙酸乙酯。0.2mol/L水溶液的pH为4.0。相对密度2.05，熔点114.5℃。有氧化性，与炭末、硫磺或其他可燃性物质加热打击和摩擦时，发生燃烧爆炸。低毒。

C

应用：硝酸铜与乙酸酐的混合物（Menke condition）以发现它的荷兰化学家命名，是有机合成中有用的硝化剂，用于芳香化合物的硝化。硝酸铜承载到黏土（蒙脱土）上后，称为黏土铜试剂（Claycop），可用于氧化硫醇至二硫化物，转化硫缩醛为羰基化合物，以及硝化芳香化合物，从而避免大量使用混酸造成的环境污染。

可与氨水作用合成硝酸四氨合铜（TACN，一种含能材料）。

所有浓度的$Cu(NO_3)_2$，温度在20℃～BP时：

材料	性能
碳钢	
Moda 410S/4000	○
Moda 430/4016	○
Core 304L/4307	○
Supra 444/4521	○
Supra 316L/4404	○
Ultra 317L/4439	○
Ultra 904L	○
Ultra 254 SMO	○
Ultra 4565	○
Ultra 654 SMO	○
Forta LDX 2101	○
Forta DX 2304	○
Forta LDX 2404	○
Forta DX 2205	○
Forta SDX 2507	○
Ti	○

Creosote oil（杂酚油）

杂酚油又称为木馏油、压砖机润滑油等，外观是无色或黄色油状液体。熔点约 20℃，沸点为 200～220℃，是一种消毒剂和防腐剂，长时间的高浓度暴露能破坏、杀死细胞。在世界卫生组织国际癌症研究机构公布的致癌物清单中，杂酚油属于 2A 类致癌物。

木杂酚油是木焦油的主要成分，通常把从非充脂木材中制得的焦油加以蒸馏，用氢氧化钠处理、再酸化及再蒸馏使之与其他成分分离后制得。木杂酚油是无色液体，但在空气与光的作用下呈现颜色，有烟味，有腐蚀性，主要用作消毒剂及防腐剂。

矿物杂酚油，一种工业用防腐剂，是一种含有多种酚类化合物的油状混合物。

杂酚油主要用于木材防腐，能延长木材使用寿命，防止虫蛀及其他化学品腐蚀。

所有浓度的杂酚油：

材料	温度/℃	
	20	BP
碳钢	●	×
Moda 410S/4000	●	×
Moda 430/4016	●	●
Core 304L/4307	○	○
Supra 444/4521	○	○
Supra 316L/4404	○	○
Ultra 317L/4439	○	○
Ultra 904L	○	○
Ultra 254 SMO	○	○
Ultra 4565	○	○
Ultra 654 SMO	○	○
Forta LDX 2101	○	○
Forta DX 2304	○	○
Forta LDX 2404	○	○
Forta DX 2205	○	○
Forta SDX 2507	○	○
Ti	○	○

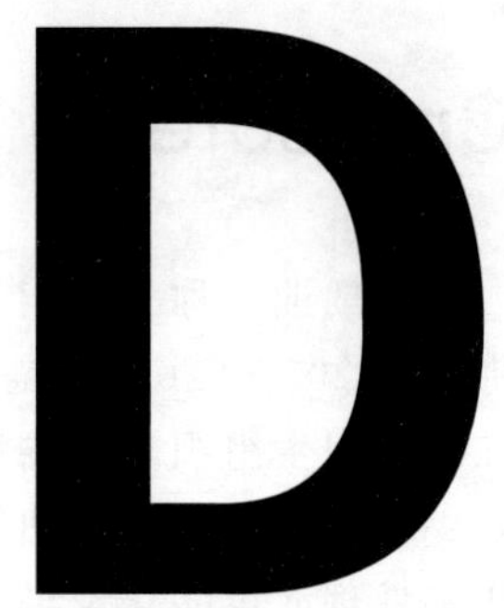

Detergents（洗涤剂）

碱性或中性的无氯盐

洗涤剂是指由合成的表面活性剂（如烷基苯磺酸钠、脂肪醇硫酸钠）和辅助组分混合而成的具有洗涤功能的复配制品。其形态主要有粉剂、液体、固体或膏体等。

碱性或中性的无氯盐浓度为1%，温度在80℃时：

材料	性能
碳钢	
Moda 410S/4000	○
Moda 430/4016	○
Core 304L/4307	○
Supra 444/4521	○
Supra 316L/4404	○
Ultra 317L/4439	○
Ultra 904L	○
Ultra 254 SMO	○
Ultra 4565	○
Ultra 654 SMO	○
Forta LDX 2101	○
Forta DX 2304	○
Forta LDX 2404	○
Forta DX 2205	○
Forta SDX 2507	○
Ti	○

Developers（显影剂）

黑白显影剂

黑白显影剂是用于银盐胶片显影的化学物质。显影剂把曝光了的卤化银还原成银，而对未曝光的卤化银几乎不起作用。常用的黑白显影剂有对苯二酚、米吐尔、阿米多、菲尼酮等，一般都属有机酚类或氨基酚类。

所有浓度的黑白显影剂，温度在20℃时：

材料	性能
碳钢	×
Moda 410S/4000	
Moda 430/4016	○
Core 304L/4307	○
Supra 444/4521	○
Supra 316L/4404	○
Ultra 317L/4439	○
Ultra 904L	○
Ultra 254 SMO	○
Ultra 4565	○
Ultra 654 SMO	○
Forta LDX 2101	○
Forta DX 2304	○
Forta LDX 2404	○
Forta DX 2205	○
Forta SDX 2507	○
Ti	○

D

Dextrose + sodium chloride（葡萄糖 + 氯化钠）

浓度为 0.05%（NaCl，pH=5），温度在 100℃时：

材料	性能
碳钢	
Moda 410S/4000	
Moda 430/4016	
Core 304L/4307	$\bigcirc_{ps}$
Supra 444/4521	$\bigcirc_{p}$
Supra 316L/4404	$\bigcirc_{ps}$
Ultra 317L/4439	$\bigcirc_{ps}$
Ultra 904L	$\bigcirc_{ps}$
Ultra 254 SMO	
Ultra 4565	
Ultra 654 SMO	
Forta LDX 2101	
Forta DX 2304	
Forta LDX 2404	
Forta DX 2205	
Forta SDX 2507	
Ti	○

Dextrose，starch syrup（葡萄糖、淀粉糖浆）

纯的

① 葡萄糖（化学式 $C_6H_{12}O_6$）又称为玉米葡糖、玉蜀黍糖，简称为葡糖。熔点146℃，沸点 527.1℃。化学名称：2,3,4,5,6-五羟基己醛。英文名：Dextrose，Corn sugar，Grape sugar，Blood sugar。是自然界分布最广且最为重要的一种单糖，它是一种多羟基醛。纯净的葡萄糖为无色晶体，有甜味但甜味不如蔗糖（一般人无法尝到甜味），易溶于水，水溶液呈酸性，微溶于乙醇，不溶于乙醚。天然葡萄糖水溶液旋光向右，故属于"右旋糖"。

葡萄糖在生物学领域具有重要地位，是活细胞的能量来源和新陈代谢中间产物，即生物的主要供能物质。植物可通过光合作用产生葡萄糖。在糖果制造业和医药领域有着广泛应用。

② 淀粉糖浆，是指淀粉的不完全水解产物。为无色、透明、黏稠的液体。储存性好，无结晶析出，糖组分为葡萄糖、低聚糖、糊精等。各组分的含量比例因水解程度和生产工艺的差异而不同。可分为高、中、低转化糖浆三种。

纯的、所有浓度，温度在 20℃时：

材料	性能
碳钢	
Moda 410S/4000	
Moda 430/4016	
Core 304L/4307	○
Supra 444/4521	
Supra 316L/4404	○
Ultra 317L/4439	○
Ultra 904L	○
Ultra 254 SMO	○
Ultra 4565	○
Ultra 654 SMO	○
Forta LDX 2101	○
Forta DX 2304	○
Forta LDX 2404	○
Forta DX 2205	○
Forta SDX 2507	○
Ti	○

D

Dichloroethylene（二氯乙烯）

$C_2H_2Cl_2$

注意

在潮湿的情况下，不锈钢有点蚀和应力腐蚀开裂的危险。

无色液体。熔点−57℃，沸点48～60℃。微毒，有令人愉快的气味。遇潮湿、日光、空气逐渐分解，逸出氯化氢。其灼热的蒸气能着火，但无外热就不能继续燃烧。溶于醇、醚等有机溶剂，不溶于水。

由1,1,2,2-四氯乙烷经锌粉或铁粉脱氯而得；也可由乙炔和氯在惰性溶剂中反应制得；还可由1,1,2-三氯乙烷通过载于浮石上的氯化铜裂解而得。

可用作油漆、树脂、蜡、橡胶、乙酸纤维素的溶剂，以及干洗剂、杀虫剂、杀菌剂、麻醉剂、低温萃取剂及冷冻剂等。

$C_2H_2Cl_2$ 浓度为100%，温度在20℃～BP时：

材料	性能
碳钢	
Moda 410S/4000	○
Moda 430/4016	○
Core 304L/4307	○
Supra 444/4521	○
Supra 316L/4404	○
Ultra 317L/4439	○
Ultra 904L	○
Ultra 254 SMO	○
Ultra 4565	○
Ultra 654 SMO	○
Forta LDX 2101	○
Forta DX 2304	○
Forta LDX 2404	○
Forta DX 2205	○
Forta SDX 2507	○
Ti	○

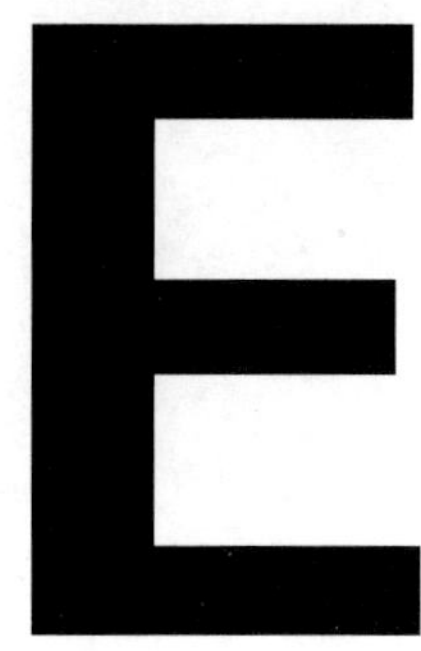

Ether，diethyl ether（醚、乙醚）

$(C_2H_5)_2O$

乙醚是一种用途非常广泛的有机溶剂，与空气隔绝时相当稳定。需贮于低温通风处，远离火种、热源。与氧化剂、卤素、酸类分开存放。无色透明液体，有特殊刺激气味，带甜味，极易挥发，其蒸气重于空气；在空气的作用下能氧化成过氧化物、醛和乙酸，暴露于光线下能促进其氧化。当乙醚中含有过氧化物时，将蒸发后所分离残留的过氧化物加热到 100℃以上时能引起强烈爆炸；这些过氧化物可加 5%硫酸亚铁水溶液振摇除去。其物理性质：熔点 −116.3℃；沸点 34.6℃；液体密度（20℃）713.5kg/m^3；相对密度（45℃）2.6；燃点 160℃；爆炸界限 1.85%～36.5%；溶解度（20℃）6.89%。

主要用作油类、染料、生物碱、脂肪、天然树脂、合成树脂、硝化纤维素、碳氢化合物、亚麻油、石油树脂、松香脂、香料、非硫化橡胶等的优良溶剂。医药工业中用作药物生产的萃取剂和医疗上的麻醉剂。毛纺、棉纺工业中用作油污洁净剂。火药工业中用于制造无烟火药。

所有浓度的 $(C_2H_5)_2O$，温度在 20℃～BP 时：

材料	性能
碳钢	○
Moda 410S/4000	○
Moda 430/4016	○
Core 304L/4307	○
Supra 444/4521	○
Supra 316L/4404	○
Ultra 317L/4439	○
Ultra 904L	○
Ultra 254 SMO	○
Ultra 4565	○
Ultra 654 SMO	○
Forta LDX 2101	○
Forta DX 2304	○
Forta LDX 2404	○
Forta DX 2205	○
Forta SDX 2507	○
Ti	○

Ethyl alcohol，ethanol（乙醇）

C_2H_5OH

乙醇是一种有机物，俗称酒精，化学式为 CH_3CH_2OH（C_2H_6O 或 C_2H_5OH）或 EtOH（Et 代表乙基），是带有一个羟基的饱和一元醇，在常温、常压下是一种易燃、易挥发的无色透明液体，它的水溶液具有酒香的气味，并略带刺激性，微甘。

乙醇液体密度是 0.789g/cm^3（20℃），乙醇气体密度为 1.59kg/m^3，沸点是 78.3℃，熔点是－114.1℃，易燃，其蒸气能与空气形成爆炸性混合物，能与水以任意比互溶。能与氯仿、乙醚、甲醇、丙酮和其他多数有机溶剂混溶，相对密度 0.816。

乙醇的用途很广，可用乙醇制造醋酸、饮料、香精、染料、燃料等。医疗上也常用体积分数为 70%～75%的乙醇作消毒剂等。乙醇在国防工业、医疗卫生、有机合成、食品工业、工农业生产中都有广泛的用途。

乙醇与甲醚互为同分异构体。

所有浓度的 C_2H_5OH，温度在 20℃～BP 时：

材料	性能
碳钢	
Moda 410S/4000	○
Moda 430/4016	○
Core 304L/4307	○
Supra 444/4521	○
Supra 316L/4404	○
Ultra 317L/4439	○
Ultra 904L	○
Ultra 254 SMO	○
Ultra 4565	○
Ultra 654 SMO	○
Forta LDX 2101	○
Forta DX 2304	○
Forta LDX 2404	○
Forta DX 2205	○
Forta SDX 2507	○
Ti	○

Ethyl chloride（氯乙烷）

C_2H_5Cl

注意

在潮湿的情况下，不锈钢有点蚀和应力腐蚀开裂的危险。

常温下为无色气体，有类似醚的气味。在低温或加压下为无色、澄清、透明、易流动的液体。熔点（℃）为－140.8；沸点（℃）为12.3；相对密度（水＝1）为0.921（0℃）；爆炸上限%（体积/体积）为14.8；爆炸下限%（体积/体积）为3.6；微溶于水，和乙醇、乙醚能以任意比例混合，可混溶于多数有机溶剂。

极易燃烧，燃烧时生成氯化氢，火焰的边缘呈绿色；用氢氧化钠溶液水解后可以检出氯离子，同时产生乙醇；加入碘试液加热，有黄色晶体析出。以上三个反应可以用来检测氯乙烷。

氯乙烷主要用作生产四乙基铅、乙基纤维素及N-乙基咔唑染料等的原料。也用作烟雾剂、冷冻剂、局部麻醉剂、杀虫剂、乙基化剂、烯烃聚合溶剂、汽油抗爆剂等。还用作聚丙烯的催化剂，磷、硫、油脂、树脂、蜡等的溶剂。也用于农药、医药及其中间体的合成。

C_2H_5Cl浓度为100%，温度在20℃～BP时：

材料	性能
碳钢	
Moda 410S/4000	○
Moda 430/4016	○
Core 304L/4307	○
Supra 444/4521	○
Supra 316L/4404	○
Ultra 317L/4439	○
Ultra 904L	○
Ultra 254 SMO	○
Ultra 4565	○
Ultra 654 SMO	○
Forta LDX 2101	○
Forta DX 2304	○
Forta LDX 2404	○
Forta DX 2205	○
Forta SDX 2507	○
Ti	○

Ethyl nitrate（硝酸乙酯）

$C_2H_5NO_2$

无色液体，有令人愉快的气味和甜味。微溶于水，溶于乙醇、乙醚。熔点（℃）为 −112；沸点（℃）为 88.7；相对密度（水=1）为 1.11；引燃温度（℃）为 85；爆炸下限%（体积/体积）为 3.8。硝酸乙酯具有危害性，吸入后可引起头痛、呕吐和麻醉，可引起高铁血红蛋白血症。

主要用于药物、香料、染料的合成，也可用作液体火箭推进剂。

所有浓度的 $C_2H_5NO_2$，温度在 20℃时：

材料	性能
碳钢	×
Moda 410S/4000	○
Moda 430/4016	○
Core 304L/4307	○
Supra 444/4521	○
Supra 316L/4404	○
Ultra 317L/4439	○
Ultra 904L	○
Ultra 254 SMO	○
Ultra 4565	○
Ultra 654 SMO	○
Forta LDX 2101	○
Forta DX 2304	○
Forta LDX 2404	○
Forta DX 2205	○
Forta SDX 2507	○
Ti	○

Ethylene bromide，dibromoethane（二溴乙烷）

$C_2H_4Br_2$

注意

在潮湿的情况下，不锈钢有点蚀开裂的危险。

二溴乙烷是无色有甜味的液体，有氯仿味（味辛甜而有特殊芳香气味）。熔点 9℃，沸点 131～132℃，微溶于水。

用途：用作溶剂，用于有机合成、医药等。用作汽车、航空燃料添加剂，赛璐珞的不燃性溶剂，谷物、水果的杀菌剂以及木材的杀虫剂等。

$C_2H_4Br_2$ 浓度为 100%，温度在 20℃时：

材料	性能
碳钢	
Moda 410S/4000	
Moda 430/4016	
Core 304L/4307	○
Supra 444/4521	
Supra 316L/4404	○
Ultra 317L/4439	○
Ultra 904L	○
Ultra 254 SMO	○
Ultra 4565	○
Ultra 654 SMO	○
Forta LDX 2101	○
Forta DX 2304	○
Forta LDX 2404	○
Forta DX 2205	○
Forta SDX 2507	○
Ti	○

Ethylene chloride，dichloroethane（二氯乙烷）

$C_2H_4Cl_2$

注意

在潮湿的情况下，不锈钢有点蚀和应力腐蚀开裂的危险。

二氯乙烷（化学式：$C_2H_4Cl_2$,$Cl(CH_2)_2Cl$；式量：98.97），即邻二氯乙烷，是卤代烃的一种，常用 EDC 表示。无色或浅黄色透明液体，熔点－35.7℃，沸点 83.5℃，密度 1.235g/cm^3，闪点 17℃。难溶于水。

它在室温下是无色而有类似氯仿气味的液体，有毒，具潜在致癌性，可能的溶剂替代品包括 1,3-二氧杂环己烷和甲苯。用作制造三氯乙烷及氯乙烯（聚氯乙烯单体）的中间体，也用作蜡、脂肪、橡胶等的溶剂及谷物杀虫剂。

E

$C_2H_4Cl_2$浓度为 100%，温度在 20℃～BP 时：

材料	性能
碳钢	
Moda 410S/4000	○
Moda 430/4016	○
Core 304L/4307	○
Supra 444/4521	○
Supra 316L/4404	○
Ultra 317L/4439	○
Ultra 904L	○
Ultra 254 SMO	○
Ultra 4565	○
Ultra 654 SMO	○
Forta LDX 2101	○
Forta DX 2304	○
Forta LDX 2404	○
Forta DX 2205	○
Forta SDX 2507	○
Ti	○

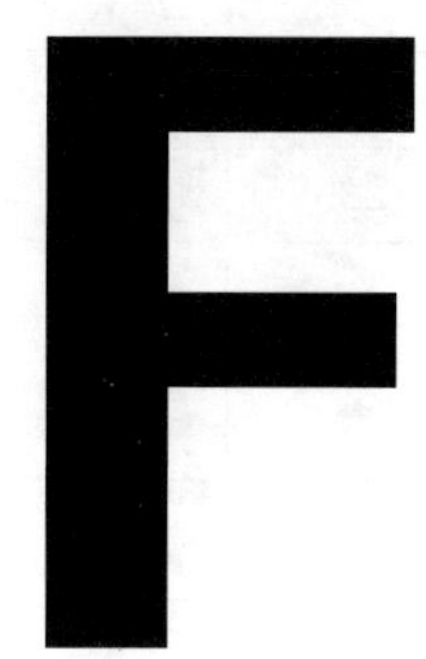

Fatty acids，oleic acid，stearic acid（脂肪酸、油酸、硬脂酸）

① 脂肪酸（fatty acid）是指一端含有一个羧基的长脂肪族碳氢链，是有机物，直链饱和脂肪酸的通式是 $C_nH_{2n+1}COOH$。低级的脂肪酸是无色液体，有刺激性气味；高级的脂肪酸是蜡状固体，无可明显嗅到的气味。脂肪酸是最简单的一种脂，它是许多更复杂脂的组成成分。脂肪酸在有充足氧供给的情况下，可氧化分解为 CO_2 和 H_2O，释放大量能量，因此脂肪酸是机体主要能量来源之一。

脂肪酸主要用于制造日用化妆品、洗涤剂、工业脂肪酸盐、涂料、油漆、橡胶、肥皂等。

② 油酸（oleic acid）是浅黄色油状液体，有类似猪油的气味。久置空气中颜色会逐渐变深。分子式为 $C_{18}H_{34}O_2$；分子量为 282.46；沸点为 360℃（101.3kPa，分解）；熔点为 13～14℃；燃点为 362.8℃。难溶于水，能与醇、醚、氯仿、轻质汽油等相混溶，是油类、脂肪酸和油溶性物质的优良溶剂。

③ 硬脂酸（stearic acid）即十八烷酸，分子式 $C_{18}H_{36}O_2$，由油脂水解产生，主要用于生产硬脂酸盐。每克溶于 21mL 乙醇、5mL 苯、2mL 氯仿或 6mL 四氯化碳中。纯品为白色略带光泽的蜡状小片结晶体，微溶于冷水，溶于乙醇、丙酮，易溶于苯、氯仿、乙醚、四氯化碳、二硫化碳、醋酸戊酯和甲苯等。无毒。存在于烤烟烟叶、白肋烟烟叶、香料烟烟叶、烟气中。是组成硬脂精的脂肪酸。熔点为 56～69.6℃；沸点为 232℃（2.0kPa）；闪点为 220.6℃；相对密度为 0.9408；稳定性为 360℃分解（另有资料称 376.1℃），在 90～100℃下慢慢挥发。具有一般有机羧酸的化学通性。

广泛用于制作化妆品、耐寒增塑剂、脱模剂、稳定剂、表面活性剂、橡胶硫化促进剂、防水剂、抛光剂、金属皂、金属矿物浮选剂、软化剂、医药品及其他有机化学品。另外，还可用作油溶性颜料的溶剂、蜡笔调滑剂、蜡纸打光剂、硬脂酸甘油酯的乳化剂等。

浓度为 100%时：

材料	温度/℃					
	20	80～130	150	180	235	300
碳钢	○	●	×	×	×	×
Moda 410S/4000	○	○	●	×	×	×

续表

材料	温度/℃					
	20	80~130	150	180	235	300
Moda 430/4016	○	○	●	×	×	×
Core 304L/4307	○	○	○	●	●	×
Supra 444/4521	○	○	○			
Supra 316L/4404	○	○	○	○	○	○
Ultra 317L/4439	○	○	○	○	○	○
Ultra 904L	○	○	○	○	○	○
Ultra 254 SMO	○	○	○	○	○	○
Ultra 4565	○	○	○	○	○	○
Ultra 654 SMO	○	○	○	○	○	○
Forta LDX 2101	○	○	○			
Forta DX 2304	○	○	○			
Forta LDX 2404	○	○	○			
Forta DX 2205	○	○	○	○	○	○
Forta SDX 2507	○	○	○	○	○	○
Ti	○	○	○	○	○	○

Fluorine（氟气）

F_2

氟气，元素氟的气体单质，淡黄色。氟气化学性质十分活泼，具有很强的氧化性，除全氟化合物外，可以与几乎所有有机物和无机物反应。工业上氟气可作为火箭燃料中的氧化剂、卤化氟的原料、冷冻剂，还可用于等离子蚀刻等。

温度在 20℃时：

材料	浓度/%	
	干燥气体	潮湿气体
碳钢	○	×
Moda 410S/4000	○	×
Moda 430/4016	○	×
Core 304L/4307	○	×
Supra 444/4521	○	×
Supra 316L/4404	○	×
Ultra 317L/4439	○	○
Ultra 904L	○	●
Ultra 254 SMO	○	
Ultra 4565	○	
Ultra 654 SMO	○	
Forta LDX 2101	○	
Forta DX 2304	○	
Forta LDX 2404	○	
Forta DX 2205	○	
Forta SDX 2507	○	
Ti	○	×

F

Formic acid（甲酸）

HCOOH

甲酸，又称作蚁酸。熔点 8.2～8.4℃，沸点 100.6℃。甲酸无色而有刺激性气味，且有腐蚀性，人类皮肤接触后会起泡红肿。甲酸同时具有酸和醛的性质。在化学工业中，甲酸被用于橡胶、医药、染料、皮革等工业。

甲酸为强的还原剂，能发生银镜反应。在饱和脂肪酸中酸性最强，解离常数为 2.1×10^{-4}。在室温慢慢分解成一氧化碳和水。与浓硫酸一起加热至 60～80℃，分解放出一氧化碳。甲酸加热到 160℃以上即分解放出二氧化碳和氢。甲酸的碱金属盐加热至 400℃生成草酸盐。

材料	HCOOH 浓度/%											
	0.5	1	1	2	2	2	5	5	5	5	10	10
	温度/℃											
	70	20	40	20	40	100	20	80	95	100~BP	20	60
碳钢	×	×	×	×	×	×	×	×	×	×	×	×
Moda 410S/4000	○	×	×	×	×	×	×	×	×	×	×	×
Moda 430/4016	○	●	×	●	×	×	×	×	×	×	×	×
Core 304L/4307	○	○	○	○	○	●	○	●	×	×	○	●
Supra 444/4521	○	○	○	○	○	○	○	○	○	○	○	○
Supra 316L/4404	○	○	○	○	○	○	○	○	●	●	○	○
Ultra 317L/4439	○	○	○	○	○	○	○	○	○	●/○	○	○
Ultra 904L	○	○	○	○	○	○	○	○	○	○	○	○
Ultra 254 SMO	○	○	○	○	○	○	○	○	○	○	○	○
Ultra 4565	○	○	○	○	○	○	○	○	○	○	○	○
Ultra 654 SMO	○	○	○	○	○	○	○	○	○	○	○	○
Forta LDX 2101	○	○	○	○	○	○	○	○	○	○	○	○
Forta DX 2304	○	○	○	○	○	○	○	○	○	○	○	○
Forta LDX 2404	○	○	○	○	○	○	○	○	○	○	○	○
Forta DX 2205	○	○	○	○	○	○	○	○	○	○	○	○

续表

材料	HCOOH 浓度/%											
	0.5	1	1	2	2	2	5	5	5	5	10	10%
	温度/℃											
	70	20	40	20	40	100	20	80	95	100~BP	20	60
Forta SDX 2507	○	○	○	○	○	○	○	○	○	○	○	○
Ti	○	○	○	○	○	○	○	○	○	○	○	○

材料	HCOOH 浓度/%											
	10	10	25	25	25	25	50	50	50	50	50	65
	温度/℃											
	90	101~BP	20	80	90	100	20	50	70	80	100	60
碳钢	×	×	×	×	×	×	×	×	×	×	×	×
Moda 410S/4000	×	×	×	×	×	×	×	×	×	×	×	×
Moda 430/4016	×	×	×	×	×	×	×	×	×	×	×	×
Core 304L/4307	×	×	○	×	×	×	○	●	×	×	×	×
Supra 444/4521	○	○	○	○	○	○	○	○	○	○	×	○
Supra 316L/4404	●	●	○	○	●	●	○	○	○	○	●	○
Ultra 317L/4439	○	●/○	○	○	○	●	○	○	○	○	●	○
Ultra 904L	○	○	○	○	○	●	○	○	○	○	●	○
Ultra 254 SMO	○	○	○	○	○	●	○	○	○	○	●	
Ultra 4565	○	○	○	○	○	○	○	○	○	○	○	○
Ultra 654 SMO	○	○	○	○	○	○	○	○	○	○	○	○
Forta LDX 2101	○	○	○	○	○	×	○	○	○	○	×	○
Forta DX 2304	○	●	○	○		×	○	○	○		×	○
Forta LDX 2404	○		○	○			○	○	○		●	○
Forta DX 2205	○	○	○	○	○	●	○	○	○	○	○	○
Forta SDX 2507	○	○	○	○	○	○	○	○	○	○	○	○
Ti	○	○	○	○	○	●	○	○	○	○	×	○

续表

材料	HCOOH 浓度/%												
	65	80	80	90	90	90	90	90	90	90	98	98	98
	温度/℃												
	100	20	107～BP	20	40	60	80	90	100	106～BP	20	60	101～BP
碳钢	×	×	×	×	×	×	×		×	×	●	×	×
Moda 410S/4000	×	×	×	●	×	×	×		×	×	●	●	×
Moda 430/4016	×	×	×	●	●	×	×		×	×	○	○	×
Core 304L/4307	×	○	×	○	○	●	×		×	×	○	○	●
Supra 444/4521	×	○	×	○	○	○	○		×	×	○	○	○
Supra 316L/4404	●	○	●	○	○	○	○		●	×	○	○	●
Ultra 317L/4439	●	○	●	○	○	○	○		●	●	○	○	●
Ultra 904L	●	○	●	○	○	○	○		●	●	○	○	○
Ultra 254 SMO	●		●	○	○	○	○			●	○	○	○
Ultra 4565	○		●	○	○	○	○	○	●	●	○	○	●
Ultra 654 SMO	○		●	○	○	○	○	○	○	○	○	○	○
Forta LDX 2101	×	○	×	○	○	○	○	○	●		○	○	×
Forta DX 2304	×	○	×	○	○	○	○	○	×	×			×
Forta LDX 2404		○		○	○	○	○	○	●				●
Forta DX 2205	●	○	●	○	○	○	○	○	○	×			●
Forta SDX 2507	○	○	●	○	○	○	○	○	○	●	○	○	●
Ti	●	○	●	○	○	○	○		●	●	○	○	●

Isocorrosion Diagram（等蚀图）

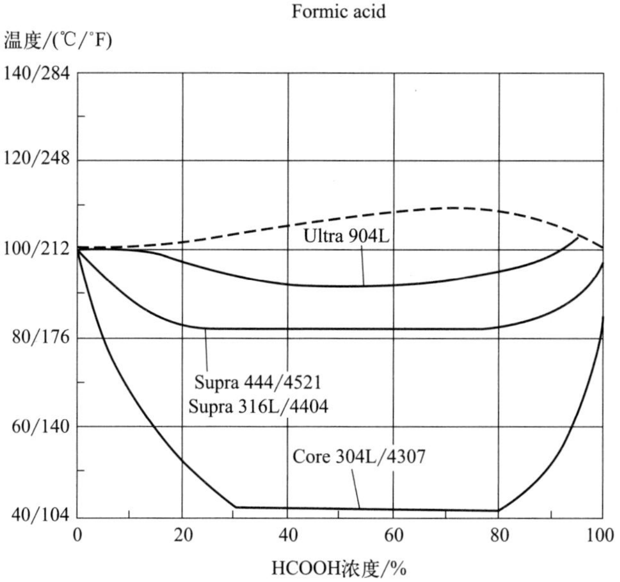

等蚀图，0.1mm/a，对于化学纯度甲酸的奥氏体不锈钢。虚线表示沸点。

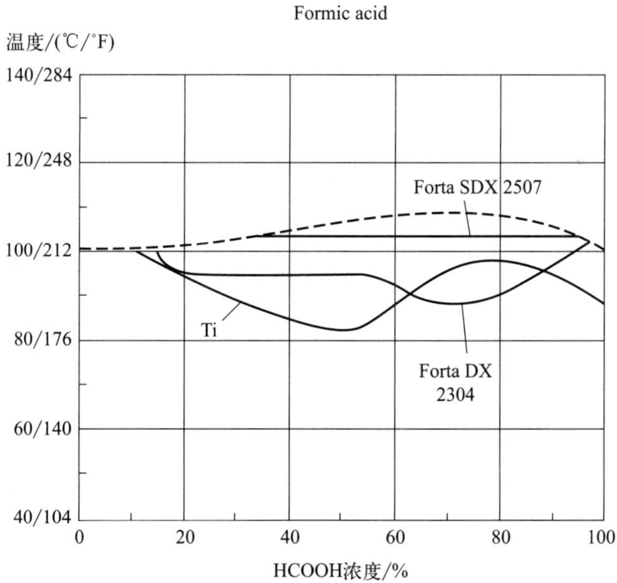

等蚀图，0.1mm/a，对于化学纯度甲酸的双相不锈钢。虚线表示沸点。

F

Freon，fluorinated hydrocarbons（氟利昂、氟碳氢化合物）

氟利昂，又名氟里昂，它是一个由美国杜邦公司注册的制冷剂商标。熔点－155℃，沸点－19.8℃。氟利昂是一种透明、无味、低毒、不易燃烧、爆炸和化学性稳定的制冷剂。不同的化学组成和结构的氟利昂制冷剂热力学性质相差很大，可适用于高温、中温和低温制冷机，以适应不同制冷温度的要求。

在中国，氟利昂的定义存在分歧：一般将其定义为饱和烃（主要指甲烷、乙烷和丙烷）的卤代物的总称，按照此定义，氟利昂可分为 CFC、HCFC、HFC 3 类；有些学者将氟利昂定义为 CFC 制冷剂；在部分资料中氟利昂仅指二氯二氟甲烷（CCl_2F_2，即 R12，CFC 类的一种）。

由于二氯二氟甲烷等 CFC 类制冷剂破坏大气臭氧层，已被限制使用。地球上已出现很多臭氧层空洞，有些空洞已超过非洲面积，其中很大的原因是 CFC 类氟利昂的破坏。氟利昂的另一个危害是温室效应。

所有浓度，温度<200℃时：

材料	性能
碳钢	
Moda 410S/4000	○
Moda 430/4016	○
Core 304L/4307	○
Supra 444/4521	○
Supra 316L/4404	○
Ultra 317L/4439	○
Ultra 904L	○
Ultra 254 SMO	○
Ultra 4565	○
Ultra 654 SMO	○
Forta LDX 2101	○
Forta DX 2304	○
Forta LDX 2404	○
Forta DX 2205	○
Forta SDX 2507	○
Ti	○

Fixing salt，acidic（定影剂，酸性）

$Na_2S_2O_3 + K_2S_2O_4 + Na_2SO_3 + H_2SO_4$

温度在 20℃时：

材料	$Na_2S_2O_3$ 浓度/%	
	40	19
	$K_2S_2O_4$ 浓度/%	
	2.5	—
	Na_2SO_3 浓度/%	
	—	4.7
	H_2SO_4 浓度/%	
	—	0.5
碳钢	×	
Moda 410S/4000	×	
Moda 430/4016	●$_p$	
Core 304L/4307	○$_p$	○$_p$
Supra 444/4521		
Supra 316L/4404	○	○
Ultra 317L/4439	○	○
Ultra 904L	○	○
Ultra 254 SMO	○	○
Ultra 4565	○	○
Ultra 654 SMO	○	○
Forta LDX 2101		
Forta DX 2304	○	○
Forta LDX 2404	○	○
Forta DX 2205	○	○
Forta SDX 2507	○	○
Ti	○	○

F

Fluosilicic acid（氟硅酸）

H_2SiF_6

又称硅氟氢酸。无水物是无色气体，不稳定，易分解为四氟化硅和氟化氢。水溶液无色，呈强酸性。有腐蚀性，能侵蚀玻璃。保存于蜡制或塑料制等容器中。浓溶液冷却时析出无色二水合物的晶体，熔点 19℃，沸点 105℃（分解）。

氟硅酸有消毒性能。用于制作氟硅酸盐和冰晶石，并用于电镀、啤酒消毒、木材防腐等。

由二氧化硅溶解于氢氟酸中或混合石英粉、氟化钙和浓硫酸后加热而制得。也可从磷肥厂中分解磷矿时用水吸收逸出的四氟化硅气体而得。

材料	H_2SiF_6 浓度/%										
	1	1	1	1	5	5	5	5	10	10	10
	温度/℃										
	60	65	70	75	50	55	65	70	35	40	45
碳钢											
Moda 410S/4000											
Moda 430/4016											
Core 304L/4307											
Supra 444/4521											
Supra 316L/4404	●								●		
Ultra 317L/4439											
Ultra 904L	○	●			●				○	●	
Ultra 254 SMO	○	○	○	●	○	●				○	●
Ultra 4565											
Ultra 654 SMO	○	○	○	○	○	○	○	●			
Forta LDX 2101											
Forta DX 2304	○	○	●	●	●				●		×
Forta LDX 2404	○	○									
Forta DX 2205	○	○			●						●
Forta SDX 2507	○	○	○	○	○	○	●		○	●	●
Ti											

材料	H_2SiF_6 浓度/%								
	20	20	20	20	20	31	31	31	31
	温度/℃								
	20	30	40	50	60	20	30	40	45
碳钢					×				
Moda 410S/4000					×				
Moda 430/4016					×				
Core 304L/4307					●				
Supra 444/4521					●				
Supra 316L/4404					●	●			
Ultra 317L/4439	●	×			●				
Ultra 904L					●	●			
Ultra 254 SMO	○	●			●	○	●		
Ultra 4565	○	○	●						
Ultra 654 SMO	○	○	○	●		○	○	○	●
Forta LDX 2101									
Forta DX 2304		×	×	×	×		×	×	×
Forta LDX 2404					×				×
Forta DX 2205		●			×				×
Forta SDX 2507	○	○	●		×				×
Ti					●				

Isocorrosion Diagram（等蚀图）

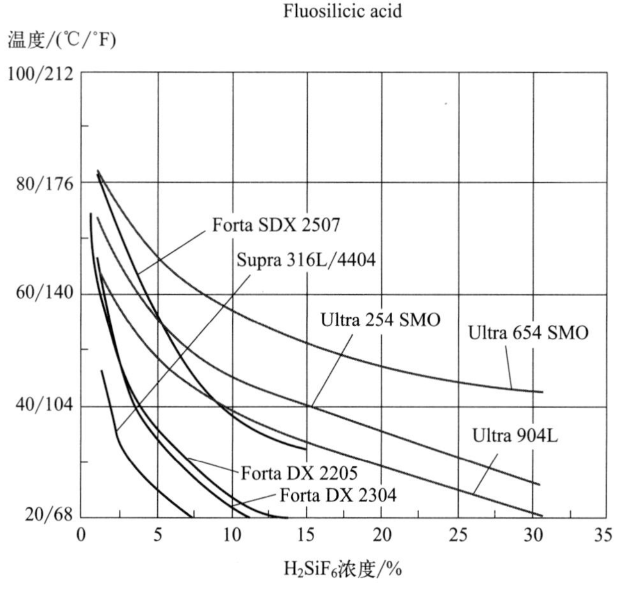

等蚀图，0.1mm/a，化学纯度的氟硅酸。

Formic acid + formalin + acetic acid（甲酸 + 福尔马林 + 乙酸）

$HCOOH + HCHO + CH_3COOH$

HCOOH 浓度为 1%，HCHO 浓度为 40%，CH_3COOH 浓度为 0.1%，温度在 BP 时：

材料	性能
碳钢	
Moda 410S/4000	
Moda 430/4016	
Core 304L/4307	●
Supra 444/4521	
Supra 316L/4404	○
Ultra 317L/4439	○
Ultra 904L	○
Ultra 254 SMO	○
Ultra 4565	○
Ultra 654 SMO	○
Forta LDX 2101	
Forta DX 2304	○
Forta LDX 2404	○
Forta DX 2205	○
Forta SDX 2507	○
Ti	○

F

Fruit juices，wines（果汁、葡萄酒）

注意

如果使用 SO_2 作为防腐剂，建议使用耐腐蚀性能相当于 Supra 范围以上的材料（即至少为 444 的牌号）。

所有浓度：

材料	温度/℃	
	20	BP
碳钢	●	×
Moda 410S/4000	○	●
Moda 430/4016	○	
Core 304L/4307	○	○
Supra 444/4521	○	○
Supra 316L/4404	○	○
Ultra 317L/4439	○	○
Ultra 904L	○	○
Ultra 254 SMO	○	○
Ultra 4565	○	○
Ultra 654 SMO	○	○
Forta LDX 2101	○	○
Forta DX 2304	○	○
Forta LDX 2404	○	○
Forta DX 2205	○	○
Forta SDX 2507	○	○
Ti	○	○

Fluoboric acid（氟硼酸）

HBF_4

无色透明液体，熔点−90℃，沸点130℃，呈强酸性。在水中部分水解，形成氢氧氟硼离子（BF_3OH^-）。与金属能形成结晶盐。20%水溶液折光率（n_{20}^{D}）1.3284。有催泪性、强腐蚀性。

氟硼酸在浓溶液中稳定，加热到130℃时分解。能和水或醇相混溶，在水溶液中缓慢分解生成羟基氟硼酸（HBF_3OH）。与玻璃表面接触时稳定性逐渐下降，0.047mol/L氟硼酸溶液在玻璃容器里保存32天后水解度由20.6%上升至72.6%，具有强腐蚀性，但在常温下不侵蚀玻璃。能同金属元素、金属氟化物、氧化物、氢氧化物或碳酸盐反应生成相应的氟硼酸盐。

氟硼酸用于金属表面氧化物、硅酸盐膜的清洁，铝和合金电镀前的清洗。铅锡电镀时作导电液，也用作触媒、金属表面活性剂。

材料	HBF_4浓度/%		
	20	35	35
	温度/℃		
	50	30	50
碳钢			
Moda 410S/4000			
Moda 430/4016			
Core 304L/4307			
Supra 444/4521			
Supra 316L/4404			
Ultra 317L/4439	●	○	●
Ultra 904L			
Ultra 254 SMO			
Ultra 4565			
Ultra 654 SMO			
Forta LDX 2101			
Forta DX 2304			
Forta LDX 2404			
Forta DX 2205			
Forta SDX 2507			
Ti			

Formaldehyde，formalin（甲醛、福尔马林）

HCHO

甲醛，化学式 HCHO 或 CH_2O，式量 30.03，又称蚁醛。无色气体，有刺激性气味，对人眼、鼻等有刺激作用。气体相对密度 1.067（空气＝1），液体密度 $0.815g/cm^3$（－20℃）。熔点－92℃，沸点－19.5℃。易溶于水和乙醇。水溶液的浓度最高可达 55%，通常是 40%，称作甲醛水，俗称福尔马林（formalin），是有刺激性气味的无色液体。

有强还原作用，特别是在碱性溶液中。能燃烧，蒸气与空气形成爆炸性混合物，爆炸极限 7%～73%（体积）。着火温度约 300℃。

甲醛可由甲醇在银、铜等金属催化下脱氢或氧化制得，也可由烃类氧化产物分出。用作农药和消毒剂，是制作酚醛树脂、脲醛树脂、维纶、乌洛托品、季戊四醇和染料等的原料。工业品甲醛溶液一般含 37%甲醛和 15%甲醇，作阻聚剂，沸点 101℃。

所有浓度的 HCHO，温度在 20℃～BP 时：

材料	性能
碳钢	×
Moda 410S/4000	○
Moda 430/4016	○
Core 304L/4307	○
Supra 444/4521	○
Supra 316L/4404	○
Ultra 317L/4439	○
Ultra 904L	○
Ultra 254 SMO	○
Ultra 4565	○
Ultra 654 SMO	○
Forta LDX 2101	○
Forta DX 2304	○
Forta LDX 2404	
Forta DX 2205	○
Forta SDX 2507	○
Ti	○

Formic acid + potassium dichromate（甲酸 + 重铬酸钾）

$HCOOH + K_2Cr_2O_7$

HCOOH 浓度为 2%，$K_2Cr_2O_7$ 浓度为 2.5%，温度在 BP 时：

材料	性能
碳钢	×
Moda 410S/4000	○
Moda 430/4016	○
Core 304L/4307	○
Supra 444/4521	○
Supra 316L/4404	○
Ultra 317L/4439	○
Ultra 904L	○
Ultra 254 SMO	○
Ultra 4565	○
Ultra 654 SMO	○
Forta LDX 2101	○
Forta DX 2304	○
Forta LDX 2404	○
Forta DX 2205	○
Forta SDX 2507	○
Ti	○

F

Furfural（糠醛）

C_4H_3OCHO

纯糠醛是有杏仁味的无色的油状液体，沸点 161.7℃，熔点－36.5℃，燃点 60℃，暴露在光和空气中颜色会很快变为红棕色，易挥发。微溶于水，易溶于乙醇、乙醚、丙酮、氯仿、苯。

用作有机合成的原料，也用于合成树脂、清漆、农药、医药、橡胶和涂料等。

材料	C_4H_3OCHO 浓度/%	
	100	蒸气
	温度/℃	
	162～BP	200
碳钢	×	×
Moda 410S/4000	○	
Moda 430/4016	○	
Core 304L/4307	○	○
Supra 444/4521	○	
Supra 316L/4404	○	○
Ultra 317L/4439	○	○
Ultra 904L	○	○
Ultra 254 SMO	○	○
Ultra 4565	○	○
Ultra 654 SMO	○	○
Forta LDX 2101	○	○
Forta DX 2304	○	○
Forta LDX 2404	○	○
Forta DX 2205	○	○
Forta SDX 2507	○	○
Ti	○	○

Gallic acid，trihydroxybenzoic acid（没食子酸/三羟基苯甲酸）

$C_6H_2(OH)_3COOH$

没食子酸亦称五倍子酸或棓酸，是一种有机酸，可见于五倍子、漆树、茶等植物中。熔点252℃，沸点501.1℃。没食子酸易溶于水、醇和醚，几乎不溶于苯、氯仿及石油醚，具有酚（易被氧化，和三氯化铁水溶液生成蓝黑色沉淀）及羧酸（加热时失去二氧化碳成焦性没食子酸）的性质。

没食子酸可用作显影剂，它的碱性铋盐可用作防腐剂，也用于制药工业上（抗菌、抗病毒等）。

$C_6H_2(OH)_3COOH$ 浓度为25％，温度在BP时：

材料	性能
碳钢	
Moda 410S/4000	○
Moda 430/4016	○
Core 304L/4307	○
Supra 444/4521	○
Supra 316L/4404	○
Ultra 317L/4439	○
Ultra 904L	○
Ultra 254 SMO	○
Ultra 4565	○
Ultra 654 SMO	○
Forta LDX 2101	○
Forta DX 2304	○
Forta LDX 2404	○
Forta DX 2205	○
Forta SDX 2507	○
Ti	○

Gelatine（明胶）

明胶，没有固定的结构和分子量，由动物皮肤、骨、肌膜等结缔组织中的胶原部分降解而成为白色或淡黄色、半透明、微带光泽的薄片或粉粒；是一种无色无味、无挥发性、透明坚硬的非晶体物质，可溶于热水，不溶于冷水，但可以缓慢吸水膨胀软化，明胶可吸收相当于自身质量 5～10 倍的水。

明胶是非常重要的天然生物高分子材料之一，按用途可分为照相、食用、药用及工业四类。食用明胶作为一种增稠剂广泛使用于食品工业，如果冻、食用色素、高级软糖、冰淇淋、干酪、酸奶、冷冻食品等。在化工行业主要用作生产黏合剂、乳化剂和高级化妆品等的原料。明胶还可以做粉条，使其更劲道。

所有浓度，温度为 20℃～BP 时：

材料	性能
碳钢	
Moda 410S/4000	○
Moda 430/4016	○
Core 304L/4307	○
Supra 444/4521	○
Supra 316L/4404	○
Ultra 317L/4439	○
Ultra 904L	○
Ultra 254 SMO	○
Ultra 4565	○
Ultra 654 SMO	○
Forta LDX 2101	○
Forta DX 2304	○
Forta LDX 2404	○
Forta DX 2205	○
Forta SDX 2507	○
Ti	○

Glucose（葡萄糖）

所有浓度，温度在 20℃时：

材料	性能
碳钢	
Moda 410S/4000	
Moda 430/4016	○
Core 304L/4307	○
Supra 444/4521	○
Supra 316L/4404	○
Ultra 317L/4439	○
Ultra 904L	○
Ultra 254 SMO	○
Ultra 4565	○
Ultra 654 SMO	○
Forta LDX 2101	○
Forta DX 2304	○
Forta LDX 2404	○
Forta DX 2205	○
Forta SDX 2507	○
Ti	○

Glycerine（丙三醇）

$C_3H_5(OH)_3$

丙三醇是无色味甜澄明黏稠液体，俗称甘油，1779 年由斯柴尔（Scheel）首先发现。能从空气中吸收潮气，也能吸收硫化氢、氰化氢和二氧化硫。可混溶于乙醇、水，难溶于苯、氯仿、四氯化碳、二硫化碳、石油醚和油类。相对密度 1.26362，熔点 17.8℃，沸点 290.0℃（分解）。急性毒性。丙三醇是甘油三酯分子的骨架成分。当人体摄入食用脂肪时，其中的甘油三酯经过体内分解代谢，形成甘油并储存在脂肪细胞中。因此，甘油三酯代谢的最终产物便是甘油和脂肪酸。

丙三醇可用作溶剂、润滑剂、药剂和甜味剂。

所有浓度的 $C_3H_5(OH)_3$，温度在 20℃时：

材料	性能
碳钢	
Moda 410S/4000	
Moda 430/4016	○
Core 304L/4307	○
Supra 444/4521	○
Supra 316L/4404	○
Ultra 317L/4439	○
Ultra 904L	○
Ultra 254 SMO	○
Ultra 4565	○
Ultra 654 SMO	○
Forta LDX 2101	○
Forta DX 2304	○
Forta LDX 2404	○
Forta DX 2205	○
Forta SDX 2507	○
Ti	○

G

Glycol，ethylene glycol（甘醇/乙二醇）

$C_2H_4(OH)_2$

乙二醇又名“甘醇”“1,2-亚乙基二醇”，简称EG。属于弱酸性物质，熔点-12.9℃，沸点197.3℃，是最简单的二元醇。乙二醇是无色无臭、有甜味的液体，对动物有毒性，人类致死剂量约为1.6g/kg。乙二醇能与水、丙酮互溶，但在醚类中溶解度较小。

用作溶剂、防冻剂以及合成涤纶的原料。乙二醇的高聚物——聚乙二醇（PEG）是一种相转移催化剂，也用于细胞融合；其硝酸酯是一种炸药。

所有浓度的$C_2H_4(OH)_2$，温度在20℃时：

材料	性能
碳钢	
Moda 410S/4000	
Moda 430/4016	○
Core 304L/4307	○
Supra 444/4521	○
Supra 316L/4404	○
Ultra 317L/4439	○
Ultra 904L	○
Ultra 254 SMO	○
Ultra 4565	○
Ultra 654 SMO	○
Forta LDX 2101	○
Forta DX 2304	○
Forta LDX 2404	○
Forta DX 2205	○
Forta SDX 2507	○
Ti	○

Guano（海鸟粪）

海岛或海岸上海鸟排泄物与动植物残体混杂而成的一种肥料。在干旱地区很少分解。有的除含磷较丰富外，含氮也较多（高的可达15%），称氮质海鸟粪。可直接施用。在多雨地区，氮化合物多分解流失，磷则大部分形成不溶性磷酸盐而残留下来（高的五氧化二磷可达40%），称磷质海鸟粪。主要用于制造过磷酸钙等化学肥料，也可与堆肥或沤肥混合发酵后施用。

温度在20℃时：

材料	浓度/%	
	干燥	潮湿
碳钢	×	×
Moda 410S/4000		
Moda 430/4016		
Core 304L/4307	○	○
Supra 444/4521	○	○
Supra 316L/4404	○	○
Ultra 317L/4439	○	○
Ultra 904L	○	○
Ultra 254 SMO	○	○
Ultra 4565	○	○
Ultra 654 SMO	○	○
Forta LDX 2101	○	○
Forta DX 2304	○	○
Forta LDX 2404	○	○
Forta DX 2205	○	○
Forta SDX 2507	○	○
Ti	○	○

Hydrobromic acid，hydrogen bromide（氢溴酸、溴化氢）

HBr

① 氢溴酸是溴化氢的水溶液，微发烟。分子量 80.92，气体相对密度（空气＝1）3.5，液体相对密度 2.77（－67℃），HBr47%（质量分数）水溶液相对密度 1.49。熔点－88.5℃，沸点－67.0℃。易溶于氯苯、二乙氧基甲烷等有机溶剂。能与水、醇、乙酸混溶。暴露于空气及日光中会因溴的游离，色渐变暗。强酸性，具有与盐酸相似的刺激性气味。有很强烈的腐蚀性，除铂、金和钽等金属外，对其他金属皆腐蚀，生成金属溴化物。还具有强还原性，能被空气中的氧及其他氧化剂氧化为溴。

用于制造各种溴化合物，也可用于医药、染料、香料等工业；是制造各种无机溴化物如溴化钠、溴化钾、溴化锂和溴化钙等和某些烷基溴化物如溴甲烷、溴乙烷等的基本原料。医药上用以合成镇静剂和麻醉剂等。也是一些金属矿物的良好溶剂，用于高纯金属的提炼。

② 溴化氢是化学式为 HBr 的二元化合物，标准情况下为气体。

材料	HBr 浓度/%	
	30	100
	温度/℃	
	25	25
碳钢	×	○
Moda 410S/4000	×	○
Moda 430/4016	×	○
Core 304L/4307	×	○
Supra 444/4521	×	○
Supra 316L/4404	×	○

续表

材料	HBr 浓度/%	
	30	100
	温度/℃	
	25	25
Ultra 317L/4439	×	○
Ultra 904L	●	○
Ultra 254 SMO		○
Ultra 4565		○
Ultra 654 SMO		○
Forta LDX 2101		○
Forta DX 2304		○
Forta LDX 2404		○
Forta DX 2205		○
Forta SDX 2507		○
Ti	○	○

H

Hydrochloric acid（盐酸）

HCl

盐酸是无色液体（工业用盐酸会因有杂质三价铁盐而略显黄色），有腐蚀性，为氯化氢的水溶液，具有刺激性气味，一般实验室使用的盐酸为 0.1mol/L，pH＝1。常把盐酸和硫酸、硝酸、氢溴酸、氢碘酸、高氯酸合称为六大无机强酸。氯化氢与水混溶，浓盐酸溶于水有热量放出。溶于碱液并与碱液发生中和反应。能与乙醇任意混溶，氯化氢能溶于苯。由于浓盐酸具有挥发性，挥发出的氯化氢气体与空气中的水蒸气作用形成盐酸小液滴，所以会看到白雾。

20℃时不同浓度盐酸的物理性质数据：

质量分数/%	浓度/(g/L)	密度/(kg/L)	物质的量浓度/(mol/L)	哈米特酸度函数	黏性/(m·Pa·s)	比热容/[kJ/(kg·℃)]	蒸气压/Pa	沸点/℃	熔点/℃
10	104.80	1.048	2.87	−0.5	1.16	3.47	0.527	103	−18
20	219.60	1.098	6.02	−0.8	1.37	2.99	27.3	108	−59
30	344.70	1.149	9.45	−1.0	1.70	2.60	1410	90	−52
32	370.88	1.159	10.17	−1.0	1.80	2.55	3130	84	−43
34	397.46	1.169	10.90	−1.0	1.90	2.50	6733	71	−36
36	424.44	1.179	11.64	−1.1	1.99	2.46	14100	61	−30
38	451.82	1.189	12.39	−1.1	2.10	2.43	28000	48	−26

用于稀有金属的湿法冶金、有机合成、漂染、金属加工、食品加工、无机药品及有机药物的生产。在医药上，好多有机药物，例如普鲁卡因、盐酸硫胺（维生素 B_1 的制剂）等，就是用盐酸制成的。

材料	HCl浓度/%										
	0.1	0.1	0.2	0.2	0.2	0.2	0.5	0.5	0.5	1	1
	温度/℃										
	20～50	100～BP	20	50	100～BP	130	20	50	100～BP	20	50
碳钢	●	×	●	×			×	×	×	×	×
Moda 410S/4000	●p	●p	●p	●p			×	×	×	×	×
Moda 430/4016	●p	●p	●p	●p			●p	×	×	×	×
Core 304L/4307	●p	●ps	●p	●p			●p	●p	×	●p	×

续表

材料	HCl 浓度/%										
	0.1	0.1	0.2	0.2	0.2	0.2	0.5	0.5	0.5	1	1
	温度/℃										
	20~50	100~BP	20	50	100~BP	130	20	50	100~BP	20	50
Supra 444/4521	p	p	p	p			p	p	×	p	×
Supra 316L/4404	○$_{p}$	○$_{ps}$	○$_{p}$	○$_{p}$			○$_{p}$	○$_{p}$	×	○$_{p}$	●$_{p}$
Ultra 317L/4439	○$_{p}$	○$_{ps}$	○$_{p}$	○$_{p}$			○$_{p}$	○$_{p}$	×	○$_{p}$	○$_{p}$
Ultra 904L	○$_{p}$	○$_{ps}$	○$_{p}$	○$_{p}$			○$_{p}$	○$_{p}$	×	○$_{p}$	○$_{p}$
Ultra 254 SMO	○	○	○	○	○		○	○	●	○	○
Ultra 4565	○	○	○	○	○		○	○		○	○
Ultra 654 SMO	○	○	○	○	○		○	○	○	○	○
Forta LDX 2101	○$_{p}$	○$_{ps}$	○$_{p}$	○$_{p}$	○$_{ps}$		○$_{p}$	○$_{p}$	○$_{p}$	●$_{p}$	●$_{p}$
Forta DX 2304	○$_{p}$	○$_{ps}$	○$_{p}$	○$_{p}$	○$_{ps}$		○$_{p}$	○$_{p}$	×	○$_{p}$	●$_{p}$
Forta LDX 2404	○$_{p}$	○$_{ps}$	○$_{ps}$	○$_{ps}$	○$_{ps}$		○$_{ps}$	○$_{p}$		○$_{p}$	
Forta DX 2205	○$_{p}$	○$_{ps}$	○$_{p}$	○$_{p}$	○$_{ps}$		○$_{p}$	○$_{p}$		○$_{p}$	○$_{p}$
Forta SDX 2507	○	○	○	○	○		○	○	○	○	○
Ti	○	○	○	○		○$_{p}$	○	○	●	○	○

材料	HCl 浓度/%										
	1	1	1	2	2	2	3	3	3	3	3
	温度/℃										
	60	80	100~BP	20	60	100~BP	20	60	70	80	100
碳钢	×	×	×	×	×	×	×	×	×	×	×
Moda 410S/4000	×	×	×	×	×	×	×	×	×	×	×
Moda 430/4016	×	×	×	×	×	×	×	×	×	×	×
Core 304L/4307	×	×	×	×	×	×	×	×	×	×	×
Supra 444/4521	×	×	×	×	×	×	×	×	×	×	×
Supra 316L/4404	×	×	×	●$_{p}$	×	×	●$_{p}$	×	×	×	×
Ultra 317L/4439	●$_{p}$	●$_{ps}$	×	●$_{p}$	×	×	●$_{p}$	×	×	×	×
Ultra 904L	●$_{p}$	●$_{ps}$	×	○$_{p}$	●$_{p}$	×	○$_{p}$	●$_{p}$	●$_{p}$	×	×

续表

材料	HCl 浓度/%										
	1	1	1	2	2	2	3	3	3	3	3
	温度/℃										
	60	80	100~BP	20	60	100~BP	20	60	70	80	100
Ultra 254 SMO	○	○	×	○	●	×	○	×	×	×	×
Ultra 4565	○	○	●$_p$	○	○	×	○	○	×	×	×
Ultra 654 SMO	○	○	●	○	○	×	○	○	×	×	×
Forta LDX 2101	●$_p$	×	×	×	×	×	×	×	×	×	×
Forta DX 2304	●$_p$	×	×	○$_p$	×	×	×	×	×	×	×
Forta LDX 2404		●$_p$	×	○$_p$	×	×		×	×	×	×
Forta DX 2205	○$_p$	●$_p$	×	●$_p$	×	×		×	×	×	×
Forta SDX 2507	○	○	○	○	○	×	○	×	×	×	×
Ti	○	○	●	○	○	×	○	○	●	●	×

材料	HCl 浓度/%										
	5	5	5	5	5	5	8	10	10	20	30~37
	温度/℃										
	20	35	50	60	70	100~BP	60	20~35	60	20~35	20
碳钢	×	×	×	×	×	×	×	×	×	×	×
Moda 410S/4000	×	×	×	×	×	×	×	×	×	×	×
Moda 430/4016	×	×	×	×	×	×	×	×	×	×	×
Core 304L/4307	×	×	×	×	×	×	×	×	×	×	×
Supra 444/4521	×	×	×	×	×	×	×	×	×	×	×
Supra 316L/4404	×	×	×	×	×	×	×	×	×	×	×
Ultra 317L/4439	×	×	×	×	×	×	×	×	×	×	×
Ultra 904L	●	×	×	×	×	×	×	×	×	×	×
Ultra 254 SMO	●	×	×	×	×	×	×	×	×	×	×
Ultra 4565	○	×	×	×	×	×	×	×	×	×	×
Ultra 654 SMO	○	○	○	×	×	×	×		×		
Forta LDX 2101	×	×	×	×	×	×	×	×	×	×	×
Forta DX 2304	×	×	×	×	×	×	×	×	×	×	×

材料	HCl 浓度/%										
	5	5	5	5	5	5	8	10	10	20	30～37
	温度/℃										
	20	35	50	60	70	100～BP	60	20～35	60	20～35	20
Forta LDX 2404	×	×	×	×	×	×	×	×	×	×	×
Forta DX 2205	×	×	×	×	×	×	×	×	×	×	×
Forta SDX 2507	×	×	×	×	×	×	×	×	×	×	×
Ti	●	●	●	●	●	×	●	●	×	×	×

Isocorrosion Diagram（等蚀图）

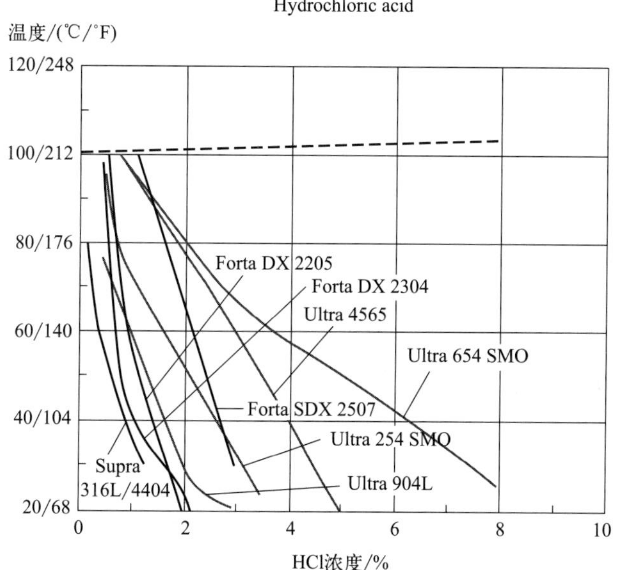

等蚀图，0.1mm/a，化学纯度的盐酸。虚线表示沸点。

H

Hydrochloric acid + aluminium chloride + iron (Ⅱ) chloride + iron (Ⅲ) chloride (盐酸+氯化铝+氯化亚铁+氯化铁)

$HCl + AlCl_3 + FeCl_2 + FeCl_3$

HCl 浓度为 1.8%，$AlCl_3$ 浓度为 1.0%，$FeCl_2$ 浓度为 1.0%，$FeCl_3$ 浓度为 6.0%，温度在 100℃时：

材料	性能
碳钢	×
Moda 410S/4000	×
Moda 430/4016	×
Core 304L/4307	×
Supra 444/4521	×
Supra 316L/4404	×
Ultra 317L/4439	×
Ultra 904L	×
Ultra 254 SMO	
Ultra 4565	
Ultra 654 SMO	
Forta LDX 2101	
Forta DX 2304	
Forta LDX 2404	
Forta DX 2205	
Forta SDX 2507	
Ti	○

Hydrochloric acid + chlorine（盐酸 + 氯气）

HCl + Cl_2

Cl_2 浓度为饱和时：

材料	HCl 浓度/%				
	5	10	15	20	37
	温度/℃				
	100	90	80	60	25
碳钢	×	×	×	×	×
Moda 410S/4000	×	×	×	×	×
Moda 430/4016	×	×	×	×	×
Core 304L/4307	×	×	×	×	×
Supra 444/4521	×	×	×	×	×
Supra 316L/4404	×	×	×	×	×
Ultra 317L/4439	×	×	×	×	×
Ultra 904L	×	×	×	×	×
Ultra 254 SMO					
Ultra 4565					
Ultra 654 SMO					
Forta LDX 2101					
Forta DX 2304					
Forta LDX 2404					
Forta DX 2205					
Forta SDX 2507					
Ti	○	○	○	○	×

Hydrochloric acid + copper chloride（or copper sulphate）[盐酸+氯化铜（或硫酸铜）]

HCl + $CuCl_2$

材料	HCl 浓度/%				
	10	10	25	25	37
	$CuCl_2$ 浓度/%				
	0.05	1.5	0.05	0.05	0.05
	温度/℃				
	80	BP	25	50	25
碳钢	×	×	×	×	×
Moda 410S/4000	×	×	×	×	×
Moda 430/4016	×	×	×	×	×
Core 304L/4307	×	×	×	×	×
Supra 444/4521	×	×	×	×	×
Supra 316L/4404	×	×	×	×	×
Ultra 317L/4439	×	×	×	×	×
Ultra 904L	×	×	×	×	×
Ultra 254 SMO		×			●
Ultra 4565		×			●
Ultra 654 SMO		×			●
Forta LDX 2101		×			×
Forta DX 2304		×			×
Forta LDX 2404		×			×
Forta DX 2205		×			×
Forta SDX 2507		×			×
Ti	○	○	○	○	×

Hydrochloric acid + iron (Ⅱ) chloride (盐酸 + 氯化亚铁)

HCl + $FeCl_2$

材料	HCl 浓度/%					
	5	10	10	25	25	25
	$FeCl_2$ 浓度/%					
	5	0. 1	0. 1	0. 1	0. 1	0. 1
	温度/℃					
	80	80	90	50	60	70
碳钢	×	×	×	×	×	×
Moda 410S/4000	×	×	×	×	×	×
Moda 430/4016	×	×	×	×	×	×
Core 304L/4307	×	×	×	×	×	×
Supra 444/4521	×	×	×	×	×	×
Supra 316L/4404	×	×	×	×	×	×
Ultra 317L/4439	×	×	×	×	×	×
Ultra 904L	×	×	×	×	×	×
Ultra 254 SMO	×			×		
Ultra 4565	×			×		
Ultra 654 SMO	×			×		
Forta LDX 2101	×			×		
Forta DX 2304	×			×		
Forta LDX 2404	×			×		
Forta DX 2205	×			×		
Forta SDX 2507	×			×		
Ti	○	○	×	○	●	×

H

Hydrochloric acid + iron（Ⅲ）chloride（盐酸 + 氯化铁）

HCl + $FeCl_3$

$FeCl_3$ 浓度为 0.1%时：

材料	HCl 浓度/%				
	10	10	10	25	25
	温度/℃				
	50	90	104～BP	40	50
碳钢	×	×	×	×	×
Moda 410S/4000	×	×	×	×	×
Moda 430/4016	×	×	×	×	×
Core 304L/4307	×	×	×	×	×
Supra 444/4521	×	×	×	×	×
Supra 316L/4404	×	×	×	×	×
Ultra 317L/4439	×	×	×	×	×
Ultra 904L	×	×	×	×	×
Ultra 254 SMO	×	×			
Ultra 4565		×			
Ultra 654 SMO	○	×			
Forta LDX 2101	×	×			
Forta DX 2304	×	×			
Forta LDX 2404	×	×			
Forta DX 2205	×	×			
Forta SDX 2507	×	×			
Ti	○	×	×	○	×

H

Hydrochloric acid + oxalic acid（盐酸 + 草酸）

HCl + $(COOH)_2$

HCl 浓度为 0.5%，$(COOH)_2$ 浓度为 3%时：

材料	温度/℃	
	40	60
碳钢		
Moda 410S/4000		
Moda 430/4016		
Core 304L/4307		
Supra 444/4521		
Supra 316L/4404		
Ultra 317L/4439	—/○	—/●
Ultra 904L		
Ultra 254 SMO		○
Ultra 4565		
Ultra 654 SMO		○
Forta LDX 2101		
Forta DX 2304		●
Forta LDX 2404		
Forta DX 2205		○
Forta SDX 2507		○
Ti		

H

Hydrochloric acid + sodium chloride（盐酸 + 氯化钠）

HCl + NaCl

HCl 浓度为 1%，NaCl 浓度为 30%，温度在 40℃时：

材料	性能
碳钢	×
Moda 410S/4000	×
Moda 430/4016	×
Core 304L/4307	×
Supra 444/4521	×
Supra 316L/4404	×
Ultra 317L/4439	×
Ultra 904L	●$_p$
Ultra 254 SMO	×
Ultra 4565	
Ultra 654 SMO	●
Forta LDX 2101	×
Forta DX 2304	×
Forta LDX 2404	×
Forta DX 2205	×
Forta SDX 2507	×
Ti	○

Hydrocyanic acid，prussic acid（氢氰酸/普鲁士酸）

HCN

氢氰酸分子结构是C原子以sp杂化轨道成键，存在碳氮三键，分子为极性分子。熔点−14℃，沸点26℃，是一种弱酸。可以抑制呼吸酶，造成细胞内窒息，有剧毒。氢氰酸标准状态下为液体，易在空气中均匀弥散，在空气中可燃烧。氢氰酸在空气中的含量达到5.6%～12.8%时，具有爆炸性。

HCN浓度为100%，温度在20℃时：

材料	性能
碳钢	×
Moda 410S/4000	×
Moda 430/4016	×
Core 304L/4307	○
Supra 444/4521	○
Supra 316L/4404	○
Ultra 317L/4439	○
Ultra 904L	○
Ultra 254 SMO	○
Ultra 4565	○
Ultra 654 SMO	○
Forta LDX 2101	○
Forta DX 2304	○
Forta LDX 2404	○
Forta DX 2205	○
Forta SDX 2507	○
Ti	○

H

Hydrofluoric acid（氢氟酸）

HF

氢氟酸是氟化氢气体的水溶液，清澈，无色，发烟，有腐蚀性，有剧烈刺激性气味。熔点−83.3℃，沸点19.54℃，闪点112.2℃，密度1.15g/cm^3。易溶于水、乙醇，微溶于乙醚。因为氢原子和氟原子间结合的能力相对较强，使得氢氟酸在水中不能完全电离，所以理论上低浓度的氢氟酸是一种弱酸。其能强烈地腐蚀金属、玻璃和含硅的物体。如吸入蒸气或接触皮肤会造成难以治愈的烧伤。实验室一般用萤石（主要成分为氟化钙）和浓硫酸来制取，需要密封在塑料瓶中，并保存于阴凉处。

材料	HF 浓度/%										
	0.1	0.1	0.1	0.1	0.1	0.1	0.5	0.5	0.5	0.5	0.5
	温度/℃										
	50	60	70	80	90	100～BP	30	40	50	60	70
碳钢											
Moda 410S/4000											
Moda 430/4016											
Core 304L/4307											
Supra 444/4521											
Supra 316L/4404	○	○	○	●	●		●				
Ultra 317L/4439											
Ultra 904L	○	○	○	●	●	●	○	●	●	●	●
Ultra 254 SMO		○	○	●	●	●	○	○	●	●	●
Ultra 4565											
Ultra 654 SMO	○	○	○	○	○	●	○	○	○	○	○
Forta LDX 2101											
Forta DX 2304	○	○	○	○	×		○	●			
Forta LDX 2404											
Forta DX 2205											
Forta SDX 2507	○	○	○	○	○	●			○	●	●
Ti											

材料	HF 浓度/%											
	1	1	1	1	1	1	10	20	20	30	75	100
	温度/℃											
	20	30	40	50	60	70	20	15	25	15	30	20
碳钢	×						×				○	○
Moda 410S/4000	×						×				×	●
Moda 430/4016	×						×				×	●
Core 304L/4307	●						×				×	●
Supra 444/4521							×				×	●
Supra 316L/4404	●	●			●		×				×	●
Ultra 317L/4439	○						×				×	●
Ultra 904L	○	●	●	●			×	●	×	×	×	●
Ultra 254 SMO	○	○	●	●	●		●	●	×	×		
Ultra 4565												
Ultra 654 SMO	○	○	○	○	○	●						
Forta LDX 2101												
Forta DX 2304	●						×					
Forta LDX 2404												
Forta DX 2205	●						×					
Forta SDX 2507	○	○	○	●			×					
Ti	×						×				×	×

H

Isocorrosion Diagram（等蚀图）

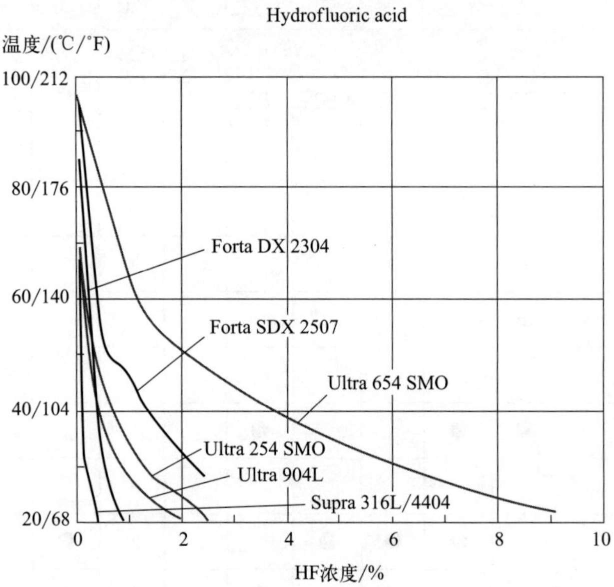

等蚀图，0.1mm/a，化学纯度氢氟酸。

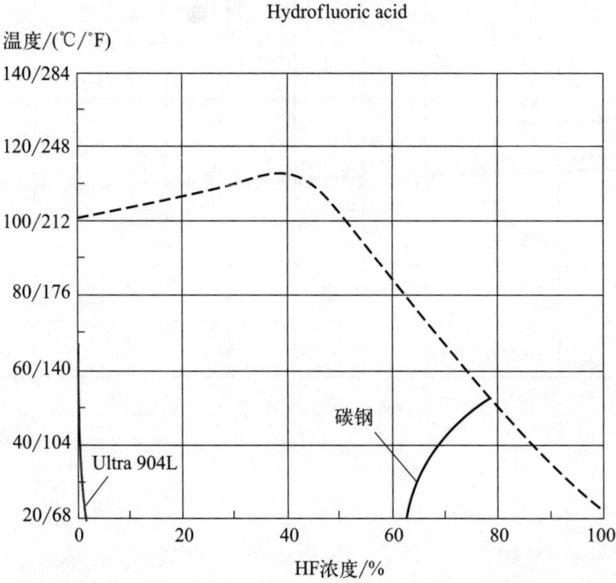

等蚀图，0.1mm/a，化学纯度氢氟酸。虚线表示沸点。

Hydrofluoric acid + iron（Ⅱ）sulphate（氢氟酸 + 硫酸亚铁）

HF + $FeSO_4$

HF 浓度为 1.5%，$FeSO_4$浓度为 6%，温度为 70℃时：

材料	性能
碳钢	×
Moda 410S/4000	×
Moda 430/4016	×
Core 304L/4307	×
Supra 444/4521	
Supra 316L/4404	●
Ultra 317L/4439	●
Ultra 904L	●
Ultra 254 SMO	
Ultra 4565	
Ultra 654 SMO	
Forta LDX 2101	
Forta DX 2304	
Forta LDX 2404	
Forta DX 2205	
Forta SDX 2507	
Ti	×

H

Hydrofluoric acid + potassium chlorate + sulphuric acid（氢氟酸 + 氯酸钾 + 硫酸）

$HF + KClO_3 + H_2SO_4$

HF 浓度为 1%，$KClO_3$浓度为 3%，H_2SO_4浓度为 9%，温度为 60℃时：

材料	性能
碳钢	×
Moda 410S/4000	×
Moda 430/4016	×
Core 304L/4307	●ps
Supra 444/4521	●p
Supra 316L/4404	●ps
Ultra 317L/4439	●ps
Ultra 904L	○ps
Ultra 254 SMO	
Ultra 4565	
Ultra 654 SMO	
Forta LDX 2101	
Forta DX 2304	
Forta LDX 2404	
Forta DX 2205	
Forta SDX 2507	
Ti	×

Hydrogen chloride gas（氯化氢气体）

HCl

氯化氢，是一种无色非可燃性气体，有极刺激性气味，密度大于空气，遇潮湿的空气产生白雾，极易溶于水，生成盐酸。熔点−114.2℃，沸点−85.1℃，有强腐蚀性，能与多种金属反应产生氢气，可与空气形成爆炸性混合物，遇氰化物产生剧毒化学品氰化氢。

材料	HCl 浓度/%				
	干燥				潮湿
	温度/℃				
	20~40	100	250	400~500	20
碳钢	○	●	●	×	
Moda 410S/4000	○	●	×	×	
Moda 430/4016	○	●	×	×	
Core 304L/4307	○	●	●	×	
Supra 444/4521					
Supra 316L/4404	○	●	●	×	●
Ultra 317L/4439	○		●		
Ultra 904L	○				○
Ultra 254 SMO	○				○
Ultra 4565					
Ultra 654 SMO					
Forta LDX 2101					
Forta DX 2304					
Forta LDX 2404					
Forta DX 2205					
Forta SDX 2507					
Ti					●

H

Hydrogen iodide（碘化氢）

HI

注意

不锈钢有点蚀危险。

碘化氢是卤素气态氢化物中最不稳定、还原性最强、水溶液酸性最强的。熔点−50.8℃，沸点−35.5℃。它用于制备碘化物和用作有机反应中的还原剂；很稀的氢碘酸用于医药。

碘化氢的水溶液叫做氢碘酸。氢碘酸是强酸，酸性和高氯酸相当（有资料说氢碘酸的酸性比高氯酸还强），但由于拉平效应，碘化氢在水中的酸度和硝酸、盐酸一样，因此这些强酸的酸性要在冰醋酸中比较。

氢碘酸电离出的氢离子具有氧化性，可以溶解活泼金属和银，如氢碘酸和镁反应：

$$Mg + 2HI \longrightarrow MgI_2 + H_2\uparrow$$

氢碘酸和铁反应：

$$Fe + 2HI \longrightarrow FeI_2 + H_2\uparrow$$

氢碘酸和银反应生成溶解度极小的碘化银：

$$2Ag + 2HI \longrightarrow 2AgI + H_2\uparrow$$

氢碘酸和银的反应类似氢硫酸（硫化氢水溶液）和银的反应。

氢碘酸电离出的碘离子有一定的还原性，能将三价的铁离子还原，得到亚铁离子、碘离子和碘单质。碘化氢不稳定，加热分解成氢气和碘单质，长期放置的碘化氢水溶液会因还有碘而使溶液变成黄色。

温度在20℃时：

材料	HI浓度/%	
	10	100
碳钢	×	○
Moda 410S/4000	×	○
Moda 430/4016	×	○
Core 304L/4307	×	○
Supra 444/4521	×	○
Supra 316L/4404	●	○

续表

材料	HI 浓度/%	
	10	100
Ultra 317L/4439	●	○
Ultra 904L	○	○
Ultra 254 SMO	○	○
Ultra 4565		○
Ultra 654 SMO		○
Forta LDX 2101		○
Forta DX 2304		○
Forta LDX 2404		○
Forta DX 2205		○
Forta SDX 2507		○
Ti	○	○

H

Hydrogen peroxide（过氧化氢）

H_2O_2

纯过氧化氢是淡蓝色的黏稠液体，可以任意比例与水混溶，是一种强氧化剂，水溶液俗称双氧水，为无色透明液体。熔点−0.89℃，沸点151℃，水溶液呈强酸性；其水溶液适用于伤口消毒、环境消毒和食品消毒。在一般情况下会缓慢分解成水和氧气，但分解速度极其慢，加快其反应速度的办法是加入催化剂——二氧化锰等或用短波射线照射。在不同情况下有氧化作用和还原作用。

溶于醇、乙醚，不溶于苯、石油醚。

双氧水的用途分医用、军用和工业用三种。用于日常消毒的是医用双氧水，医用双氧水可杀灭肠道致病菌、化脓性球菌、致病酵母菌，一般用于物体表面消毒。双氧水具有氧化作用，在化学工业中用作生产过硼酸钠、过碳酸钠、过氧乙酸、亚氯酸钠、过氧化硫脲等的原料，酒石酸、维生素等的氧化剂。用于生产金属盐类或其他化合物时除去铁及其他重金属。也用于电镀液，可除去无机杂质，提高镀件质量。高浓度的过氧化氢可用作火箭动力助燃剂。

材料	H_2O_2 浓度/%											
	1~2	5	5	10	10	10	15	15	15	30	30	50
	温度/℃											
	50	20	40~50	23	40	60~80	22	30~40	50~80	27	40~80	40
碳钢	○	○		○			○					
Moda 410S/4000	○	○		○			○					
Moda 430/4016	○	○	○	○	○	○	○	○	○	○	○	○
Core 304L/4307	○	○	○	○	○	○	○	○	○	○	○	○
Supra 444/4521	○	○	○	○	○	○	○	○	○	○	○	○
Supra 316L/4404	○	○	○	○	○	○	○	○	○	○	○	○
Ultra 317L/4439	○	○	○	○	○	○	○	○	○	○	○	○
Ultra 904L	○	○	○	○	○	○	○	○	○	○	○	○
Ultra 254 SMO	○	○	○	○	○	○	○	○	○	○	○	○
Ultra 4565	○	○	○	○	○	○	○	○	○	○	○	○
Ultra 654 SMO	○	○	○	○	○	○	○	○	○	○	○	○
Forta LDX 2101	○	○	○	○	○	○	○	○	○	○	○	○
Forta DX 2304	○	○	○	○	○	○	○	○	○	○	○	○
Forta LDX 2404	○	○	○	○	○	○	○	○	○	○	○	○
Forta DX 2205	○	○	○	○	○	○	○	○	○	○	○	○
Forta SDX 2507	○	○	○	○	○	○	○	○	○	○	○	○
Ti	○	○	●	○	●	×	●	●	×	●	×	×

Hydrogen sulphide（硫化氢）

H_2S

硫化氢是一种无机化合物，正常情况下是一种无色、易燃的酸性气体。熔点－85.5℃，沸点－60.4℃。浓度低时带恶臭，气味如臭鸡蛋；浓度高时反而没有气味（因为高浓度的硫化氢可以麻痹嗅觉神经）。它能溶于水，0℃时 1mol 水能溶解 2.6mol 左右的硫化氢。硫化氢的水溶液叫氢硫酸，是一种二元弱酸，当它受热时，硫化氢又从水里逸出。硫化氢是一种急性剧毒化学品，吸入少量高浓度硫化氢可于短时间内致命。低浓度的硫化氢对眼、呼吸系统及中枢神经都有影响。不稳定：$H_2S = H_2 + S$（加热）。H_2S 中 S 是－2 价，具有较强的还原性，很容易被 SO_2、Cl_2、O_2 等氧化。在空气中点燃生成二氧化硫和水，若空气不足或温度较低时则生成单质硫和水。

材料	H_2S 浓度/%		
	4（干燥）	4	潮湿气体或饱和溶液
	温度/℃		
	100	200	20
碳钢	●	×	×
Moda 410S/4000	○	○	×
Moda 430/4016	○	○	
Core 304L/4307	○	○	●ps
Supra 444/4521	○	○	×
Supra 316L/4404	○	○	○
Ultra 317L/4439	○	○	○
Ultra 904L	○	○	○
Ultra 254 SMO	○	○	
Ultra 4565	○	○	
Ultra 654 SMO	○	○	
Forta LDX 2101	○	○	
Forta DX 2304	○	○	
Forta LDX 2404	○	○	
Forta DX 2205	○	○	
Forta SDX 2507	○	○	
Ti	○	○	○

H

Ink（油墨）

油墨是用于包装材料印刷的重要材料，它通过印刷将图案、文字表现在承印物上。油墨中包括主要成分和辅助成分，它们均匀地混合并经反复轧制而成为一种黏性胶状流体。

温度在 20℃～BP 时：

材料	浓度/%	
	鞣酸铁油墨	无氯合成油墨
碳钢		
Moda 410S/4000	●$_p$	
Moda 430/4016	○$_p$	○
Core 304L/4307	○$_p$	○
Supra 444/4521	○$_p$	○
Supra 316L/4404	○$_p$	○
Ultra 317L/4439	○$_p$	○
Ultra 904L	○$_p$	○
Ultra 254 SMO		○
Ultra 4565		○
Ultra 654 SMO		○
Forta LDX 2101		○
Forta DX 2304		○
Forta LDX 2404		○
Forta DX 2205		○
Forta SDX 2507		○
Ti	○	○

Iodine（碘）

I_2

紫黑色晶体，具有金属光泽，性脆，易升华。有毒性和腐蚀性。密度 4.93g/cm^3，熔点 113.5℃，沸点 184.35℃，化合价－1、＋1、＋3、＋5 和＋7。加热时，碘升华为紫色蒸气，这种蒸气有刺激性气味，有毒。易溶于乙醚、乙醇、氯仿和其他有机溶剂，形成紫色溶液，但微溶于水，水溶液呈酸性，也溶于氢碘酸和碘化钾溶液而呈深褐色。（注意：和同族卤素气体一样，碘蒸气有毒，所以取用碘的时候，应尽量在通风橱中操作。）

温度在 20℃时：

材料	I_2 浓度/%			
	干燥	潮湿	1（水溶液）	2（+1% KI，水溶液）
碳钢	○	×	×	×
Moda 410S/4000	○	×	●$_p$	●$_p$
Moda 430/4016	○	×	○$_p$	○$_p$
Core 304L/4307	○	×	○$_p$	○$_p$
Supra 444/4521	○	×	○$_p$	○$_p$
Supra 316L/4404	○	×	○$_p$	○$_p$
Ultra 317L/4439	○	×/●$_p$	○$_p$	○$_p$
Ultra 904L	○	●$_p$	○$_p$	○
Ultra 254 SMO	○			
Ultra 4565	○			
Ultra 654 SMO	○			
Forta LDX 2101	○			
Forta DX 2304	○			
Forta LDX 2404	○			
Forta DX 2205	○			
Forta SDX 2507	○			
Ti	○	○	○	○

Iodine + ethyl alcohol + sodium iodide（碘 + 乙醇 + 碘化钠）

$I_2 + C_2H_5OH + NaI$

I_2 浓度为 2%，C_2H_5OH 浓度为 47%，NaI 浓度为 2.4%，温度在 44℃时：

材料	性能
碳钢	×
Moda 410S/4000	●$_p$
Moda 430/4016	○$_p$
Core 304L/4307	○$_p$
Supra 444/4521	○$_p$
Supra 316L/4404	○$_p$
Ultra 317L/4439	○$_p$
Ultra 904L	○$_p$
Ultra 254 SMO	
Ultra 4565	
Ultra 654 SMO	
Forta LDX 2101	
Forta DX 2304	
Forta LDX 2404	
Forta DX 2205	
Forta SDX 2507	
Ti	○

Iodoform（碘仿/三碘甲烷）

CHI_3

碘仿（CHI_3）为黄色有光泽的晶粉，有异臭，有光滑感，易挥发。熔点 119℃，沸点 218℃。稍溶于水，可任意溶于苯和丙酮中，1g 碘仿溶于 7.5mL 乙醚中。密封存放于暗处保存。可用作防腐剂，碘仿本身无防腐作用，但与组织液接触时，能缓慢地分解出游离碘而呈现防腐作用，作用持续约 1～3d。还具有除臭和防蝇作用。也可用于瘘管和深部创伤消毒等，对组织刺激性小，能促进肉芽形成。

材料	CHI_3 浓度/%	
	晶体	蒸气
	温度/℃	
	20	50
碳钢		
Moda 410S/4000	○p	
Moda 430/4016	○p	
Core 304L/4307	○p	○p
Supra 444/4521	○p	○p
Supra 316L/4404	○p	○p
Ultra 317L/4439	○p	○p
Ultra 904L	○p	○p
Ultra 254 SMO		
Ultra 4565		
Ultra 654 SMO		
Forta LDX 2101		
Forta DX 2304		
Forta LDX 2404		
Forta DX 2205		
Forta SDX 2507		
Ti	○	○

Iron（Ⅱ）chloride，ferrous chloride（氯化亚铁）

$FeCl_2$

氯化亚铁呈绿至黄色。有四水合物 $FeCl_2 \cdot 4H_2O$，为透明蓝绿色单斜晶系晶体。密度 1.93g/cm^3。易潮解。溶于水（水溶液呈酸性）、乙醇、乙酸，微溶于丙酮，不溶于乙醚。于空气中会有部分氧化变为草绿色。在空气中逐渐氧化成碱式氯化铁。无水氯化亚铁为吸湿性晶体，溶于水后形成浅绿色溶液。四水盐加热至 36.5℃时变为二水盐。

氯化亚铁可直接用于污、废水处理，作为还原剂和媒染剂，广泛用于织物印染、颜料制造等行业，同时还用于超高压润滑油组分，也用于医药、冶金和照相。

氯化亚铁具有独有的脱色能力，适用于染料中间体，印染、造纸行业的污水处理。能简化水处理工艺，缩短水处理周期，降低水处理成本；对各类污水及电镀、皮革、造纸废水有明显的处理效果，对废水、污水中各类重金属离子的去除率接近 100%。

$FeCl_2$ 浓度为 10%，温度在 20℃时：

材料	性能
碳钢	
Moda 410S/4000	
Moda 430/4016	$\bigcirc_p$
Core 304L/4307	$\bigcirc_p$
Supra 444/4521	$\bigcirc_p$
Supra 316L/4404	$\bigcirc_p$
Ultra 317L/4439	$\bigcirc_p$
Ultra 904L	$\bigcirc_p$
Ultra 254 SMO	
Ultra 4565	
Ultra 654 SMO	
Forta LDX 2101	
Forta DX 2304	
Forta LDX 2404	
Forta DX 2205	
Forta SDX 2507	
Ti	○

Iron（Ⅱ）sulphate，ferrous sulphate（硫酸亚铁）

$FeSO_4$

无水硫酸亚铁是白色粉末，溶于水，水溶液为浅绿色，常见其七水合物（绿矾），具有还原性，受高热分解放出有毒的气体。在实验室中，可以用硫酸铜溶液与铁反应获得。在干燥空气中会风化。在潮湿空气中易氧化成难溶于水的棕黄色碱式硫酸铁。10％水溶液对石蕊呈酸性（pH 值约 3.7）。加热至 70～73℃失去 3 分子水，至 80～123℃失去 6 分子水，至 156℃以上转变成碱式硫酸铁。

硫酸亚铁可用于制铁盐、氧化铁颜料、媒染剂、净水剂、防腐剂、消毒剂等；主要用于净水、照相制版及治疗缺铁性贫血等。硫酸亚铁对水体可造成污染，对人体呼吸系统及消化系统有刺激性，过量服用可导致生命危险。

$FeSO_4$浓度为 10％时：

材料	温度/℃	
	20	90～BP
碳钢		
Moda 410S/4000	○	●
Moda 430/4016	○	●
Core 304L/4307	○	●
Supra 444/4521	○	
Supra 316L/4404	○	○
Ultra 317L/4439	○	○
Ultra 904L	○	○
Ultra 254 SMO	○	○
Ultra 4565	○	○
Ultra 654 SMO	○	○
Forta LDX 2101	○	○
Forta DX 2304	○	○
Forta LDX 2404	○	○
Forta DX 2205	○	○
Forta SDX 2507	○	○
Ti	○	○

Iron（Ⅲ）chloride，ferric chloride（三氯化铁/氯化铁）

$FeCl_3$

氯化铁是一种共价化合物。为黑棕色晶体，也有薄片状，熔点306℃，沸点315℃，易溶于水（水溶液呈酸性）并且有强烈的吸水性，能吸收空气里的水分而潮解。$FeCl_3$ 从水溶液析出时带六个结晶水为 $FeCl_3 \cdot 6H_2O$，六水三氯化铁是橘黄色的晶体。氯化铁是一种很重要的铁盐。

主要用于金属蚀刻、污水处理。其中，蚀刻包括铜、不锈钢、铝等材料的蚀刻；对低油度的原水处理，具有效果好、价格便宜等优点，但带来水色泛黄的缺点。也用于印染滚筒刻花、电子工业电路板及荧光数字筒生产等。建筑工业用于制备混凝土，以增强混凝土的强度、抗腐蚀性和防水性，也能与氯化亚铁、氯化钙、氯化铝、硫酸铝、盐酸等配制成混凝土的防水剂。无机工业用作制造其他铁盐和墨水。染料工业用作印地科素染料染色时的氧化剂。印染工业用作媒染剂。冶金工业用作提取金、银的氯化侵取剂。有机工业用作催化剂、氧化剂和氯化剂。玻璃工业用作玻璃器皿热态着色剂。制皂工业用作肥皂废液回收甘油时的凝聚剂。

氯化铁的另外一个重要用途就是五金蚀刻，蚀刻产品如眼镜架、钟表、电子元件、标牌铭牌。

$FeCl_3$ 浓度为0.5%～50%，温度为20～100℃时：

材料	性能
碳钢	×
Moda 410S/4000	×
Moda 430/4016	×
Core 304L/4307	×
Supra 444/4521	×
Supra 316L/4404	×
Ultra 317L/4439	×
Ultra 904L	$●_p$
Ultra 254 SMO	
Ultra 4565	
Ultra 654 SMO	
Forta LDX 2101	
Forta DX 2304	
Forta LDX 2404	
Forta DX 2205	
Forta SDX 2507	
Ti	○

Iron（Ⅲ）nitrate，ferric nitrate（硝酸铁）

$Fe(NO_3)_3$

无色至浅紫色单斜晶系晶体。熔点 47.2℃，沸点 83℃。易溶于水，水溶液呈强酸性，溶于乙醇和丙酮，微溶于硝酸。与还原剂、硫、磷等混合受热、撞击、摩擦可爆。与有机物、还原剂、易燃物如硫/磷混合可燃，燃烧产生有毒的氮氧化物烟雾。

用作染色的媒染剂、丝的增重剂、缓蚀剂、金属表面处理剂以及鞣革等。

所有浓度的 $Fe(NO_3)_3$，温度为 20℃时：

材料	性能
碳钢	×
Moda 410S/4000	○
Moda 430/4016	○
Core 304L/4307	○
Supra 444/4521	○
Supra 316L/4404	○
Ultra 317L/4439	○
Ultra 904L	○
Ultra 254 SMO	○
Ultra 4565	○
Ultra 654 SMO	○
Forta LDX 2101	○
Forta DX 2304	○
Forta LDX 2404	○
Forta DX 2205	○
Forta SDX 2507	○
Ti	○

Iron(Ⅲ)sulphate, ferric sulphate(硫酸铁)

$Fe_2(SO_4)_3$

灰白色粉末或正交晶系浅黄色粉末。熔点为480℃。对光敏感。易吸湿。在水中溶解缓慢(水溶液呈酸性),但在水中有微量硫酸亚铁时溶解较快,微溶于乙醇,几乎不溶于丙酮和乙酸乙酯。在水溶液中缓慢地水解。相对密度(18℃)3.097。热至480℃分解。商品通常约含20%水,呈浅黄色,也有含9分子结晶水的,175℃失去7分子结晶水。

用于银的分析、糖的定量测定。用作染料、墨水、净水、铝的雕刻、消毒、聚合催化剂等。

$Fe_2(SO_4)_3$ 浓度为10%,温度为20℃~BP时:

材料	性能
碳钢	
Moda 410S/4000	
Moda 430/4016	○
Core 304L/4307	○
Supra 444/4521	○
Supra 316L/4404	○
Ultra 317L/4439	○
Ultra 904L	○
Ultra 254 SMO	○
Ultra 4565	○
Ultra 654 SMO	○
Forta LDX 2101	○
Forta DX 2304	○
Forta LDX 2404	○
Forta DX 2205	○
Forta SDX 2507	○
Ti	○

L

Lactic acid（乳酸）

$C_2H_4(OH)COOH$

乳酸（IUPAC学名：2-羟基丙酸）是一种化合物，它在多种生物化学过程中起作用。它是一个含有羟基的羧酸，因此是一个α-羟酸（AHA）。在水溶液中它的羧基释放出一个质子，而产生乳酸根离子$CH_3CHOHCOO^-$。在发酵过程中乳酸脱氢酶将丙酮酸转换为左旋乳酸。在一般的新陈代谢和运动中会不断产生乳酸，但是其浓度一般不会上升。

纯品为无色液体，工业品为无色到浅黄色液体。无气味，具有吸湿性，相对密度1.2060(25/4℃)，熔点18℃，沸点122℃(2kPa)，折射率(20℃)1.4392。能与水、乙醇、甘油混溶，水溶液呈酸性，pKa=3.85。不溶于氯仿、二硫化碳和石油醚。在常压下加热分解，浓缩至50%时，部分变成乳酸酐，因此产品中常含有10%～15%的乳酸酐。由于具有羟基和羧基，一定条件下，可以发生酯化反应，产物有三种。

材料	C_2H_4（OH）COOH浓度/%								
	1	1.5	1.5	5	10	10	20	20	25
	温度/℃								
	20～50	20	100～BP	20～100	20～100	101～BP	80	101～BP	20～50
碳钢	●	●	×	×	×	×	×	×	×
Moda 410S/4000	●	●	×	×	×	×	×	×	×
Moda 430/4016	●	●	×	×	×	×	×	×	×
Core 304L/4307	○	○	○	○	○	●	○	●	○
Supra 444/4521	○	○	○	○	○	○	○	○	○
Supra 316L/4404	○	○	○	○	○	○	○	○	○
Ultra 317L/4439	○	○	○	○	○	○	○	○	○

材料	$C_2H_4(OH)COOH$ 浓度/%								
	1	1.5	1.5	5	10	10	20	20	25
	温度/℃								
	20~50	20	100~BP	20~100	20~100	101~BP	80	101~BP	20~50
Ultra 904L	○	○	○	○	○	○	○	○	○
Ultra 254 SMO	○	○	○	○	○	○	○	○	○
Ultra 4565	○	○	○	○	○	○	○	○	○
Ultra 654 SMO	○	○	○	○	○	○	○	○	○
Forta LDX 2101	○	○	○	○	○	○	○	○	○
Forta DX 2304	○	○	○	○	○	○	○	○	○
Forta LDX 2404	○	○	○	○	○	○	○	○	○
Forta DX 2205	○	○	○	○	○	○	○	○	○
Forta SDX 2507	○	○	○	○	○	○	○	○	○
Ti	○	○	○	○	○	○	○	○	○

材料	$C_2H_4(OH)COOH$ 浓度/%								
	25	25	30	30	30	50	50	50	75
	温度/℃								
	75~90	100	20~70	75~100	102~BP	20~70	75~90	95~104	20~90
碳钢	×	×	×	×	×	×	×	×	×
Moda 410S/4000	×	×	×	×	×	×	×	×	×
Moda 430/4016	×	×	×	×	×	×	×	×	×
Core 304L/4307	●	×	○	●	×	○	●	×	○
Supra 444/4521	○	○	○	○	●	○	○	●	○
Supra 316L/4404	○	○	○	○	●	○	○	●	○
Ultra 317L/4439	○	○	○	○	●	○	○	●	○
Ultra 904L	○	○	○	○	○	○	○	●	○
Ultra 254 SMO	○	○	○	○	○	○	○	○	○

材料	C_2H_4(OH)COOH 浓度/%								
	25	25	30	30	30	50	50	50	75
	温度/℃								
	75~90	100	20~70	75~100	102~BP	20~70	75~90	95~104	20~90
Ultra 4565	○	○	○	○	○	○	○	○	○
Ultra 654 SMO	○	○	○	○	○	○	○	○	○
Forta LDX 2101	○	○	○	○	○	○	○	○	○
Forta DX 2304	○	○	○	○	○	○	○	○	○
Forta LDX 2404	○	○	○	○	○	○	○	○	○
Forta DX 2205	○	○	○	○	○	○	○	○	○
Forta SDX 2507	○	○	○	○	○	○	○	○	○
Ti	○	○	○	○	●	○	○	●	○

材料	C_2H_4(OH)COOH 浓度/%								
	75	75	80	80	80	90	90	90	90
	温度/℃								
	100	110	20~95	100	117~BP	20	40	20~100	127~BP
碳钢	×	×	×	×	×	×	×	×	×
Moda 410S/4000	×	×	×	×	×	×	×	×	×
Moda 430/4016	×	×	×	×	×	×	×	×	×
Core 304L/4307	●	●	○	●	×	○	●	×	×
Supra 444/4521	○	○	○	○	●	○	○	○	●
Supra 316L/4404	○	○	○	○	●	○	○	○	●
Ultra 317L/4439	○	○	○	○	●	○	○	○	●
Ultra 904L	○	○	○	○	○	○	○	○	○
Ultra 254 SMO	○	○	○	○	○	○	○	○	○
Ultra 4565	○	○	○	○	○	○	○	○	○
Ultra 654 SMO	○	○	○	○	○	○	○	○	○

材料	C_2H_4（OH）COOH 浓度/%								
	75	75	80	80	80	90	90	90	90
	温度/℃								
	100	110	20～95	100	117～BP	20	40	20～100	127～BP
Forta LDX 2101	○	○	○	○	○	○	○	○	○
Forta DX 2304	○	○	○	○	○	○	○	○	○
Forta LDX 2404	○	○	○	○	○	○	○	○	○
Forta DX 2205	○	○	○	○	○	○	○	○	○
Forta SDX 2507	○	○	○	○	○	○	○	○	○
Ti	○	●	○	○	●	○	○	○	●

Isocorrosion Diagram（等蚀图）

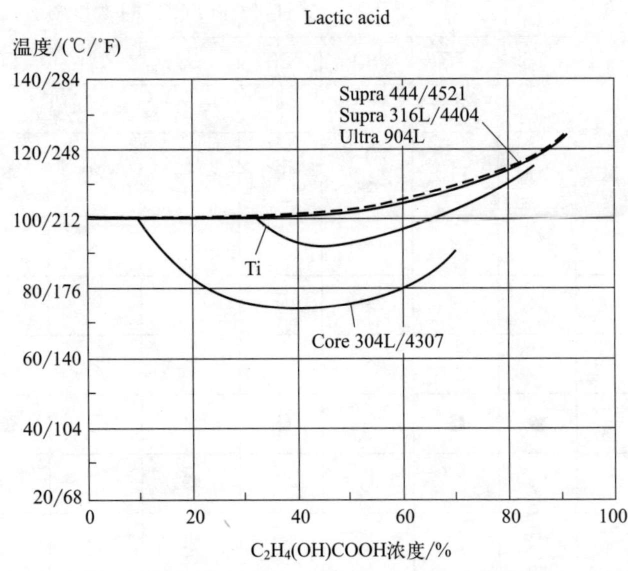

等蚀图，0.1mm/a，化学纯度乳酸。Supra 444/4521 等的曲线与沸点曲线重合。

Lactic acid + potassium dichromate（乳酸 + 重铬酸钾）

$C_2H_4(OH)COOH + K_2Cr_2O_7$

$C_2H_4(OH)COOH$ 浓度为 3%，$K_2Cr_2O_7$ 浓度为 2.5%，温度为 BP 时：

材料	性能
碳钢	×
Moda 410S/4000	●
Moda 430/4016	●
Core 304L/4307	○
Supra 444/4521	○
Supra 316L/4404	○
Ultra 317L/4439	○
Ultra 904L	○
Ultra 254 SMO	○
Ultra 4565	○
Ultra 654 SMO	○
Forta LDX 2101	○
Forta DX 2304	○
Forta LDX 2404	○
Forta DX 2205	○
Forta SDX 2507	○
Ti	○

Lactic acid + sodium chloride（乳酸 + 氯化钠）

$C_2H_4(OH)COOH + NaCl$

$C_2H_4(OH)COOH$ 浓度为 1.5%～2%，NaCl 浓度为 1.5%～2%，温度为 BP 时：

材料	性能
碳钢	
Moda 410S/4000	
Moda 430/4016	×
Core 304L/4307	×
Supra 444/4521	×
Supra 316L/4404	$○_{ps}$
Ultra 317L/4439	$○_{ps}$
Ultra 904L	$○_{ps}$
Ultra 254 SMO	○
Ultra 4565	
Ultra 654 SMO	○
Forta LDX 2101	
Forta DX 2304	○
Forta LDX 2404	○
Forta DX 2205	○
Forta SDX 2507	○
Ti	○

L

Lactic acid + sulphuric acid（乳酸 + 硫酸）

$C_2H_4(OH)COOH + H_2SO_4$

$C_2H_4(OH)COOH$ 浓度为 10%～50%，H_2SO_4 浓度为 25%，温度为 BP 时：

材料	性能
碳钢	×
Moda 410S/4000	×
Moda 430/4016	×
Core 304L/4307	×
Supra 444/4521	×
Supra 316L/4404	×
Ultra 317L/4439	×
Ultra 904L	●
Ultra 254 SMO	×
Ultra 4565	×
Ultra 654 SMO	×
Forta LDX 2101	×
Forta DX 2304	×
Forta LDX 2404	×
Forta DX 2205	×
Forta SDX 2507	×
Ti	×

Lead acetate（醋酸铅）

$Pb(CH_3COO)_2 \cdot 3H_2O$

醋酸铅，通常指的是三水合醋酸铅［$Pb(CH_3COO)_2 \cdot 3H_2O$］（分子量＝379.34）。熔点 60～62℃，沸点 280℃。白色单斜晶系晶体，密度 2.55g/cm^3(25℃)。可燃。略带乙酸气味。具有风化性。折射率 1.567。弱电解质。易溶于水，溶解度 55.04g/100g 水，水溶液呈很弱的酸性。也溶于丙三醇，不溶于乙醚。75℃时失水成无水醋酸铅。

用于制备各种铅盐（硼酸铅、硬脂酸铅等）、抗污涂料（醋酸铅与重铬酸钾作用可制取铬黄）、水质防护剂、颜料填充剂、涂料干燥剂、纤维染色剂以及重金属氰化过程的溶剂。

所有浓度的 $Pb(CH_3COO)_2 \cdot 3H_2O$：

材料	温度/℃	
	20～90	BP
碳钢		
Moda 410S/4000	○	●
Moda 430/4016	○	○
Core 304L/4307	○	○
Supra 444/4521	○	○
Supra 316L/4404	○	○
Ultra 317L/4439	○	○
Ultra 904L	○	○
Ultra 254 SMO	○	○
Ultra 4565	○	○
Ultra 654 SMO	○	○
Forta LDX 2101	○	○
Forta DX 2304	○	○
Forta LDX 2404	○	○
Forta DX 2205	○	○
Forta SDX 2507	○	○
Ti	○	○

Lead nitrate（硝酸铅）

$Pb(NO_3)_2$

硝酸铅为白色立方或单斜晶系晶体，硬而发亮，易溶于水（水溶液呈强酸性）、液氨，微溶于乙醇。熔点 470℃，沸点 500℃。在高热下则分解为氧化铅，其溶液遇硫化氢产生黑色沉淀。

玻搪工业用于制造奶黄色素。造纸工业用作纸张的黄色素。印染工业用作媒染剂。无机工业用于制造其他铅盐及二氧化铅。医药工业用于制造收敛剂等。制革工业用作鞣革剂。照相工业用作照片增感剂。采矿工业用作矿石浮选剂。另外，还用作生产火柴、烟火、炸药的氧化剂，以及化学分析试剂等。

硝酸铅具有毒性，是一种氧化剂，被国际癌症研究机构列为 2A 类致癌物。因此，它必须以适当的安全措施处理和保存，以防止吸入、误食和皮肤接触。因为它的危险性，硝酸铅的应用限制还在持续审议中。

所有浓度的 $Pb(NO_3)_2$，温度为 BP 时：

材料	性能
碳钢	
Moda 410S/4000	
Moda 430/4016	
Core 304L/4307	○
Supra 444/4521	○
Supra 316L/4404	○
Ultra 317L/4439	○
Ultra 904L	○
Ultra 254 SMO	○
Ultra 4565	○
Ultra 654 SMO	○
Forta LDX 2101	○
Forta DX 2304	○
Forta LDX 2404	○
Forta DX 2205	○
Forta SDX 2507	○
Ti	○

L

Lead, molten（铅，熔融）

Pb

铅是一种化学元素，原子量 207.2，原子序数为 82。铅是所有稳定的化学元素中原子序数最高的。族序数为ⅣA，晶胞为面心立方晶胞 FCC。

金属铅是蓝白色重金属，质柔软，延性弱，展性强。在空气中表面易氧化而失去光泽，变暗。熔点 327.502℃，沸点 1740℃，密度 11.3437g/cm^3，比热容 0.13 kJ/(kg·K)，硬度 1.5，原子体积 18.17cm^3/mol。

铅是质量最大的稳定元素，在自然界中有 4 种稳定同位素，即铅 204、206、207、208，还有 20 多种放射性同位素。

金属铅在空气中受到氧、水和二氧化碳作用，其表面会很快氧化生成保护薄膜；在加热下，铅能很快与氧、硫、卤素化合；铅与冷盐酸、冷硫酸几乎不起作用，能与热或浓盐酸、硫酸反应；铅与稀硝酸反应，但与浓硝酸不反应；溶于硝酸、热硫酸、有机酸和碱液，不溶于稀盐酸和硫酸。具有两性：既能形成高铅酸的金属盐，又能形成酸的铅盐。

元素来源：主要存在于方铅矿（PbS）及白铅矿（$PbCO_3$）中，经煅烧得硫酸铅及氧化铅，再还原即得金属铅。

材料	Pb 浓度/%			
	有氧时		含氧化抑制剂的熔体	木炭的表层
	温度/℃			
	400	900	900	
碳钢			○	
Moda 410S/4000	×	×	○	
Moda 430/4016	×	×	○	
Core 304L/4307	●	×	○	
Supra 444/4521		×	○	
Supra 316L/4404	○	×	○	
Ultra 317L/4439	○	×	○	
Ultra 904L	○	×	○	
Ultra 254 SMO				
Ultra 4565				
Ultra 654 SMO				
Forta LDX 2101				
Forta DX 2304				
Forta LDX 2404				
Forta DX 2205				
Forta SDX 2507				
Ti		×		

Litium chloride（氯化锂）

LiCl

氯化锂是白色的晶体，熔点：614℃；沸点：1357℃（常压）。具有潮解性。味咸。易溶于水（水溶液呈中性）、乙醇、丙酮、吡啶等有机溶剂。低毒类。但对眼睛和黏膜具有强烈的刺激和腐蚀作用。

氯化锂主要用于空气调节领域，用作助焊剂、干燥剂、化学试剂，并用于制焰火、干电池和金属锂等。

材料	LiCl 浓度/%		
	10	10	40
	温度/℃		
	BP	135	115
碳钢	×	×	×
Moda 410S/4000	×	×	×
Moda 430/4016	●p	●p	×
Core 304L/4307	○ps	●ps	●ps
Supra 444/4521	○p	●p	●p
Supra 316L/4404	○ps	○ps	●ps
Ultra 317L/4439	○ps	○ps	○ps/●ps
Ultra 904L	○ps	○ps	○ps
Ultra 254 SMO			
Ultra 4565			
Ultra 654 SMO			
Forta LDX 2101			
Forta DX 2304			
Forta LDX 2404			
Forta DX 2205			
Forta SDX 2507			
Ti	○	○p	○

Litium hydroxide（氢氧化锂）

LiOH

氢氧化锂为白色单斜晶系细小晶体。有辣味。具强碱性。在空气中能吸收二氧化碳和水分。溶于水，20℃时溶解度为 12.8g/100g 水，微溶于乙醇，不溶于乙醚。1mol/L 溶液的 pH 约为 14。相对密度 1.51，熔点 471℃（无水），沸点 925℃（分解）。有腐蚀性。

用于制锂盐及锂基润滑脂、碱性蓄电池的电解液、溴化锂制冷机吸收液、锂皂（锂肥皂）、显影液等或作分析试剂等。

LiOH 浓度为 2.5%，温度为 220℃时：

材料	性能
碳钢	×
Moda 410S/4000	×
Moda 430/4016	●
Core 304L/4307	$●_s$
Supra 444/4521	
Supra 316L/4404	$●_s$
Ultra 317L/4439	$●_s$
Ultra 904L	$○_s$
Ultra 254 SMO	
Ultra 4565	
Ultra 654 SMO	
Forta LDX 2101	
Forta DX 2304	
Forta LDX 2404	
Forta DX 2205	
Forta SDX 2507	
Ti	○

Lysol（煤酚皂溶液）

煤酚皂是一种常用的消毒剂，主要成分为甲基苯酚（化学式 C_7H_8O）。熔点 30～36℃，沸点 191～201℃。

无色或灰棕黄色液体，久贮或露置日光下颜色变暗，有酚臭。可溶于水（1∶50）；能与乙醇、氯仿、乙醚、甘油混溶；极易溶于脂肪油和挥发油；可溶于碱性溶液。2%的水溶液呈中性。

用途：1%～2%水溶液用于手和皮肤消毒；3%～5%水溶液用于器械、用具消毒；5%～10%水溶液用于排泄物消毒。

材料	浓度/%	
	2	100
	温度/℃	
	20	20～BP
碳钢	●	×
Moda 410S/4000	○	○
Moda 430/4016	○	○
Core 304L/4307	○	○
Supra 444/4521	○	○
Supra 316L/4404	○	○
Ultra 317L/4439	○	○
Ultra 904L	○	○
Ultra 254 SMO	○	○
Ultra 4565	○	○
Ultra 654 SMO	○	○
Forta LDX 2101	○	○
Forta DX 2304	○	○
Forta LDX 2404	○	○
Forta DX 2205	○	○
Forta SDX 2507	○	○
Ti	○	○

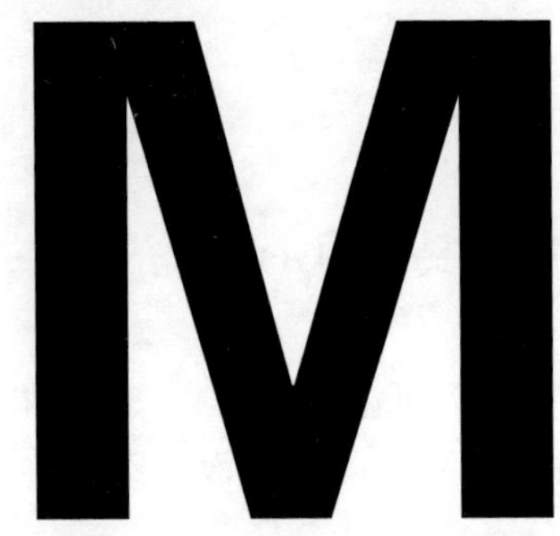

Magnesium bisulphite（亚硫酸氢镁/酸式亚硫酸镁）

$Mg(HSO_3)_2$

注意

如果有空气存在，在气态可能发生亚硫酸和硫酸的侵蚀。

亚硫酸氢镁，又称亚硫酸镁，是一种白色的结晶性粉末，具有强烈的还原性。它可以与水反应，产生二氧化硫和水合镁离子，呈弱酸性。

可用作食品添加剂、饲料添加剂和药物原料，常用于防止脱色、保护食品和防止氧化；此外，它还可以用于水处理、漂白纸浆和染料制造等工业领域。亚硫酸氢镁的使用必须注意安全，避免吸入、接触皮肤和误食。

$Mg(HSO_3)_2$ 浓度为10%时：

材料	温度/℃	
	20	BP
碳钢	×	×
Moda 410S/4000	●	×
Moda 430/4016	●	●
Core 304L/4307	○	●
Supra 444/4521	○	○
Supra 316L/4404	○	○
Ultra 317L/4439	○	○
Ultra 904L	○	○
Ultra 254 SMO	○	○
Ultra 4565	○	○
Ultra 654 SMO	○	○
Forta LDX 2101	○	
Forta DX 2304	○	○
Forta LDX 2404	○	○
Forta DX 2205	○	○
Forta SDX 2507	○	○
Ti	○	○

Magnesium carbonate (碳酸镁)

$MgCO_3$

白色单斜晶系晶体或无定形粉末。无毒、无味无臭。相对密度 2.16。微溶于水，水溶液呈弱碱性，在水中的溶解度为 0.02%（15℃）。易溶于酸和铵盐溶液。煅烧时易分解成氧化镁和二氧化碳。遇稀酸即分解放出二氧化碳。加热时易与水反应（硬水软化时）生成氢氧化镁（因为氢氧化镁比碳酸镁更难溶）。

用于制造镁盐、氧化镁、防火涂料、油墨、玻璃、牙膏、橡胶填料等，食品中用作面粉改良剂、面包膨松剂等。

所有浓度的 $MgCO_3$，温度为 20℃时：

材料	性能
碳钢	
Moda 410S/4000	○
Moda 430/4016	○
Core 304L/4307	○
Supra 444/4521	○
Supra 316L/4404	○
Ultra 317L/4439	○
Ultra 904L	○
Ultra 254 SMO	○
Ultra 4565	○
Ultra 654 SMO	○
Forta LDX 2101	○
Forta DX 2304	○
Forta LDX 2404	○
Forta DX 2205	○
Forta SDX 2507	○
Ti	○

Magnesium chloride（氯化镁）

$MgCl_2$

氯化镁（无水）是无色而易潮解的六角晶系晶体，熔点 712℃，沸点 1412℃（无水），是典型的离子卤化物，易溶于水，水溶液呈中性。

水合氯化镁可以从盐卤或海水中提取，通常带有 6 分子的结晶水。但加热至 95℃时失去结晶水。135℃以上时开始分解，并释放出氯化氢（HCl）气体。

氯化镁是工业上生产镁的原料。水合氯化镁是处方口服镁补充剂通常使用的物质。

材料	$MgCl_2$ 浓度/%	
	2.5	5
	温度℃	
	20	BP
碳钢	×	×
Moda 410S/4000	○p	●p
Moda 430/4016	○p	○p
Core 304L/4307	○p	○ps
Supra 444/4521	○p	○p
Supra 316L/4404	○p	○ps
Ultra 317L/4439	○p	○ps
Ultra 904L	○p	○ps
Ultra 254 SMO		○
Ultra 4565		○
Ultra 654 SMO		○
Forta LDX 2101		○
Forta DX 2304		○
Forta LDX 2404		○
Forta DX 2205		○
Forta SDX 2507		○
Ti	○	○

Magnesium sulphate（硫酸镁）

$MgSO_4$

白色粉末，熔点 1124℃（分解），可分解成 MgO。易吸水，是一种常用的化学试剂及干燥试剂。溶于水（水溶液呈中性），微溶于乙醇、甘油。

可以用作制革、炸药、造纸、瓷器、肥料，以及医疗上的口服泻药等。硫酸镁在农业中被用于一种肥料，因为镁是叶绿素的主要成分之一。通常被用于盆栽植物或缺镁的农作物，例如番茄、马铃薯、玫瑰等。硫酸镁比起其他肥料的优点是溶解度较高。硫酸镁也被用作浴盐。

材料	$MgSO_4$浓度/%						
	5	5	10	10	20	20	26
	温度/℃						
	20	60	20	60	20	BP	BP
碳钢	●	×	×	×	×	×	×
Moda 410S/4000	○	●	○	●	●	×	×
Moda 430/4016	○	○	○	○	●	●	×
Core 304L/4307	○	○	○	○	○	○	○
Supra 444/4521	○	○	○	○	○	○	○
Supra 316L/4404	○	○	○	○	○	○	○
Ultra 317L/4439	○	○	○	○	○	○	○
Ultra 904L	○	○	○	○	○	○	○
Ultra 254 SMO	○	○	○	○	○	○	○
Ultra 4565	○	○	○	○	○	○	○
Ultra 654 SMO	○	○	○	○	○	○	○
Forta LDX 2101	○	○	○	○	○	○	○
Forta DX 2304	○	○	○	○	○	○	○
Forta LDX 2404	○	○	○	○	○	○	○
Forta DX 2205	○	○	○	○	○	○	○
Forta SDX 2507	○	○	○	○	○	○	○
Ti	○	○	○	○	○	○	○

Malic acid，apple acid（苹果酸）

$C_2H_3(OH)(COOH)_2$

苹果酸，又名2-羟基丁二酸，由于分子中有一个不对称碳原子，有两种立体异构体。大自然中，以三种形式存在，即D-苹果酸、L-苹果酸和其混合物DL-苹果酸。天然存在的苹果酸都是L型的，几乎存在于一切果实中，以仁果类中最多。苹果酸为无色针状晶体，或白色晶体粉末，无臭，带有刺激性爽快酸味，熔点127～130℃。易溶于水，溶解度55.59g/100mL（20℃）；溶于乙醇，不溶于乙醚。有吸湿性。1%（质量）水溶液的pH值为2.4。

苹果酸主要用于食品和医药行业。

材料	$C_2H_3(OH)(COOH)_2$浓度/%	
	1	5~50
	温度/℃	
	20	100
碳钢	●	×
Moda 410S/4000	○	×
Moda 430/4016	○	○
Core 304L/4307	○	○
Supra 444/4521	○	○
Supra 316L/4404	○	○
Ultra 317L/4439	○	○
Ultra 904L	○	○
Ultra 254 SMO	○	○
Ultra 4565	○	○
Ultra 654 SMO	○	○
Forta LDX 2101	○	○
Forta DX 2304	○	○
Forta LDX 2404	○	○
Forta DX 2205	○	○
Forta SDX 2507	○	○
Ti	○	○

Manganese chloride（氯化锰）

$MnCl_2$

氯化锰又名氯化亚锰、二氯化锰。外观为桃红色晶体。熔点：650℃；沸点：1190℃（常压）。易溶于水（水溶液呈弱酸性），溶于醇，不溶于醚。

氯化锰用于铝合金冶炼、有机氯化物触媒、染料和颜料的制造，以及用于制药和干电池，还可用于电镀中的导电盐。

材料	$MnCl_2$ 浓度/%				
	5	10	10	20	50
	温度/℃				
	100	BP	135	100	BP
碳钢	×			×	
Moda 410S/4000	●p			×	×
Moda 430/4016	○ps			●p	×
Core 304L/4307	○ps	○ps	○ps	●ps	●ps
Supra 444/4521	○p			●p	●p
Supra 316L/4404	○ps	○ps	○ps	○ps	○ps
Ultra 317L/4439	○ps	○ps	○ps	○ps	○ps
Ultra 904L	○ps	○ps	○ps	○ps	○ps
Ultra 254 SMO					
Ultra 4565					
Ultra 654 SMO					
Forta LDX 2101					
Forta DX 2304					
Forta LDX 2404					
Forta DX 2205					
Forta SDX 2507					
Ti	○	○	○p	○	○

Manganese sulphate（硫酸锰）

$MnSO_4$

近白色的正交晶系晶体，密度 3.25g/cm^3，熔点 700℃，易溶于水，水溶液呈酸性。

无机工业用于电解锰生产和制备各种锰盐。涂料工业用于生产催干剂和亚麻仁油酸锰等，以及金属制品的磷化剂。农业上是重要微量元素肥料，也是植物合成叶绿素的催化剂。还可用于造纸、陶瓷、印染、矿石浮选、电池、冶炼催化剂、分析试剂、媒染剂、添加剂、药用辅料等。

材料	$MnSO_4$ 浓度/%	
	所有浓度	23
	温度/℃	
	20	BP
碳钢		
Moda 410S/4000	○	
Moda 430/4016	○	○
Core 304L/4307	○	○
Supra 444/4521	○	○
Supra 316L/4404	○	○
Ultra 317L/4439	○	○
Ultra 904L	○	○
Ultra 254 SMO	○	○
Ultra 4565	○	○
Ultra 654 SMO	○	○
Forta LDX 2101	○	○
Forta DX 2304	○	○
Forta LDX 2404	○	○
Forta DX 2205	○	○
Forta SDX 2507	○	○
Ti	○	○

Mercuric chloride（氯化汞）

$HgCl_2$

氯化汞，俗称升汞，白色晶体、颗粒或粉末；熔点 276℃，沸点 302℃，密度 5.44g/cm^3（25℃）；有剧毒；常温时微量挥发，100℃时变得十分明显，在约 300℃时仍然持续挥发。溶于水（水溶液呈酸性）、醇、醚和乙酸，微溶于二硫化碳和吡啶。1g 溶于 13.5mL 冷水、2.1mL 沸水、3.8mL 冷乙醇、1.6mL 沸乙醇、22mL 乙醚、12mL 甘油、40mL 冰醋酸、200mL 苯。

氯化汞可用于木材和解剖标本的保存、皮革鞣制和钢铁镂蚀，是分析化学的重要试剂，还可做消毒剂和防腐剂。

材料	$HgCl_2$ 浓度/%					
	0.1	0.1	0.7	0.7	1~10	1~10
	温度/℃					
	20	BP	20	BP	100	135
碳钢	×					
Moda 410S/4000	×	×	×	×		
Moda 430/4016	●$_{p}$	×	×	×		
Core 304L/4307	●$_{p}$	●$_{ps}$	●$_{p}$	×		
Supra 444/4521	●$_{p}$	●$_{p}$	●$_{p}$	×		
Supra 316L/4404	○$_{p}$	○$_{ps}$	○$_{p}$	×		
Ultra 317L/4439	○$_{p}$	○$_{ps}$	○$_{p}$	●$_{ps}$		
Ultra 904L	○	○$_{ps}$	○	●$_{ps}$		
Ultra 254 SMO						
Ultra 4565						
Ultra 654 SMO						
Forta LDX 2101						
Forta DX 2304						
Forta LDX 2404						
Forta DX 2205						
Forta SDX 2507						
Ti	○	○	○	○	○	○$_{p}$

Mercuric cyanide（氰化汞）

$Hg(CN)_2$

常温下为无色或白色结晶性粉末，见光后颜色变暗。易溶于水、氨水、甲醇、乙醇，不溶于苯，加热到320℃分解。氰化汞在水溶液中几乎不解离，加入Ag或OH^-不起作用，但通入硫化氢气体则产生极难溶解的硫化汞沉淀，除此之外，氰化汞还可以与碱金属氰化物以及卤化物的水溶液作用，生成相应的配合物，甲醇、乙醇、液氨和乙腈等溶剂也能够迅速溶解$Hg(CN)_2$，在这些溶剂（包括水）中氰化汞都以直线型分子形式存在。

$Hg(CN)_2$浓度为5%，温度为20℃时：

材料	性能
碳钢	×
Moda 410S/4000	×
Moda 430/4016	○
Core 304L/4307	○
Supra 444/4521	○
Supra 316L/4404	○
Ultra 317L/4439	○
Ultra 904L	○
Ultra 254 SMO	○
Ultra 4565	○
Ultra 654 SMO	○
Forta LDX 2101	○
Forta DX 2304	○
Forta LDX 2404	○
Forta DX 2205	○
Forta SDX 2507	○
Ti	○

Mercuric nitrate（硝酸汞）

$Hg(NO_3)_2$

无色或白色透明晶体。熔点 79℃，相对密度（水=1）4.39，沸点 180℃（分解），有潮解性。易溶于水（水溶液呈酸性），并发生水解。不溶于乙醇，溶于硝酸。是一种温和的氧化剂，与有机物、还原剂、硫、磷等混合，易着火燃烧。受热分解产生有毒的烟气。徐徐加热生成氧化汞，强热时生成汞、二氧化氮和氧气。

用作医药制剂和分析试剂。

$Hg(NO_3)_2$ 浓度为 5%，温度为 20℃时：

材料	性能
碳钢	○
Moda 410S/4000	○
Moda 430/4016	○
Core 304L/4307	○
Supra 444/4521	○
Supra 316L/4404	○
Ultra 317L/4439	○
Ultra 904L	○
Ultra 254 SMO	○
Ultra 4565	○
Ultra 654 SMO	○
Forta LDX 2101	○
Forta DX 2304	○
Forta LDX 2404	○
Forta DX 2205	○
Forta SDX 2507	○
Ti	○

Mercury（汞）

Hg

汞是一种化学元素，俗称水银，原子序数 80，是一种密度大、银白色、室温下为液态的过渡金属，为 d 区元素。在相同条件下，除了汞之外是液体的元素只有溴。铯、镓和铷会在比室温稍高的温度下熔化。汞的凝固点是−38.83℃，沸点是 356.73℃，汞是所有金属元素中液态温度范围最小的。

汞可用于温度计、气压计、压力计、血压计、浮阀、水银开关和其他装置，但是汞的毒性已导致汞温度计和血压计在医疗上被逐步淘汰，取而代之的是酒精填充，镓、铟、锡的合金填充，数码的或者基于电热调节器的温度计和血压计。汞仍被用于科学研究和以汞合金的形式用作补牙材料。汞也被用于发光。荧光灯中的电流通过汞蒸气产生波长很短的紫外线，紫外线使荧光体发出荧光，从而产生可见光。

所有浓度的 Hg，温度为 20～400℃时：

材料	性能
碳钢	
Moda 410S/4000	○
Moda 430/4016	○
Core 304L/4307	○
Supra 444/4521	○
Supra 316L/4404	○
Ultra 317L/4439	○
Ultra 904L	○
Ultra 254 SMO	○
Ultra 4565	○
Ultra 654 SMO	○
Forta LDX 2101	○
Forta DX 2304	○
Forta LDX 2404	○
Forta DX 2205	○
Forta SDX 2507	○
Ti	○

Methyl alcohol，methanol（甲醇）

CH_3OH

甲醇是结构最为简单的饱和一元醇，分子量 32.04，熔点－97.6℃，沸点 64.7℃。又称“木醇”或“木精”。是无色有酒精气味的易挥发液体。易燃，其蒸气与空气可形成爆炸性混合物。遇明火、高热能引起燃烧爆炸。与氧化剂接触发生化学反应或引起燃烧。在火场中，受热的容器有爆炸危险。能在较低处扩散到相当远的地方，遇明火会引着回燃。燃烧分解成一氧化碳、二氧化碳。有剧毒，人口服中毒最低剂量约为 100mg/kg 体重，经口摄入 0.3～1g/kg 可致死。

通常由一氧化碳与氢气反应制得。甲醇用途广泛，是基础的有机化工原料和优质燃料。主要应用于精细化工、塑料等领域，用来制造甲醛、乙酸、氯甲烷、甲氨、硫酸二甲酯等多种有机产品，也是农药、医药的重要原料之一。甲醇在深加工后可作为一种新型清洁燃料，也加入汽油掺烧。甲醇和氨反应可以制造一甲胺。

CH_3OH 浓度为 100%，温度为 65℃～BP 时：

材料	性能
碳钢	
Moda 410S/4000	○
Moda 430/4016	○
Core 304L/4307	○
Supra 444/4521	○
Supra 316L/4404	○
Ultra 317L/4439	○
Ultra 904L	○
Ultra 254 SMO	○
Ultra 4565	○
Ultra 654 SMO	○
Forta LDX 2101	○
Forta DX 2304	○
Forta LDX 2404	○
Forta DX 2205	○
Forta SDX 2507	○
Ti	$○_s$

Methyl chloride，chloromethane（甲基氯/氯甲烷）

CH_3Cl

注意

在潮湿的情况下，不锈钢有点蚀和应力腐蚀开裂的危险。

氯甲烷又名甲基氯，为无色易液化的气体，可压缩成具有醚臭和甜味的无色液体。熔点－97.7℃；沸点－23.73℃；相对密度1.74。可加压液化贮存于钢瓶中。属有机卤化物，微溶于水，易溶于氯仿、乙醚、乙醇、丙酮。有麻醉作用。易燃烧、易爆炸，具有高度的危害性。无腐蚀性。高温时（400℃以上）和强光下分解成甲醇和盐酸，加热或遇火焰生成光气。

主要用作有机硅的原料，也用作溶剂、冷冻剂、香料等。

CH_3Cl浓度为100%（干燥），温度为20℃时：

材料	性能
碳钢	
Moda 410S/4000	
Moda 430/4016	
Core 304L/4307	○
Supra 444/4521	
Supra 316L/4404	○
Ultra 317L/4439	○
Ultra 904L	○
Ultra 254 SMO	○
Ultra 4565	○
Ultra 654 SMO	○
Forta LDX 2101	○
Forta DX 2304	○
Forta LDX 2404	○
Forta DX 2205	○
Forta SDX 2507	○
Ti	$○_s$

Methylene chloride，dichloromethane（二氯甲烷）

CH_2Cl_2

无色透明液体，易挥发，具有类似醚的刺激性气味。熔点－95.1℃，沸点 39.6℃，相对密度 1.3266（20/4℃），自燃点 640℃，不溶于水，溶于酚、醛、酮、冰醋酸、磷酸三乙酯、乙酰乙酸乙酯、环己胺。与其他氯代烃溶剂如乙醇、乙醚和 *N*,*N*-二甲基甲酰胺混溶。

热解后产生 HCl 和痕量的光气，与水长期加热，生成甲醛和 HCl。进一步氯化，可得 $CHCl_3$ 和 CCl_4。可燃烧。二氯甲烷与氢氧化钠在高温下反应部分水解生成甲醛。工业中，二氯甲烷由天然气与氯气反应制得，经过精馏得到纯品，是优良的有机溶剂，常用来代替易燃的石油醚、乙醚等，并可用作牙科局部麻醉剂、制冷剂和灭火剂等。对皮肤和黏膜的刺激性比氯仿稍强，使用高浓度二氯甲烷时应注意。

材料	CH_2Cl_2 浓度/%	
	所有浓度	100（干燥）
	温度/℃	
	BP	40～BP
碳钢		
Moda 410S/4000	$\bigcirc_p$	○
Moda 430/4016	$\bigcirc_p$	○
Core 304L/4307	$\bigcirc_{ps}$	○
Supra 444/4521	$\bigcirc_p$	○
Supra 316L/4404	$\bigcirc_{ps}$	○
Ultra 317L/4439	$\bigcirc_{ps}$	○
Ultra 904L	$\bigcirc_{ps}$	○
Ultra 254 SMO		○
Ultra 4565		○
Ultra 654 SMO		○
Forta LDX 2101		○
Forta DX 2304		○
Forta LDX 2404		○
Forta DX 2205		○
Forta SDX 2507		○
Ti	○	○

Milk（牛奶）

牛奶中含有的主要成分是蛋白质、脂肪、乳糖及维生素。牛奶的化学组成受乳牛品种、个体、年龄、泌乳期、健康状况及饲养管理、环境条件、挤奶方式等多种因素影响后有所变动。

材料	浓度%		
	鲜奶		发酵乳
	温度/℃		
	20	BP	20
碳钢	●	×	×
Moda 410S/4000	○	●	●
Moda 430/4016	○	○	○
Core 304L/4307	○	○	○
Supra 444/4521	○	○	○
Supra 316L/4404	○	○	○
Ultra 317L/4439	○	○	○
Ultra 904L	○	○	○
Ultra 254 SMO	○	○	○
Ultra 4565	○	○	○
Ultra 654 SMO	○	○	○
Forta LDX 2101	○	○	○
Forta DX 2304	○	○	○
Forta LDX 2404	○	○	○
Forta DX 2205	○	○	○
Forta SDX 2507	○	○	○
Ti	○	○	○

Mustard（芥末）

〈注意〉

随着芥末中盐和醋含量的增加，点蚀的风险也会增加。只要定期清洗，铬镍钼合金可用于制作贮存芥末酱的设备。

芥末的主要化学成分为：蛋白质、脂肪、碳水化合物、膳食纤维。

所有浓度，温度在 20℃时：

材料	性能
碳钢	×
Moda 410S/4000	●$_p$
Moda 430/4016	
Core 304L/4307	○$_p$
Supra 444/4521	○$_p$
Supra 316L/4404	○$_p$
Ultra 317L/4439	○$_p$
Ultra 904L	○$_p$
Ultra 254 SMO	
Ultra 4565	
Ultra 654 SMO	
Forta LDX 2101	
Forta DX 2304	
Forta LDX 2404	
Forta DX 2205	
Forta SDX 2507	
Ti	○

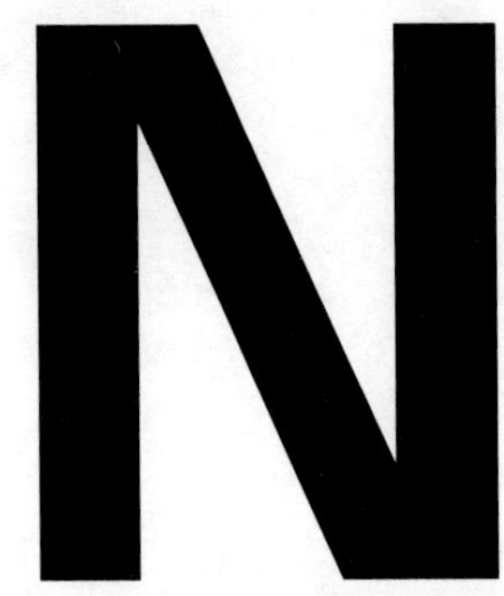

Naphthalene（萘）

$C_{10}H_8$

萘是一种有机化合物，是白色易挥发并有特殊气味（温和芳香气味）的晶体，粗萘有煤焦油臭味。熔点 80.0℃，沸点 217.9℃，相对密度（水=1）1.16；不溶于水，溶于无水乙醇、乙醚、苯。

从炼焦的副产品煤焦油中大量生产，可用于合成染料、树脂等。以往的卫生球就是用萘制成的，但由于萘的毒性大，现在卫生球已经禁止使用萘作为成分。

所有浓度，温度为 25℃时：

材料	性能
碳钢	
Moda 410S/4000	
Moda 430/4016	
Core 304L/4307	○
Supra 444/4521	○
Supra 316L/4404	○
Ultra 317L/4439	○
Ultra 904L	○
Ultra 254 SMO	○
Ultra 4565	○
Ultra 654 SMO	○
Forta LDX 2101	○
Forta DX 2304	○
Forta LDX 2404	○
Forta DX 2205	○
Forta SDX 2507	○
Ti	○

Nickel chloride（氯化镍）

$NiCl_2$

易溶于水、乙醇，其水溶液呈微酸性。无水氯化镍为黄色，但它在自然界中很少见，仅在水氯镍石这样的矿石中可以发现。氯化镍还有一系列已知的水合物，均为绿色。通常来讲，氯化镍是化工合成中最重要的镍源。镍盐均有致癌性。

用于镀镍、制隐显墨水及用作氨吸收剂等。

$NiCl_2$ 浓度为10%时：

材料	温度/℃	
	20	100
碳钢	×	×
Moda 410S/4000	●p	●p
Moda 430/4016	○p	●p
Core 304L/4307	○p	○ps
Supra 444/4521	○p	○p
Supra 316L/4404	○p	○ps
Ultra 317L/4439	○	○ps
Ultra 904L	○p	○ps
Ultra 254 SMO		
Ultra 4565		
Ultra 654 SMO		
Forta LDX 2101		
Forta DX 2304		
Forta LDX 2404		
Forta DX 2205		
Forta SDX 2507		
Ti	○	○

Nickel nitrate（硝酸镍）

N

$Ni(NO_3)_2$

无气味、绿色、易潮解的粉末或晶体，应与有机物、还原剂、硫、磷分开存放。熔点56.7℃，沸点83℃。水溶液呈酸性。

用于制取其它无机及有机铬化合物，制取催化剂及载体，用作阻蚀剂及媒染剂，用于玻璃、陶瓷彩釉工业。

$Ni(NO_3)_2$ 浓度为5%～10%，温度为20℃时：

材料	性能
碳钢	×
Moda 410S/4000	○
Moda 430/4016	○
Core 304L/4307	○
Supra 444/4521	○
Supra 316L/4404	○
Ultra 317L/4439	○
Ultra 904L	○
Ultra 254 SMO	○
Ultra 4565	○
Ultra 654 SMO	○
Forta LDX 2101	○
Forta DX 2304	○
Forta LDX 2404	○
Forta DX 2205	○
Forta SDX 2507	○
Ti	○

Nickel sulphate（硫酸镍）

$NiSO_4$

为黄绿色晶体，相对密度 3.68，沸点 840℃。溶于水，水溶液呈酸性，不溶于乙醇、乙醚。

主要用于电镀工业，是电镀镍和化学镀镍的主要镍盐，也是金属镍离子的来源，能在电镀过程中解离成镍离子和硫酸根离子。

所有浓度的 $NiSO_4$，温度为 BP 时：

材料	性能
碳钢	×
Moda 410S/4000	×
Moda 430/4016	○
Core 304L/4307	○
Supra 444/4521	○
Supra 316L/4404	○
Ultra 317L/4439	○
Ultra 904L	○
Ultra 254 SMO	○
Ultra 4565	○
Ultra 654 SMO	○
Forta LDX 2101	○
Forta DX 2304	○
Forta LDX 2404	○
Forta DX 2205	○
Forta SDX 2507	○
Ti	○

Nitric acid（硝酸）

HNO_3

HNO_3 是一种具有强氧化性、腐蚀性的强酸。熔点 −42℃，沸点 78℃。易溶于水，常温下纯硝酸溶液无色透明。

硝酸不稳定，遇光或热会分解而放出二氧化氮，分解产生的二氧化氮溶于硝酸，从而使外观带有浅黄色，应在棕色瓶中于阴暗处避光保存，也可保存在磨砂外层塑料瓶中（不太建议），严禁与还原剂接触。

浓硝酸是强氧化剂，遇有机物、木屑等能引起燃烧。含有痕量氧化物的浓硝酸几乎能与除铝和含铬特殊钢之外的所有金属发生反应，而铝和含铬特殊钢会被浓硝酸钝化，与乙醇、松节油、焦炭、有机碎渣的反应非常剧烈。

硝酸在工业上主要以氨氧化法生产，用以制造化肥、炸药、硝酸盐等；在有机化学中，浓硝酸与浓硫酸的混合液是重要的硝化试剂。浓盐酸和浓硝酸按体积比 3∶1 混合可以制成具有强腐蚀性的王水。硝酸的酸酐是五氧化二氮（N_2O_5）。

材料	HNO_3 浓度/%												
	0.5	1	1	1	5	5	5	5	5	10	10	10	10
	温度/℃												
	250	20	50	100～BP	20	50	100～BP	150	290	20	50	101～BP	145
碳钢		×	×	×	×	×	×	×	×	×	×	×	×
Moda 410S/4000		○	●	×	○	●	×	×	×	○	●	×	×
Moda 430/4016		○	○	○	○	○	○	×	×	○	○	○	×
Core 304L/4307	○	○	○	○	○	○	○	●	×	○	○	○	×
Supra 444/4521		○	○	○	○	○	○	×	×	○	○	○	×
Supra 316L/4404	○	○	○	○	○	○	○	●	×	○	○	○	×
Ultra 317L/4439		○	○	○	○	○	○	●	×	○	○	○	×
Ultra 904L	○	○	○	○	○	○	○	●	×	○	○	○	×
Ultra 254 SMO		○	○	○	○	○	○			○	○	○	
Ultra 4565		○	○	○	○	○	○			○	○	○	
Ultra 654 SMO		○	○	○	○	○	○			○	○	○	
Forta LDX 2101		○	○	○	○	○	○			○	○	○	
Forta DX 2304		○	○	○	○	○	○			○	○	○	
Forta LDX 2404		○	○	○	○	○	○			○	○	○	
Forta DX 2205		○	○	○	○	○	○			○	○	○	
Forta SDX 2507		○	○	○	○	○	○			○	○	○	
Ti	○	○	○	○	○	○	○	○	○	○	○	○	○

材料	HNO₃浓度/% 20	20	20	20	30	30	30	30	50	50	50	50
温度/℃	20	50	103~BP	120	20	70	106~BP	120	20	70	90	101
碳钢	×	×	×	×	×	×	×	×	×	×	×	×
Moda 410S/4000	○	●	×	×	○	●	×	×	○	●	●ig	×
Moda 430/4016	○	○	○	×	○	○	●	×	○	○	●ig	×
Core 304L/4307	○	○	○	●	○	○	○	●	○	○	○ig	●ig
Supra 444/4521	○	○	○	×	○	○	●	×	○	○	●ig	×
Supra 316L/4404	○	○	○	●	○	○	○	●	○	○	○ig	×
Ultra 317L/4439	○	○	○	●	○	○	○	●	○	○	○ig	●ig
Ultra 904L	○	○	○	●	○	○	○	●	○	○	○ig	●ig
Ultra 254 SMO	○	○	○		○	○	○					●ig
Ultra 4565	○	○	○		○	○	○					
Ultra 654 SMO												●ig
Forta LDX 2101	○	○	○		○	○	○		○	○	○ig	●ig
Forta DX 2304		○			○	○	○		○	○	○ig	●ig
Forta LDX 2404					○	○	○				○ig	
Forta DX 2205					○	○	○		○	○	○ig	●ig
Forta SDX 2507					○	○	○		○	○	○ig	●ig
Ti	○	○	○	●	○	○	●	●	○	○	●	○

材料	HNO₃浓度/% 50	60	60	60	60	65	65	65	65	65	65
温度/℃	117~BP	20	60	100	121~BP	20	60	70	90	121~BP	175
碳钢	×	×	×	×	×	×	×	×	×	×	
Moda 410S/4000	×	○	●	×	×	○	●	●	●ig	×	
Moda 430/4016	×	○	○	●ig	×	○	○	●	●ig	×	
Core 304L/4307	●ig	○	○	●ig	●ig	○	○	○	●ig	●ig	
Supra 444/4521	×	○	○	●ig	×	○	○	○	●ig	×	
Supra 316L/4404	●ig	○	○	●ig	●ig	○	○	○	●ig	×	
Ultra 317L/4439	●ig	○	○	●ig	●ig	○	○	○	●ig	●ig	
Ultra 904L	●ig	○	○	○ig	●ig	○	○	○	○ig	●ig	
Ultra 254 SMO	●ig			●ig	●ig	○	○	○	○ig	●ig	

续表

材料	HNO$_3$ 浓度/%										
	50	60	60	60	60	65	65	65	65	65	65
	温度/℃										
	117～BP	20	60	100	121～BP	20	60	70	90	121～BP	175
Ultra 4565	●$_{ig}$			○$_{ig}$	●$_{ig}$				○$_{ig}$		
Ultra 654 SMO	●$_{ig}$								○$_{ig}$	●$_{ig}$	
Forta LDX 2101	●$_{ig}$	○	○			○	○	○	○$_{ig}$	●$_{ig}$	
Forta DX 2304	○$_{ig}$					○	○	○	○$_{ig}$	●$_{ig}$	
Forta LDX 2404	●$_{ig}$					○	○	○	○$_{ig}$		
Forta DX 2205	○$_{ig}$					○	○	○	○$_{ig}$	●$_{ig}$	
Forta SDX 2507	○$_{ig}$					○	○	○	○$_{ig}$	●$_{ig}$	
Ti	●	○	○	●	○	○	○	○	○	○	○

材料	HNO$_3$ 浓度/%											
	80	80	80	80	90	90	90	94	97	99	99	99
	温度/℃											
	20	50	80	106～BP	20	80	94～BP	30	25	25	40	84～BP
碳钢	×	×	×	×	×	×	×	×	×	×	×	×
Moda 410S/4000	○	●	×	×	○	×	×	×	×	×	×	×
Moda 430/4016	○	●	●$_{ig}$	×	○	×	×	●	●	×	×	×
Core 304L/4307	○	○	●$_{ig}$	×	○	×	×	○	○	●	×	×
Supra 444/4521	○	○	●$_{ig}$	×	○	×	×	○	○	●	×	×
Supra 316L/4404	○	○	●$_{ig}$	●$_{ig}$	○	×	×	○	○	●	×	×
Ultra 317L/4439	○	○	●$_{ig}$	●$_{ig}$	○	×	×	○	—/●	●	○	×
Ultra 904L	○	○	●$_{ig}$	●$_{ig}$	○	●$_{ig}$	×	○		●	×	×
Ultra 254 SMO												
Ultra 4565												
Ultra 654 SMO												
Forta LDX 2101												
Forta DX 2304			●$_{ig}$			●$_{ig}$						
Forta LDX 2404												
Forta DX 2205												
Forta SDX 2507												
Ti	○	○	○	○	○	○	○	○	○	○	○	●

Isocorrosion Diagram（等蚀图）

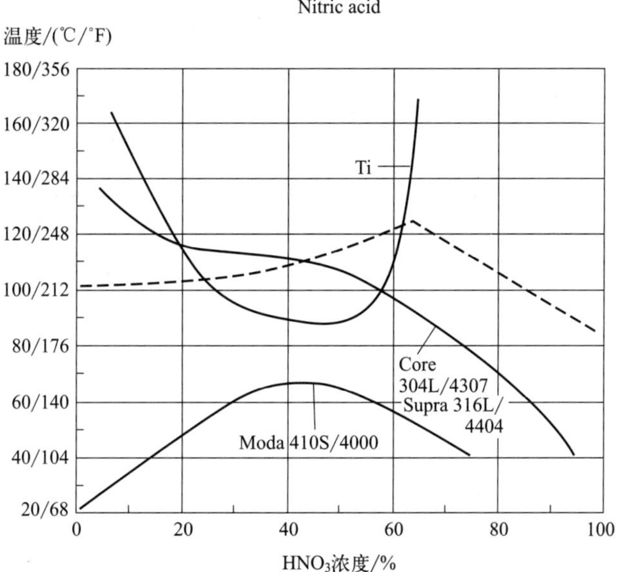

等蚀图，0.1mm/a，化学纯度的硝酸。虚线表示沸点。

N

Nitric acid + acetic acid（硝酸 + 乙酸）

N

$HNO_3 + CH_3COOH$

HNO_3 浓度为 10%～40%，CH_3COOH 浓度为 20%，温度为 20℃时：

材料	性能
碳钢	×
Moda 410S/4000	×
Moda 430/4016	●
Core 304L/4307	○
Supra 444/4521	○
Supra 316L/4404	○
Ultra 317L/4439	○
Ultra 904L	○
Ultra 254 SMO	○
Ultra 4565	○
Ultra 654 SMO	○
Forta LDX 2101	○
Forta DX 2304	○
Forta LDX 2404	○
Forta DX 2205	○
Forta SDX 2507	○
Ti	○

Nitric acid + adipic acid（硝酸 + 己二酸）

HNO_3 + $HOOC(CH_2)_4COOH$

HNO_3 浓度为 45%，$HOOC(CH_2)_4COOH$ 浓度为 20%，温度为 100℃时：

材料	性能
碳钢	
Moda 410S/4000	
Moda 430/4016	
Core 304L/4307	○
Supra 444/4521	
Supra 316L/4404	
Ultra 317L/4439	
Ultra 904L	
Ultra 254 SMO	
Ultra 4565	
Ultra 654 SMO	
Forta LDX 2101	
Forta DX 2304	
Forta LDX 2404	
Forta DX 2205	
Forta SDX 2507	
Ti	

Nitric acid + aluminium nitrate + potassium nitrate（硝酸+硝酸铝+硝酸钾）

N

$HNO_3 + Al(NO_3)_3 + KNO_3$

材料	HNO_3 浓度/%						
	15	15	60	60	65~67	88	88
	$Al(NO_3)_3$ 浓度%						
	0	30	0	9~30	15~20	10	0
	KNO_3 浓度/%						
	饱和	13	饱和	1	8~11	0	10
	温度/℃						
	90	90	70	70	60	BP	BP
碳钢							
Moda 410S/4000							
Moda 430/4016							
Core 304L/4307	○	○	○	○	○	●	●
Supra 444/4521							
Supra 316L/4404	○	○	○	○	○	●	●
Ultra 317L/4439	○	○	○	○	○	●	●
Ultra 904L	○	○	○	○	○	●	●
Ultra 254 SMO							
Ultra 4565							
Ultra 654 SMO							
Forta LDX 2101							
Forta DX 2304							
Forta LDX 2404							
Forta DX 2205							
Forta SDX 2507							
Ti	○	○	○	○	○	○	○

Nitric acid + ammonium sulphate（硝酸 + 硫酸铵）

N

$HNO_3 + (NH_4)_2SO_4$

HNO_3 浓度为 26%，$(NH_4)_2SO_4$ 浓度为 30%，温度为 80℃时：

材料	性能
碳钢	
Moda 410S/4000	
Moda 430/4016	
Core 304L/4307	○
Supra 444/4521	
Supra 316L/4404	○
Ultra 317L/4439	○
Ultra 904L	○
Ultra 254 SMO	○
Ultra 4565	○
Ultra 654 SMO	○
Forta LDX 2101	○
Forta DX 2304	○
Forta LDX 2404	○
Forta DX 2205	○
Forta SDX 2507	○
Ti	○

Nitric acid + ethyl alcohol + sulphuric acid（硝酸＋乙醇＋硫酸）

N

$HNO_3+C_2H_5OH+H_2SO_4$

HNO_3 浓度为 5%，C_2H_5OH 浓度为 7%，H_2SO_4 浓度为 65%，温度为 130℃时：

材料	性能
碳钢	×
Moda 410S/4000	×
Moda 430/4016	×
Core 304L/4307	×
Supra 444/4521	×
Supra 316L/4404	×
Ultra 317L/4439	×
Ultra 904L	×
Ultra 254 SMO	
Ultra 4565	
Ultra 654 SMO	
Forta LDX 2101	
Forta DX 2304	
Forta LDX 2404	
Forta DX 2205	
Forta SDX 2507	
Ti	×

Nitric acid + hydrochloric acid（硝酸 + 盐酸）

N

HNO_3 + HCl

材料	HNO_3 浓度/%	
	9	17
	HCl 浓度/%	
	18	28
	温度/℃	
	90	20
碳钢	×	×
Moda 410S/4000	×	×
Moda 430/4016	×	×
Core 304L/4307	×	×
Supra 444/4521	×	×
Supra 316L/4404	×	×
Ultra 317L/4439	×	×
Ultra 904L	×	×
Ultra 254 SMO		
Ultra 4565		
Ultra 654 SMO		
Forta LDX 2101		
Forta DX 2304		
Forta LDX 2404		
Forta DX 2205		
Forta SDX 2507		
Ti	●	○

Nitric acid + hydrofluoric acid（硝酸 + 氢氟酸）

HNO_3 + HF

材料	HNO_3 浓度/%								
	1. 5	10	15	15	15	20	20	20	30
	HF 浓度/%								
	0. 5	3	4	4	4	4	4	4	0. 1
	温度/℃								
	80	70	40	50	60	25	30	65	BP
碳钢	×	×				×		×	×
Moda 410S/4000	×	×				×		×	×
Moda 430/4016	×	×				×		×	×
Core 304L/4307	×	×				×		×	×
Supra 444/4521	×	×				×		×	×
Supra 316L/4404	×	×	×	×	×	×	×	×	×
Ultra 317L/4439	×	×				×		×	×
Ultra 904L	●	×				●	●	×	×
Ultra 254 SMO		×	×	×	×	●	●		
Ultra 4565									
Ultra 654 SMO						○	○		
Forta LDX 2101			×	×	×				
Forta DX 2304			×	×	×	×	×		
Forta LDX 2404									
Forta DX 2205			×	×	×	●	●		
Forta SDX 2507						○	●		
Ti	×	×				×		×	×

Nitric acid + iron（Ⅲ） chloride（硝酸 + 氯化铁）

N

$HNO_3 + FeCl_3$

HNO_3 浓度为 10%，$FeCl_3$ 浓度为 6%，温度为 20℃时：

材料	性能
碳钢	×
Moda 410S/4000	×
Moda 430/4016	$●_p$
Core 304L/4307	$●_p$
Supra 444/4521	$●_p$
Supra 316L/4404	$○_p$
Ultra 317L/4439	$○_p$
Ultra 904L	$○_p$
Ultra 254 SMO	
Ultra 4565	
Ultra 654 SMO	
Forta LDX 2101	
Forta DX 2304	
Forta LDX 2404	
Forta DX 2205	
Forta SDX 2507	
Ti	○

Nitric acid + oxalic acid（硝酸 + 草酸）

N

$HNO_3 + (COOH)_2$

HNO_3 浓度为 50%，$(COOH)_2$ 浓度为 20%，温度为 70℃时：

材料	性能
碳钢	×
Moda 410S/4000	●
Moda 430/4016	●
Core 304L/4307	○
Supra 444/4521	○
Supra 316L/4404	○
Ultra 317L/4439	○
Ultra 904L	○
Ultra 254 SMO	○
Ultra 4565	○
Ultra 654 SMO	○
Forta LDX 2101	
Forta DX 2304	
Forta LDX 2404	
Forta DX 2205	
Forta SDX 2507	
Ti	○

Nitric acid + potassium nitrate（硝酸 + 硝酸钾）

N

$HNO_3 + KNO_3$

HNO_3 浓度为 15%，KNO_3 浓度为饱和，温度为 90℃时：

材料	性能
碳钢	
Moda 410S/4000	
Moda 430/4016	
Core 304L/4307	○
Supra 444/4521	○
Supra 316L/4404	○
Ultra 317L/4439	○
Ultra 904L	○
Ultra 254 SMO	○
Ultra 4565	○
Ultra 654 SMO	○
Forta LDX 2101	○
Forta DX 2304	○
Forta LDX 2404	○
Forta DX 2205	○
Forta SDX 2507	○
Ti	

Nitric acid + sodium chloride（硝酸 + 氯化钠）

N

HNO_3 + NaCl

HNO_3 浓度为 55%，NaCl 浓度为 1%，温度为 80℃时：

材料	性能
碳钢	
Moda 410S/4000	
Moda 430/4016	
Core 304L/4307	●ps
Supra 444/4521	
Supra 316L/4404	●ps
Ultra 317L/4439	●ps
Ultra 904L	●ps
Ultra 254 SMO	●
Ultra 4565	
Ultra 654 SMO	●
Forta LDX 2101	
Forta DX 2304	○
Forta LDX 2404	
Forta DX 2205	●
Forta SDX 2507	●
Ti	○

Nitric acid + sodium fluoride（硝酸 + 氟化钠）

N

HNO_3 + NaF

材料	HNO_3 浓度/%	
	10	50
	NaF 浓度%	
	1	0.001
	温度/℃	
	60	117～BP
碳钢	×	
Moda 410S/4000	×	
Moda 430/4016	×	
Core 304L/4307	×	
Supra 444/4521	×	
Supra 316L/4404	×	
Ultra 317L/4439	×/●	
Ultra 904L	●	
Ultra 254 SMO	○	●
Ultra 4565		●
Ultra 654 SMO	○	●
Forta LDX 2101		
Forta DX 2304	○	
Forta LDX 2404		
Forta DX 2205	○	
Forta SDX 2507	○	
Ti	×	

Nitric acid + sulphuric acid（硝酸 + 硫酸）

$HNO_3 + H_2SO_4$

材料	HNO_3 浓度/%											
	1	1	1	1	1	1	1	3	3	3	5	5
	H_2SO_4 浓度/%											
	5	5	10	10	17	95	99	10	10	50	20	20
	温度/℃											
	25	50	25	80	100	50	35	25	80	25	25	50
碳钢												
Moda 410S/4000												
Moda 430/4016					×							
Core 304L/4307	○	○	○	●	●	●	○	○	●	○	○	○
Supra 444/4521												
Supra 316L/4404	○	○	○	○		○	○	○	○	○	○	○
Ultra 317L/4439	○	○	○	○		○	○	○	○	○	○	○
Ultra 904L	○	○	○	○		○	○	○	○	○	○	○
Ultra 254 SMO	○	○	○	○		○	○	○	○	○		
Ultra 4565	○	○	○	○		○	○	○	○	○		
Ultra 654 SMO	○	○	○	○		○	○	○	○	○		
Forta LDX 2101	○	○	○	○	○		○	○	○	○	○	○
Forta DX 2304	○	○	○	○		○	○	○	○	○	○	○
Forta LDX 2404	○	○	○	○		○	○	○	○	○	○	○
Forta DX 2205	○	○	○	○		○	○	○	○	○	○	○
Forta SDX 2507	○	○	○	○		○	○	○	○	○		
Ti	○	●	●	×		×	●	○	●	○	○	○

材料	HNO_3 浓度/%											
	5	5	5	7	10	10	10	10	13	20	20	20
	H_2SO_4 浓度/%											
	60	60	60	17	60	60	80	90	16	80	80	80
	温度/℃											
	25	50	80	100	60	80	50	35	100	20	60	100
碳钢					×	×						
Moda 410S/4000					×	×					●	
Moda 430/4016				×					●		●	
Core 304L/4307	○	○	○	○	○	●	○	○	○	○	●	●
Supra 444/4521										○	●	
Supra 316L/4404	○	○	●		○	●	○	○		○	○	●
Ultra 317L/4439	○	○	●		○	●	○	○		○	○	●
Ultra 904L	○	○	●		○	●	○	○		○	○	●
Ultra 254 SMO	○	○	○		○	○						
Ultra 4565	○	○	○		○	○						
Ultra 654 SMO					○	○						
Forta LDX 2101	○	○								○	○	
Forta DX 2304	○	○			○	○				○	○	
Forta LDX 2404	○	○			○	○				○	○	
Forta DX 2205	○	○			○	○				○	○	
Forta SDX 2507	○	○	○		○	○						
Ti	○	○	×		●	×	●	×			×	×

材料	HNO_3 浓度/%												
	25	30	30	30	47	50	50	54	54	54	56	65	90
	H_2SO_4 浓度/%												
	15	20	40	70	14	20	50	67	67	95	14	35	10
	温度/℃												
	100	80	80	35	100	80	60	75	BP	60	100	35	35
碳钢							×						
Moda 410S/4000							●						
Moda 430/4016	●				●		●			×	●		
Core 304L/4307	○	●	●	○	○	●	●	○	×	●	○	○	○
Supra 444/4521							●					○	

N

续表

材料	HNO_3 浓度/%												
	25	30	30	30	47	50	50	54	54	54	56	65	90
	H_2SO_4 浓度/%												
	15	20	40	70	14	20	50	67	67	95	14	35	10
	温度/℃												
	100	80	80	35	100	80	60	75	BP	60	100	35	35
Supra 316L/4404		○	●	○		●	●					○	○
Ultra 317L/4439		○	●	○		●	○					○	○
Ultra 904L		○	●	○		○	○					○	○
Ultra 254 SMO			○			○							
Ultra 4565			○			○							
Ultra 654 SMO			○			○							
Forta LDX 2101						●	○						
Forta DX 2304			○			○	○						
Forta LDX 2404						○	○						
Forta DX 2205			○			○	○						
Forta SDX 2507			○			○							
Ti		●	●	●		●	○					○	○

Nitric acid，red fuming（硝酸，红发烟硝酸）

N

$HNO_3 + N_2O_4 + H_2O$

注意

相对密度=1.615。

发烟硝酸，为浓度90%～100%硝酸；会发出二氧化氮、四氧化二氮的红黄色烟。能与水混溶。相对密度随游离二氧化氮的增加而增大。因溶解了NO_2而呈红褐色。有强烈的氧化性：切勿与易氧化物接触。腐蚀性极强，在空气中猛烈发烟并吸收水分。与强还原剂接触可能爆炸，与有机物接触有起火的风险。

用于有机化合物的硝化和火箭燃料。

HNO_3浓度为72.7%，N_2O_4浓度为26.4%，H_2O浓度为0.9%时：

材料	温度/℃	
	25	40
碳钢		
Moda 410S/4000		
Moda 430/4016		
Core 304L/4307	○	●
Supra 444/4521		
Supra 316L/4404	●	●
Ultra 317L/4439		
Ultra 904L		
Ultra 254 SMO		
Ultra 4565		
Ultra 654 SMO		
Forta LDX 2101		
Forta DX 2304		
Forta LDX 2404		
Forta DX 2205		
Forta SDX 2507		
Ti	×	×

Nitrocellulose（硝化纤维素）

N

白色或微黄色棉絮状，溶于丙酮。相对密度 1.66，熔点 160～170℃。由于硝化棉在硝化过程中的条件不同，其含氮量也不同，溶解度互有差异，含氮量超过 12.5%者为爆炸品，性质很不稳定，爆速 6300m/s（含氮 13%），爆轰气体体积 841L/kg（含氮 13.3%时）。本品遇到火星、高温、氧化剂以及大多数有机胺（对苯二甲胺等）会发生燃烧和爆炸。本品干燥久储变质，极易自燃（温度超过 40℃时即能分解自燃），一般加入水或乙醇作湿润剂。如湿润剂挥发后，容易发生火灾。含氮量在 12.5%以下的为一级易燃固体。

用于生产各色赛璐珞、电影胶片、硝基漆以及炸药等。

所有浓度，温度为 20℃时：

材料	性能
碳钢	
Moda 410S/4000	○
Moda 430/4016	○
Core 304L/4307	○
Supra 444/4521	○
Supra 316L/4404	○
Ultra 317L/4439	○
Ultra 904L	○
Ultra 254 SMO	○
Ultra 4565	○
Ultra 654 SMO	○
Forta LDX 2101	○
Forta DX 2304	○
Forta LDX 2404	○
Forta DX 2205	○
Forta SDX 2507	○
Ti	○

N

Nitrous acid（亚硝酸）

HNO_2

亚硝酸是一种无机化合物，无游离态，只能存在于稀的水溶液中，亮蓝色，为弱酸，电离平衡常数为 4.6×10^{-4}。亚硝酸溶液遇微热即分解，酸酐为 N_2O_3。亚硝酸既有氧化性，又有还原性。其氧化性比还原性要强，在酸性介质中更明显。亚硝酸的盐类大多数是无色晶体，易溶于水，有毒。

亚硝酸在工业上用于有机合成，使胺类转变成重氮化合物以制备偶氮染料。利用亚硝酸与脂肪和芳香族伯、仲、叔胺作用生成产物的不同来鉴别胺。亚硝酸盐是一种食品防腐剂，能防止食品腐败变质，具有显著的杀菌或抑菌效能，特别是在腌肉工业上得到广泛应用。可由硝酸盐加热或与金属铅共熔而制得。

所有浓度，温度为 20℃时：

材料	性能
碳钢	×
Moda 410S/4000	×
Moda 430/4016	○
Core 304L/4307	○
Supra 444/4521	○
Supra 316L/4404	○
Ultra 317L/4439	○
Ultra 904L	○
Ultra 254 SMO	○
Ultra 4565	○
Ultra 654 SMO	○
Forta LDX 2101	○
Forta DX 2304	○
Forta LDX 2404	○
Forta DX 2205	○
Forta SDX 2507	○
Ti	○

Oxalic acid（草酸）

$(COOH)_2$

草酸，即乙二酸，是最简单的有机二元酸之一。无色单斜片状或棱柱体状晶体或白色粉末；氧化法制草酸无气味，合成法制草酸有气味。150～160℃升华。在高热干燥空气中能风化。1g溶于7mL冷水、2mL沸水、2.5mL冷乙醇、1.8mL沸乙醇、100mL乙醚、5.5mL甘油，不溶于苯、氯仿和石油醚。0.1mol/L溶液的pH值为1.3。相对密度（18.54℃）1.653。熔点101～102℃（187℃，无水）。低毒。

草酸在工业中有重要作用，可用作络合剂、掩蔽剂、沉淀剂、还原剂、漂白剂、助染剂。分析中用以检定和测定铍、钙、铬、金、锰、锶、钍等金属离子。利用显微分析检验钠和其他元素。沉淀钙、镁、钍和稀土元素。校准高锰酸钾和硫酸铈溶液的标准溶液。用来除去衣服上的铁锈。建筑行业中，在涂刷外墙涂料前，由于墙面碱性较强应先涂刷草酸除碱。医药工业用于制造金霉素、土霉素、四环素、链霉素、冰片、维生素B_{12}、苯巴比妥等药物。塑料工业用于生产聚氯乙烯、氨基塑料、脲醛塑料。此外，草酸还可用于合成各种草酸酯、草酸盐和草酰胺等产品，而以草酸二乙酯及草酸钠、草酸钙等产量最大。

材料	$(COOH)_2$浓度/%									
	0.5	0.5	0.5	0.5	0.5	1	1	1	2.5	2.5
	温度/℃									
	20	35	60	80	100～BP	35	60	100～BP	20	40
碳钢	●	●	×	×	×	×	×	×	●	×
Moda 410S/4000	●	●	●	×	×	●	×	×	●	×
Moda 430/4016	○	●	●	×	×	●	×	×	○	●
Core 304L/4307	○	○	○	●	×	○	○	×	○	○
Supra 444/4521	○	○	○	●	×	○	○	×	○	○
Supra 316L/4404	○	○	○	○	×	○	○	×	○	○

续表

材料	$(COOH)_2$浓度/%									
	0.5	0.5	0.5	0.5	0.5	1	1	1	2.5	2.5
	温度/℃									
	20	35	60	80	100～BP	35	60	100～BP	20	40
Ultra 317L/4439	○	○	○	○	●	○	○	●	○	○
Ultra 904L	○	○	○	○	○	○	○	○	○	○
Ultra 254 SMO	○	○	○	○	●	○	○	●	○	○
Ultra 4565	○	○	○	○	●	○	○	●	○	○
Ultra 654 SMO	○	○	○	○	○	○	○	○	○	○
Forta LDX 2101	○	○	○	○	●	○	○	●	○	○
Forta DX 2304	○	○	○	○	●	○	○	●	○	○
Forta LDX 2404	○	○	○	○	●	○	○	●	○	○
Forta DX 2205	○	○	○	○	●	○	○	●	○	○
Forta SDX 2507	○	○	○	○	○	○	○	●	○	○
Ti	○	○	×	×	×	○	×	×	○	○

材料	$(COOH)_2$浓度/%									
	2.5	2.5	2.5	5	5	5	5	5	10	10
	温度/℃									
	60	80	100～BP	20	35	60	85	100～BP	25	50
碳钢	×	×	×	●	×	×	×	×	×	×
Moda 410S/4000	×	×	×	●	×	×	×	×	×	×
Moda 430/4016	●	×	×	●	●	×	×	×	○	×
Core 304L/4307	○	●	×	○	○	●	●	×	○	○
Supra 444/4521	○	●	×	○	○	○	●	×	○	○
Supra 316L/4404	○	○	×	○	○	○	●	●	○	○
Ultra 317L/4439	○	○	●	○	○	○	○	●	○	○
Ultra 904L	○	○	○	○	○	○	○	●	○	○
Ultra 254 SMO	○	○	●	○	○	○	○	●	○	○
Ultra 4565	○	○	●	○	○	○	○	●	○	○
Ultra 654 SMO	○	○	●	○	○	○	○	●	○	○
Forta LDX 2101	○	○	●	○	○	○	○	●	○	○

续表

材料	(COOH)$_2$ 浓度/%									
	2.5	2.5	2.5	5	5	5	5	5	10	10
	温度/℃									
	60	80	100~BP	20	35	60	85	100~BP	25	50
Forta DX 2304	○	○	×	○	○	○	○	×	○	○
Forta LDX 2404	○	○		○	○	○	○		○	○
Forta DX 2205	○	○	●	○	○	○	○	●	○	○
Forta SDX 2507	○	○	●	○	○	○	○	●	○	○
Ti	×	×	×	○	●	×	×	×	●	×

材料	(COOH)$_2$ 浓度/%								
	10	10	10	25	25	25	40	40	50
	温度/℃								
	60	80	100~BP	20	35	60	85	100~BP	25
碳钢	×	×	×	×	×	×	×	×	×
Moda 410S/4000	×	×	×	×	×	×	×	×	×
Moda 430/4016	×	×	×	×	×	×	×	×	×
Core 304L/4307	●	×	×	×	×	×	×	×	×
Supra 444/4521	●	×	×	×	×	×	×	×	×
Supra 316L/4404	○	●	×	○	●	×	●	×	×
Ultra 317L/4439	○	○	●	○	●/○	×	●/○	×	×
Ultra 904L	○	○	●	○	○	●	○	●	●
Ultra 254 SMO	○	○	●	○	○	●	○	●	●
Ultra 4565	○	○	●	○	○	●	○	●	×
Ultra 654 SMO	○	○	●	○	○	●	○	●	●
Forta LDX 2101	○	○	×	○	●	×	●	×	
Forta DX 2304	○	●	×	○	●	×	●	×	●
Forta LDX 2404	○	○	×	○		×		×	
Forta DX 2205	○	○	×	○	○	×	○	×	×
Forta SDX 2507	○	○	●	○	○	×	○	×	×
Ti	×	×	×	×	×	×	×	×	×

Isocorrosion Diagram（等蚀图）

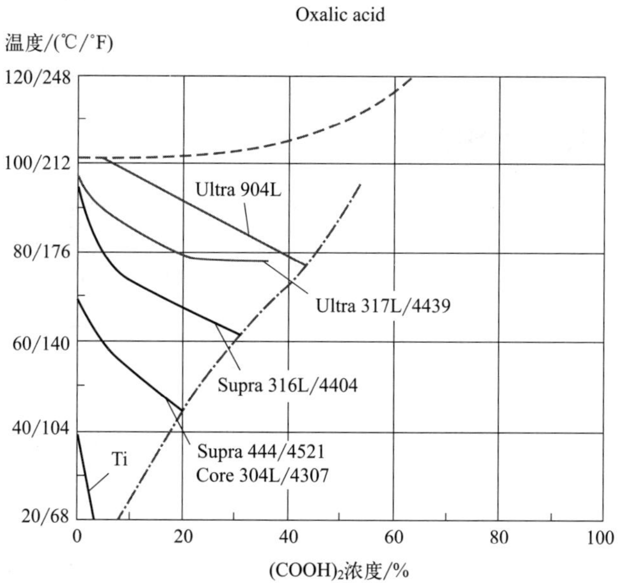

等蚀图，0.1mm/a，化学纯度的草酸。虚线表示沸点，点画线表示溶解度。

O

Oxalic acid + nitric acid + sulphuric acid（草酸 + 硝酸 + 硫酸）

$(COOH)_2 + HNO_3 + H_2SO_4$

$(COOH)_2$ 浓度为 2%，H_2SO_4 浓度为 5%，温度为 60℃时：

O

材料	HNO_3 浓度/%		
	0	0.5	1
碳钢			
Moda 410S/4000			
Moda 430/4016			
Core 304L/4307			
Supra 444/4521			
Supra 316L/4404	×	○	○
Ultra 317L/4439	×	×	×
Ultra 904L		○	○
Ultra 254 SMO		○	○
Ultra 4565		○	○
Ultra 654 SMO		○	○
Forta LDX 2101			
Forta DX 2304			
Forta LDX 2404			
Forta DX 2205			
Forta SDX 2507			
Ti			

Paraffin（石蜡，链烷烃）

石蜡是从石油、页岩油或其他沥青矿物油的某些馏出物中提取出来的一种烃类混合物，主要成分是固体烷烃，无臭无味，为白色或淡黄色半透明固体。石蜡是非晶体，但具有明显的晶体结构。另有人造石蜡。

石蜡又称晶形蜡，在47～64℃熔化，密度约0.9g/cm^3，溶于汽油、二硫化碳、二甲苯、乙醚、苯、氯仿、四氯化碳、石脑油等一类非极性溶剂，不溶于水和甲醇等极性溶剂。纯石蜡是很好的绝缘体，其电阻率为1013～1017Ω·m，比除某些塑料（尤其是特氟龙）外的大多数材料都要高。石蜡也是很好的储热材料，其比热容为2.14～2.9J/(g·K)，熔化热为200～220J/g。

石蜡分食品级（食品级和包装级，前者优）和工业级，食品级无毒，工业级不可食用。用于制高级脂肪酸、高级醇、火柴、蜡烛、防水剂、软膏、电绝缘材料等。

所有浓度，温度为20～100℃时：

材料	性能
碳钢	
Moda 410S/4000	○
Moda 430/4016	○
Core 304L/4307	○
Supra 444/4521	○
Supra 316L/4404	○
Ultra 317L/4439	○
Ultra 904L	○
Ultra 254 SMO	○
Ultra 4565	○
Ultra 654 SMO	○
Forta LDX 2101	○
Forta DX 2304	○
Forta LDX 2404	○
Forta DX 2205	○
Forta SDX 2507	○
Ti	○

Pectin（果胶）

$C_5H_{10}O_5$

果胶，为白色至黄褐色粉末，在 20 倍水中形成黏稠体，呈弱酸性。熔点 174～180℃，沸点 415℃。不溶于乙醇、乙醚、丙酮等有机溶剂，溶于甘油。果胶是羟基被不同程度甲酯化的线性聚半乳糖醛酸和聚 L-鼠李糖半乳糖醛酸。

工业生产的果胶中 80%～90%用于食品工业，利用其凝胶性生产胶冻、果酱和软糖；用在医药方面作止血剂和代血浆，治疗腹泻和重金属中毒等；亦用于化妆水、酸性牙粉等，由于它在碱性介质中不够稳定，因此不能用于碱性化妆品。果胶无毒，无刺激性，可用于需入口的化妆品，如唇膏等；还可用作牙膏的增稠剂和黏结剂。

P

所有浓度，温度为 20～100℃时：

材料	性能
碳钢	
Moda 410S/4000	
Moda 430/4016	
Core 304L/4307	○
Supra 444/4521	○
Supra 316L/4404	○
Ultra 317L/4439	○
Ultra 904L	○
Ultra 254 SMO	○
Ultra 4565	○
Ultra 654 SMO	○
Forta LDX 2101	○
Forta DX 2304	○
Forta LDX 2404	○
Forta DX 2205	○
Forta SDX 2507	○
Ti	○

Perchloric acid（高氯酸）

$HClO_4$

高氯酸又名过氯酸，无机化合物，六大无机强酸之一，氯的含氧酸，酸酐为 Cl_2O_7。是无色透明的发烟液体。高氯酸是目前已知的酸性最强的无机酸。熔点（℃）：−122；相对密度（水=1）：1.76；沸点（℃）：130（爆炸）。高氯酸是强氧化剂，与有机物、还原剂、易燃物（如硫、磷等）接触或混合时有引起燃烧爆炸的危险。在室温下分解，加热则爆炸，产生氯化氢气体。具强腐蚀性、强刺激性，可致人体烧伤。

工业上用于高氯酸盐的制备、人造金刚石提纯、电影胶片制造、医药工业、电抛光工业，用于生产砂轮，除去碳粒杂质，还可用作氧化剂等。还用于生产烟花和炸药。50%高氯酸可用作丙烯腈聚合物的溶剂。可作化学分析试剂。

温度为 20℃时：

材料	$HClO_4$ 浓度/%	
	10	100
碳钢	×	×
Moda 410S/4000	×	×
Moda 430/4016	×	×
Core 304L/4307	×	×
Supra 444/4521	×	×
Supra 316L/4404	×	×
Ultra 317L/4439	×	×
Ultra 904L	●	×
Ultra 254 SMO	○	
Ultra 4565		
Ultra 654 SMO		
Forta LDX 2101		
Forta DX 2304		
Forta LDX 2404		
Forta DX 2205		
Forta SDX 2507		
Ti	○	

Petrol（汽油）

汽油在常温下为无色至淡黄色的易流动液体，很难溶解于水，易燃，汽油的热值约为44000kJ/kg（燃料的热值是指1kg燃料完全燃烧后所产生的热量）。空气中含量为74～123g/m^{3}时遇火爆炸。馏程为30～220℃。主要成分为C5～C12脂肪烃和环烷烃类，以及一定量的芳香烃。汽油具有较高的辛烷值（抗爆震燃烧性能），并按辛烷值的高低分为90号、93号、95号、97号等牌号。汽油由石油炼制得到的直馏汽油组分、催化裂化汽油组分、催化重整汽油组分等不同汽油组分经精制后与高辛烷值组分经调和制得。

主要用作汽车点燃式内燃机的燃料。

所有浓度，温度为20℃～BP时：

材料	性能
碳钢	
Moda 410S/4000	○
Moda 430/4016	○
Core 304L/4307	○
Supra 444/4521	○
Supra 316L/4404	○
Ultra 317L/4439	○
Ultra 904L	○
Ultra 254 SMO	○
Ultra 4565	○
Ultra 654 SMO	○
Forta LDX 2101	○
Forta DX 2304	○
Forta LDX 2404	○
Forta DX 2205	○
Forta SDX 2507	○
Ti	○

Phenol（苯酚/石炭酸）

C_6H_5OH

苯酚，又名石炭酸、羟基苯，是最简单的酚类有机物，一种弱酸。熔点 43℃，沸点 182℃；常温下为一种无色晶体，有毒。苯酚是一种常见的化学品，是生产某些树脂、杀菌剂、防腐剂以及药物（如阿司匹林）的重要原料。苯酚有腐蚀性，可混溶于醚、氯仿、甘油、二硫化碳、凡士林、挥发油、强碱水溶液。常温时易溶于乙醇、甘油、氯仿、乙醚等有机溶剂，室温时稍溶于水，与大约 8%水混合可液化，几乎不溶于石油醚。当温度高于 65℃时，能跟水以任意比例互溶。其溶液沾到皮肤上可用酒精洗涤，苯酚暴露在空气中呈粉红色。

根据世界卫生组织国际癌症研究机构公布的致癌物清单，苯酚属于 3 类致癌物。

P

材料	C_6H_5OH 浓度/%	
	所有浓度	70~100
	温度/℃	
	50	BP
碳钢	○	×
Moda 410S/4000	○	×
Moda 430/4016	○	●
Core 304L/4307	○	●
Supra 444/4521	○	
Supra 316L/4404	○	○
Ultra 317L/4439	○	○
Ultra 904L	○	○
Ultra 254 SMO	○	○
Ultra 4565	○	○
Ultra 654 SMO	○	○
Forta LDX 2101	○	
Forta DX 2304	○	○
Forta LDX 2404	○	○
Forta DX 2205	○	○
Forta SDX 2507	○	○
Ti	○	○

Phosphoric acid（磷酸）

H_3PO_4

磷酸或正磷酸，分子量为97.9724，是一种常见的无机酸，是中强酸。由十氧化四磷溶于热水中即可得到。工业上用硫酸处理磷灰石即得。磷酸在空气中容易潮解。加热会失水得到焦磷酸，再进一步失水得到偏磷酸。熔点42℃，沸点261℃（分解，磷酸受热逐渐脱水，因此没有自身的沸点）。市售磷酸是含85% H_3PO_4 的黏稠状浓溶液。从浓溶液中结晶，则形成半水合物 $2H_3PO_4 \cdot H_2O$（熔点302.3K）。

磷酸主要用于制药、食品、肥料等工业，也可用作化学试剂。磷酸是生产重要的磷肥（过磷酸钙、磷酸二氢钾等）的原料，也是生产饲料营养剂（磷酸二氢钙）的原料。磷酸是食品添加剂之一，在食品中作为酸味剂、酵母营养剂，可口可乐中就含有磷酸。磷酸盐也是重要的食品添加剂，可作为营养增强剂。磷酸可用于制取含磷药物，例如甘油磷酸钠等。

材料	H_3PO_4 浓度/%										
	1	1	1	3	5	5	5	10	10	10	10
	温度/℃										
	20	100～BP	140	100～BP	20～60	85	100～BP	40	60	80	101～BP
碳钢	×	×	×	×	×	×	×	×	×	×	×
Moda 410S/4000	○	×	●	×	○	○	×	×	×	×	×
Moda 430/4016	○	●	●	○	○	○	●	○	○	○	×
Core 304L/4307	○	○	○	○	○	○	○	○	○	○	○
Supra 444/4521	○	○	○	○	○	○	○	○	○	○	○
Supra 316L/4404	○	○	○	○	○	○	○	○	○	○	○
Ultra 317L/4439	○	○	○	○	○	○	○	○	○	○	○
Ultra 904L	○	○	○	○	○	○	○	○	○	○	○
Ultra 254 SMO	○	○	○	○	○	○	○	○	○	○	○
Ultra 4565	○	○	○	○	○	○	○	○	○	○	○
Ultra 654 SMO	○	○	○	○	○	○	○	○	○	○	○
Forta LDX 2101	○	○	○	○	○	○	○	○	○	○	○
Forta DX 2304	○	○	○	○	○	○	○	○	○	○	○
Forta LDX 2404	○	○	○	○	○	○	○	○	○	○	○
Forta DX 2205	○	○	○	○	○	○	○	○	○	○	○
Forta SDX 2507	○	○	○	○	○	○	○	○	○	○	○
Ti	○	○	○	●	○	●	×	○	●	×	×

续表

材料	H_3PO_4 浓度/%									
	20	20	20	30	30	30	40	40	40	40
	温度/℃									
	35	60	102～BP	20～35	60	100	35	50	100	106～BP
碳钢	×	×	×	×	×	×	×	×	×	×
Moda 410S/4000	×	×	×	×	×	×	×	×	×	×
Moda 430/4016	×	×	×	×	×	×	×	×	×	×
Core 304L/4307	○	○	○	○	○	●	○	○	●	×
Supra 444/4521	○	○	○	○	○	●	○	○	●	×
Supra 316L/4404	○	○	○	○	○	○	○	○	○	●
Ultra 317L/4439	○	○	○	○	○	○	○	○	○	●
Ultra 904L	○	○	○	○	○	○	○	○	○	●
Ultra 254 SMO	○	○	○	○	○	○	○	○	○	●
Ultra 4565	○	○	○	○	○	○	○	○	○	
Ultra 654 SMO	○	○	○	○	○	○	○	○	○	○
Forta LDX 2101	○	○	○	○	○	○	○	○	○	●
Forta DX 2304	○	○	○	○	○	○	○	○	○	●
Forta LDX 2404	○	○	○	○	○	○	○	○	○	●
Forta DX 2205	○	○	○	○	○	○	○	○	○	○
Forta SDX 2507	○	○	○	○	○	○	○	○	○	○
Ti	○	●	×	○	●	×	●	×	×	×
材料	H_3PO_4 浓度/%									
	50	50	50	50	50	50	60	60	60	60
	温度/℃									
	20	35	50	85	100	110～BP	20	35	100	116～BP
碳钢	×	×	×	×	×	×	×	×	×	×
Moda 410S/4000	×	×	×	×	×	×	×	×	×	×
Moda 430/4016	×	×	×	×	×	×	×	×	×	×
Core 304L/4307	○	○	○	○	●	×	○	○	×	×
Supra 444/4521	○	○	○	●	×	×	○	○	×	×
Supra 316L/4404	○	○	○	○	●	×	○	○	●	×
Ultra 317L/4439	○	○	○	○	●/○	●	○	○	●	×
Ultra 904L	○	○	○	○	○	●	○	○	○	●
Ultra 254 SMO	○	○	○	○	○	○	○	○	○	●

材料	H_3PO_4 浓度/%									
	50	50	50	50	50	50	60	60	60	60
	温度/℃									
	20	35	50	85	100	110~BP	20	35	100	116~BP
Ultra 4565	○	○	○	○	○	○	○	○	○	●
Ultra 654 SMO	○	○	○	○		●	○	○	○	○
Forta LDX 2101	○	○	○	○	○	●	○	○	○	●
Forta DX 2304	○	○	○	○	○	●	○	○	○	×
Forta LDX 2404	○	○	○	○	○	●	○	○	○	
Forta DX 2205	○	○	○	○	○	○	○	○	○	○
Forta SDX 2507	○	○	○	○	○	○	○	○	○	○
Ti	○	●	×	×	×	×	●	●	×	×

材料	H_3PO_4 浓度/%								
	70	70	70	80	80	80	80	80	80
	温度/℃								
	35	90	126~BP	20	35	80	90	100	146~BP
碳钢	×	×	×	×	×	×		×	×
Moda 410S/4000	×	×	×	×	×	×		×	×
Moda 430/4016	×	×	×	×	×	×		×	×
Core 304L/4307	○	×	×	○	○	●		×	×
Supra 444/4521	○	×	×	○	○	×		×	×
Supra 316L/4404	○	●	×	○	○	○	●	●	×
Ultra 317L/4439	○	○	×	○	○	○		●	×
Ultra 904L	○	○	●	○	○	○		●	×
Ultra 254 SMO		○	●	○	○	○	○	●	●
Ultra 4565		○	●	○	○	○	○	●	×
Ultra 654 SMO		○	●	○	○	○	○	○	●
Forta LDX 2101	○	○	●	○	○	○	○	○	×
Forta DX 2304	○	○	×	○	○	○	○	○	×
Forta LDX 2404		○		○	○	○	○	●	×
Forta DX 2205		○	●	○	○	○	○	●	×
Forta SDX 2507		○	×	○	○	○	○	○	×
Ti	×	×	×	×	×	×		×	×

续表

材料	H_3PO_4 浓度/%						
	85	85	85	85	85	85	85
	温度/℃						
	20	50	85	95	105	115	156~BP
碳钢	×	×	×	×	×	×	×
Moda 410S/4000	×	×	×	×	×	×	×
Moda 430/4016	×	×	×	×	×	×	×
Core 304L/4307	○	○	●	×	×	×	×
Supra 444/4521	○	●		×	×	×	×
Supra 316L/4404	○	○		●			×
Ultra 317L/4439	○	○		●			×
Ultra 904L	○	○	●	○	○	●	×
Ultra 254 SMO	○	○	○	○	●	●	×
Ultra 4565	○	○	○	×			
Ultra 654 SMO	○	○	○	●			×
Forta LDX 2101	○	○	○	×	●		×
Forta DX 2304	○	○	○	●	●		×
Forta LDX 2404	○	○	○	○			
Forta DX 2205	○	○	○	●			×
Forta SDX 2507	○	○	○	●	●		×
Ti	×	×	×	×	×	×	×

Isocorrosion Diagram（等蚀图）

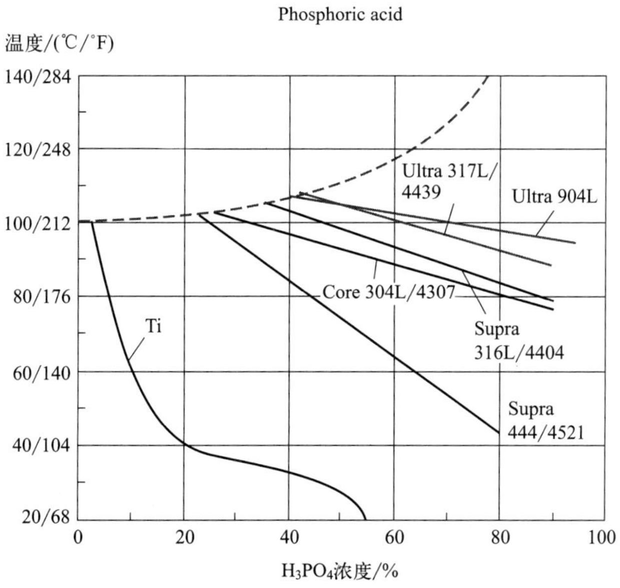

等蚀图，0.1mm/a，化学纯度磷酸。虚线表示沸点。

Phosphoric acid + ammonium nitrate（磷酸 + 硝酸铵）

$H_3PO_4 + NH_4NO_3$

H_3PO_4 浓度为 10％，NH_4NO_3 浓度为 30％，温度为 80℃时：

材料	性能
碳钢	×
Moda 410S/4000	●
Moda 430/4016	○
Core 304L/4307	○
Supra 444/4521	○
Supra 316L/4404	○
Ultra 317L/4439	○
Ultra 904L	○
Ultra 254 SMO	○
Ultra 4565	○
Ultra 654 SMO	○
Forta LDX 2101	○
Forta DX 2304	○
Forta LDX 2404	○
Forta DX 2205	○
Forta SDX 2507	○
Ti	×

Phosphoric acid + ammonium nitrate + ammonium sulphate + nitric acid（磷酸+硝酸铵+硫酸铵+硝酸）

$H_3PO_4+NH_4NO_3+(NH_4)_2SO_4+HNO_3$

H_3PO_4 浓度为 4％，NH_4NO_3 浓度为 15％，$(NH_4)_2SO_4$ 浓度为 9％，HNO_3 浓度为 9％，温度为 100℃时：

材料	性能
碳钢	
Moda 410S/4000	
Moda 430/4016	
Core 304L/4307	○
Supra 444/4521	
Supra 316L/4404	○
Ultra 317L/4439	○
Ultra 904L	○
Ultra 254 SMO	○
Ultra 4565	○
Ultra 654 SMO	○
Forta LDX 2101	○
Forta DX 2304	○
Forta LDX 2404	○
Forta DX 2205	○
Forta SDX 2507	○
Ti	○

Phosphoric acid + ammonium sulphate + sulphuric acid（磷酸 + 硫酸铵 + 硫酸）

$H_3PO_4 + (NH_4)_2SO_4 + H_2SO_4$

材料	H_3PO_4 浓度/%					
	10	15	15	15	15	16
	$(NH_4)_2SO_4$ 浓度/%					
	25	25	25	30	20	9
	H_2SO_4 浓度/%					
	1.5	1	3	3	20	1
	温度/℃					
	90	100	100	90	20	80
碳钢						
Moda 410S/4000						
Moda 430/4016						
Core 304L/4307		×	×	×	×	○
Supra 444/4521						
Supra 316L/4404	○	○	○	○	○	○
Ultra 317L/4439	○	○	○	○	○	○
Ultra 904L	○	○	○	○	○	○
Ultra 254 SMO	○	○	○	○	○	○
Ultra 4565	○	○	○	○	○	○
Ultra 654 SMO	○	○	○	○	○	○
Forta LDX 2101						
Forta DX 2304	○	○	○	○	○	○
Forta LDX 2404	○	○	○	○	○	○
Forta DX 2205	○	○	○	○	○	○
Forta SDX 2507	○	○	○	○	○	○
Ti						

Phosphoric acid + calcium sulphate + sulphuric acid（磷酸+硫酸钙+硫酸）

$H_3PO_4 + CaSO_4 + H_2SO_4$

材料	H_3PO_4 浓度/%	
	4	22
	$CaSO_4$ 浓度/%	
	50	痕量
	H_2SO_4 浓度/%	
	2	1
	温度/℃	
	50	70
碳钢	×	×
Moda 410S/4000	×	×
Moda 430/4016	×	●
Core 304L/4307	●	●
Supra 444/4521		
Supra 316L/4404	○	○
Ultra 317L/4439	○	○
Ultra 904L	○	○
Ultra 254 SMO	○	○
Ultra 4565	○	○
Ultra 654 SMO	○	○
Forta LDX 2101		
Forta DX 2304	●	
Forta LDX 2404		
Forta DX 2205	○	
Forta SDX 2507	○	
Ti	●	×

Phosphoric acid + chromic acid（磷酸 + 铬酸）

$H_3PO_4 + CrO_3$

H_3PO_4 浓度为 80%，CrO_3 浓度为 10%时：

材料	温度/℃	
	20	60
碳钢		
Moda 410S/4000		
Moda 430/4016		
Core 304L/4307	○	×
Supra 444/4521		
Supra 316L/4404	○	×
Ultra 317L/4439	○	×
Ultra 904L	○	●
Ultra 254 SMO	○	
Ultra 4565	○	
Ultra 654 SMO	○	
Forta LDX 2101	○	
Forta DX 2304	○	●
Forta LDX 2404	○	
Forta DX 2205	○	●
Forta SDX 2507	○	○
Ti	○	○

Phosphoric acid + chromic acid + sulphuric acid（磷酸+铬酸+硫酸）

$H_3PO_4 + CrO_3 + H_2SO_4$

H_3PO_4 浓度为 57%，CrO_3 浓度为 9%，H_2SO_4 浓度为 14%，温度为 80℃时：

材料	性能
碳钢	
Moda 410S/4000	
Moda 430/4016	
Core 304L/4307	
Supra 444/4521	
Supra 316L/4404	×
Ultra 317L/4439	×
Ultra 904L	
Ultra 254 SMO	
Ultra 4565	
Ultra 654 SMO	
Forta LDX 2101	
Forta DX 2304	×
Forta LDX 2404	
Forta DX 2205	×
Forta SDX 2507	×
Ti	

P

Phosphoric acid + fluosilicic acid + sulphuric acid (磷酸 + 氟硅酸 + 硫酸)

$H_3PO_4 + H_2SiF_6 + H_2SO_4$

H_2SiF_6 浓度为 1%时：

材料	H_3PO_4 浓度/%	
	30	55
	H_2SO_4 浓度/%	
	3	1
	温度/℃	
	70	90
碳钢	×	×
Moda 410S/4000	×	×
Moda 430/4016	×	×
Core 304L/4307	×	×
Supra 444/4521	×	×
Supra 316L/4404	○	●
Ultra 317L/4439	○	●
Ultra 904L	○	●
Ultra 254 SMO	○	●
Ultra 4565	○	
Ultra 654 SMO	○	○
Forta LDX 2101		
Forta DX 2304	●	×
Forta LDX 2404		
Forta DX 2205	○	●
Forta SDX 2507	○	●
Ti	×	×

Phosphoric acid + hydrofluoric acid（磷酸 + 氢氟酸）

H_3PO_4 + HF

材料	H_3PO_4 浓度/%									
	1.5	41.4	41.4	41.4	41.4	41.4	41.4	41.4	41.4	76
	HF 浓度/%									
	1	0.5	0.5	0.5	1	1	1	2.5	2.5	0.5
	温度/℃									
	50	20	40	60	20	40	60	20~40	60	20
碳钢	×	×	×	×	×	×	×	×	×	×
Moda 410S/4000	×	×	×	×	×	×	×	×	×	×
Moda 430/4016	×	●	×	×	×	×	×	×	×	●
Core 304L/4307	×	●	×	×	×	×	×	×	×	●
Supra 444_4/4521	×	●	×	×	×	×	×	×	×	●
Supra 316L/4404	×	○	●	●	●	●	×	●	×	○
Ultra 317L/4439	×/●	○	●/○	●	●/○	●	●	●	●	○
Ultra 904L	●	○	○	○	○	○	●	○	●	○
Ultra 254 SMO	○						●		●	
Ultra 4565										
Ultra 654 SMO	○						○		●	
Forta LDX 2101										
Forta DX 2304	●						×		×	
Forta LDX 2404										
Forta DX 2205	●						●p		×	
Forta SDX 2507	○						●		×	
Ti	×	●	●	×	●	×	×	×	×	×

续表

材料	H_3PO_4 浓度/%									
	76	76	76	76	76	76	76	76	76	80
	HF 浓度/%									
	0.5	0.5	0.5	1	1	1	1	2	2.5	1
	温度/℃									
	40	60	80	20	40	60	80	20	20	120
碳钢	×	×	×	×	×	×	×	×	×	×
Moda 410S/4000	×	×	×	×	×	×	×	×	×	×
Moda 430/4016	×	×	×	×	×	×	×	×	×	×
Core 304L/4307	●	×	×	●	×	×	×	×	×	×
Supra 444/4521	●	×	×	●	×	×	×	×	×	×
Supra 316L/4404	○	●	●	○	○	●	●	○	●	×
Ultra 317L/4439	○	○	●	○	○	●	●	○	○	×
Ultra 904L	○	○	●	○	○	○	●	○	○	×
Ultra 254 SMO			●				●			×
Ultra 4565										×
Ultra 654 SMO			○				●			×
Forta LDX 2101										×
Forta DX 2304			●				×			×
Forta LDX 2404										×
Forta DX 2205			●				●			×
Forta SDX 2507			●				●			×
Ti	×	×	×	×	×	×	×	×	×	×

Isocorrosion Diagram（等蚀图）

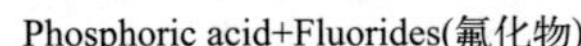

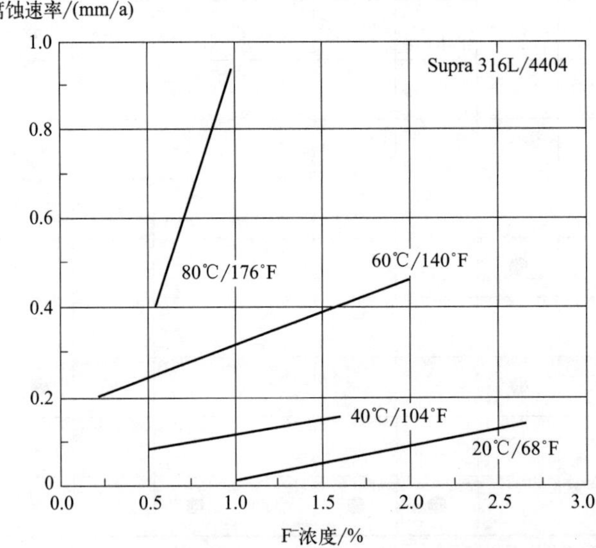

在含氟的化学纯度为76%的磷酸中的Supra 316L/4404的腐蚀速率，mm/a。

Phosphoric acid + hydrofluoric acid + nitric acid（磷酸+氢氟酸+硝酸）

$H_3PO_4 + HF + HNO_3$

材料	H_3PO_4 浓度/%		
	18	19.3	19.3
	HF 浓度/%		
	0.2	0.1	0.1
	HNO_3 浓度/%		
	28	31.2	31.2
	温度/℃		
	65	65	90
碳钢	×	×	×
Moda 410S/4000	×	×	×
Moda 430/4016	×	×	×
Core 304L/4307	×	×	×
Supra 444/4521	×	×	×
Supra 316L/4404	●	○	●
Ultra 317L/4439	●	○	●
Ultra 904L	●	○	●
Ultra 254 SMO	●	○	●
Ultra 4565		○	
Ultra 654 SMO	○	○	●
Forta LDX 2101			
Forta DX 2304	●	○	●
Forta LDX 2404			
Forta DX 2205	●	○	●
Forta SDX 2507	○	○	●
Ti	●	●	×

Phosphoric acid + hydrofluoric acid + nitric acid + sulphuric acid（磷酸 + 氢氟酸 + 硝酸 + 硫酸）

$H_3PO_4 + HF + HNO_3 + H_2SO_4$

H_3PO_4 浓度为 7.9%，HF 浓度为 0.1%，HNO_3 浓度为 12%，H_2SO_4 浓度为 25.8%，温度为 90℃时：

材料	性能
碳钢	×
Moda 410S/4000	×
Moda 430/4016	×
Core 304L/4307	×
Supra 444/4521	×
Supra 316L/4404	●
Ultra 317L/4439	●
Ultra 904L	●
Ultra 254 SMO	
Ultra 4565	
Ultra 654 SMO	
Forta LDX 2101	
Forta DX 2304	
Forta LDX 2404	
Forta DX 2205	
Forta SDX 2507	
Ti	×

P

Phosphoric acid + nitric acid + sulphuric acid（磷酸 + 硝酸 + 硫酸）

$H_3PO_4 + HNO_3 + H_2SO_4$

材料	H_3PO_4 浓度/%				
	43	43	64	66	78
	HNO_3 浓度/%				
	2	2.2	1.9	7.2	3
	H_2SO_4 浓度/%				
	45	45	23	10.5	18
	温度/℃				
	100	105	90	100	95
碳钢					
Moda 410S/4000					
Moda 430/4016					
Core 304L/4307			○		
Supra 444/4521					
Supra 316L/4404	●	●	○	●	●
Ultra 317L/4439	●	●	○	●	●
Ultra 904L		●	○	●	●
Ultra 254 SMO			○	○	
Ultra 4565			○		
Ultra 654 SMO			○	○	
Forta LDX 2101					
Forta DX 2304					
Forta LDX 2404					
Forta DX 2205					
Forta SDX 2507					
Ti					

P

Phosphoric acid + sodium chloride（磷酸 + 氯化钠）

H_3PO_4 + NaCl

H_3PO_4 浓度为 76%时：

材料	NaCl 浓度/%			
	0. 00062	0. 00062	0. 0312	0. 0312
	温度/℃			
	100	105	90	100
碳钢				
Moda 410S/4000				
Moda 430/4016				
Core 304L/4307				
Supra 444/4521	×	×	×	×
Supra 316L/4404	○	●	○	●
Ultra 317L/4439				
Ultra 904L				
Ultra 254 SMO		○		
Ultra 4565				
Ultra 654 SMO		○		
Forta LDX 2101				
Forta DX 2304		○		
Forta LDX 2404				
Forta DX 2205		○		
Forta SDX 2507		○		
Ti				

Isocorrosion Diagram（等蚀图）

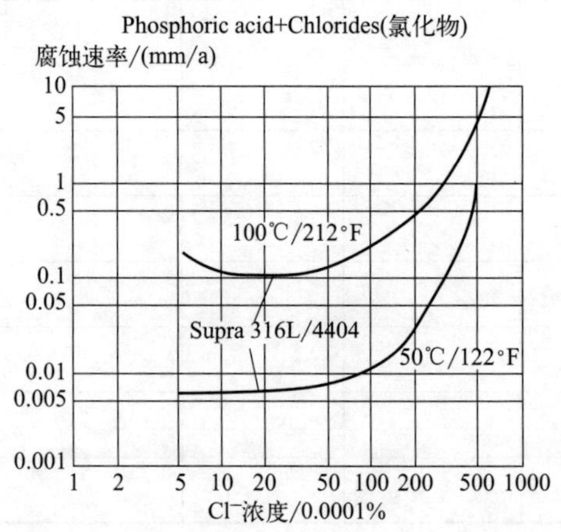

在含氯化物的化学纯度为 76%的磷酸中，Supra 316L/4404 的腐蚀速率，mm/a。

Phosphoric acid + sulphuric acid（磷酸 + 硫酸）

$H_3PO_4 + H_2SO_4$

材料	H_3PO_4 浓度/%					
	40	41.4	41.4	43	53	76
	H_2SO_4 浓度/%					
	2	2	3.5	47	15	3.5
	温度/℃					
	BP	80	80	70	60	80
碳钢	×	×	×	×	×	×
Moda 410S/4000	×	×	×	×	×	×
Moda 430/4016	×	×	×	×	×	×
Core 304L/4307	×	×	×	×	×	×
Supra 444/4521	×	×	×	×	×	×
Supra 316L/4404	×	○	●	●	×	●
Ultra 317L/4439	×	○	○	●	×	●
Ultra 904L	×	○	○	●	●	○
Ultra 254 SMO	●			●	○	
Ultra 4565	●			●	○	
Ultra 654 SMO	○			●	●	
Forta LDX 2101						
Forta DX 2304						
Forta LDX 2404						
Forta DX 2205	●			●	○	
Forta SDX 2507	●			●	○	
Ti	×	×	×	×	×	×

P

Phosphoric acid，Synthetic WPA acid 1（磷酸，合成WPA酸1）

HF＋HCl

注意

恒定浓度1.0% Fe_2O_3、1.0% Al_2O_3、4.0% H_2SO_4。

HF浓度为0.2%时：

材料	HCl浓度/%								
	0.02	0.02	0.02	0.06	0.06	0.06	0.1	0.1	0.1
	温度/℃								
	35	50	85	35	50	85	35	50	85
碳钢									
Moda 410S/4000									
Moda 430/4016									
Core 304L/4307									
Supra 444/4521									
Supra 316L/4404	○	○		○				×	
Ultra 317L/4439	○	○		○	○		○		
Ultra 904L	○	○	○			×			×
Ultra 254 SMO	○	○	○	○	○	○			
Ultra 4565									
Ultra 654 SMO			○						
Forta LDX 2101									
Forta DX 2304						×			
Forta LDX 2404									
Forta DX 2205	○	○		○	○		○	○	
Forta SDX 2507						○			
Ti									

续表

材料	HCl 浓度/%								
	0.02	0.02	0.02	0.06	0.06	0.06	0.1	0.1	0.1
	温度/℃								
	35	50	85	35	50	85	35	50	85
碳钢									
Moda 410S/4000									
Moda 430/4016									
Core 304L/4307									
Supra 444/4521									
Supra 316L/4404	○	○			×		×	×	
Ultra 317L/4439	○	○		○			○	×/—	
Ultra 904L	○	○	○			×			×
Ultra 254 SMO	○	○	○	○	○	○			
Ultra 4565									
Ultra 654 SMO									
Forta LDX 2101									
Forta DX 2304									×
Forta LDX 2404									
Forta DX 2205	○	○		○	○		○	○	×
Forta SDX 2507									×
Ti									

材料	HCl 浓度/%								
	0.02	0.02	0.02	0.06	0.06	0.06	0.1	0.1	0.1
	温度/℃								
	35	50	85	35	50	85	35	50	85
碳钢									
Moda 410S/4000									
Moda 430/4016									
Core 304L/4307									
Supra 444/4521									
Supra 316L/4404	○	○		×	×		×	×	
Ultra 317L/4439	○	○		○			○	×/—	
Ultra 904L			×			×			×
Ultra 254 SMO	○	○	○	○	○	○			

续表

材料	HCl 浓度/%								
	0. 02	0. 02	0. 02	0. 06	0. 06	0. 06	0. 1	0. 1	0. 1
	温度/℃								
	35	50	85	35	50	85	35	50	85
Ultra 4565									
Ultra 654 SMO									
Forta LDX 2101									
Forta DX 2304									×
Forta LDX 2404									
Forta DX 2205	○	○		○	○			×	×
Forta SDX 2507									×
Ti									

Phosphoric acid，Synthetic WPA acid 2（磷酸，合成 WPA 酸 2）

$Fe_2O_3 + Al_2O_3$

注意

恒定浓度 0.06% HCl、1.1% HF、4.0% H_2SO_4。

材料	Fe_2O_3 浓度/%									
	0.2	0.2	0.2	0.2	0.6	0.6	0.6	0.6	0.6	0.6
	Al_2O_3 浓度/%									
	0.2	0.6	0.6	1.0	0.2	0.2	0.6	0.6	0.6	1.0
	温度/℃									
	85	50	85	85	50	85	35	50	85	35
碳钢										
Moda 410S/4000										
Moda 430/4016										
Core 304L/4307										
Supra 444/4521										
Supra 316L/4404										
Ultra 317L/4439										
Ultra 904L	×		×	×		×				
Ultra 254 SMO	×		×	×		×	○	○	○	○
Ultra 4565										
Ultra 654 SMO										
Forta LDX 2101										
Forta DX 2304		×			×			×	×	
Forta LDX 2404										
Forta DX 2205	×	×	×	×	×	×		×	×	
Forta SDX 2507		×			○			○	×	
Ti										

续表

材料	Fe_2O_3 浓度/%										
	0.6	0.6	1.0	1.0	1.0	1.0	1.0	1.0	1.0	1.0	1.0
	Al_2O_3 浓度/%										
	1.0	1.0	1.0	1.0	1.0	0.6	0.6	0.6	1.0	1.0	1.0
	温度/℃										
	50	85	35	50	85	35	50	85	35	50	85
碳钢											
Moda 410S/4000											
Moda 430/4016											
Core 304L/4307											
Supra 444/4521											
Supra 316L/4404											
Ultra 317L/4439											
Ultra 904L											
Ultra 254 SMO	○	○	○	○	○	○	○	○	○	○	○
Ultra 4565											
Ultra 654 SMO											
Forta LDX 2101											
Forta DX 2304		×									×
Forta LDX 2404											
Forta DX 2205		×			×			×			×
Forta SDX 2507		×									×
Ti											

Phosphoric anhydride，phosphorus pentoxide（磷酸酐/五氧化二磷）

P_2O_5

五氧化二磷由磷在氧气中燃烧生成，白色无定形粉末或六方晶系晶体，极易吸湿，360℃升华，不燃烧。溶于水产生大量热并生成磷酸，对乙醇的反应与水相似。相对密度2.30，熔点340℃。为酸性氧化物，有腐蚀性，不可用手直接触摸或食用，也不可直接闻气味。该品根据《危险化学品安全管理条例》受公安部门管制。

用作气体和液体的干燥剂、有机合成的脱水剂、涤纶树脂的防静电剂、药品和糖的精制剂。是制取高纯度磷酸、磷酸盐、磷化物及磷酸酯的母体原料。还可用于五氧化二磷溶胶及以H型为主的气溶胶的制造。也可用于制造光学玻璃、透紫外线玻璃、隔热玻璃、微晶玻璃和乳浊玻璃等。

温度为20℃时：

材料	P_2O_5 浓度/%	
	干燥	潮湿
碳钢		
Moda 410S/4000		
Moda 430/4016		
Core 304L/4307	○	●
Supra 444/4521		
Supra 316L/4404	○	○
Ultra 317L/4439	○	○
Ultra 904L	○	○
Ultra 254 SMO	○	○
Ultra 4565	○	○
Ultra 654 SMO	○	○
Forta LDX 2101		
Forta DX 2304		
Forta LDX 2404		
Forta DX 2205		
Forta SDX 2507		
Ti	○	●

P

Phosphorus pentachloride（五氯化磷）

PCl_5

〈 注意 〉

在潮湿的情况下有点蚀的危险。

白色至浅黄色结晶块。有刺激性不愉快的气味，发烟，易潮解。约在100℃升华，不熔融。遇水水解，生成磷酸和氯化氢。遇醇类生成相应氯化物。溶于二硫化碳和四氯化碳。低毒，有腐蚀性。磷与氯气反应：氯气足量时，生成五氯化磷（白烟）；氯气不足时，生成三氯化磷（白雾），三氯化磷可继续与氯气反应生成五氯化磷。

用途：制造乙酰纤维素的催化剂；以氯置换化合物中的羟基，特别是由酸转化为酰氯；测定羟亚甲基。

PCl_5 浓度为100%，温度为20℃时：

材料	性能
碳钢	
Moda 410S/4000	○
Moda 430/4016	○
Core 304L/4307	○
Supra 444/4521	○
Supra 316L/4404	○
Ultra 317L/4439	○
Ultra 904L	○
Ultra 254 SMO	○
Ultra 4565	○
Ultra 654 SMO	○
Forta LDX 2101	○
Forta DX 2304	○
Forta LDX 2404	○
Forta DX 2205	○
Forta SDX 2507	○
Ti	○

Picric acid，trinitrophenol（苦味酸）

$C_6H_2(NO_2)_3OH$

苦味酸，即 2,4,6-三硝基苯酚，是一种化工原料，亦是炸药的一种，缩写为 TNP、PA。纯净物在室温下为略带黄色的晶体，具有苦杏仁味。它是苯酚的三硝基取代物，受硝基吸电子效应的影响而有很强的酸性，名字由希腊语的“苦味”得来，因其具有强烈的苦味。不易吸湿。难溶于四氯化碳，微溶于二硫化碳，溶于热水、乙醇、乙醚，易溶于丙酮、苯等有机溶剂。熔点 121.8℃，沸点＞300℃（爆炸）。

用于炸药、火柴、染料、制药和皮革等工业。还常用于有机碱的离析和提纯。

P

材料	$C_6H_2(NO_2)_3OH$ 浓度/%	
	1	所有浓度
	温度/℃	
	BP	20
碳钢	×	×
Moda 410S/4000	×	×
Moda 430/4016	●	○
Core 304L/4307	○	○
Supra 444/4521	○	○
Supra 316L/4404	○	○
Ultra 317L/4439	○	○
Ultra 904L	○	○
Ultra 254 SMO	○	○
Ultra 4565	○	○
Ultra 654 SMO	○	○
Forta LDX 2101	○	○
Forta DX 2304	○	○
Forta LDX 2404	○	○
Forta DX 2205	○	○
Forta SDX 2507	○	○
Ti	○	○

Potassium（钾）

K

钾元素的英文名称来源于 potash 一词，含义是木灰碱。原子序数 19，相对原子质量 39.0983，属周期系ⅠA 族元素，为碱金属的成员。银白色金属，蜡状，很软，可用小刀切割。熔沸点低（熔点 63.2℃，沸点 765.5℃），密度比水小，化学性质极度活泼（比钠还活泼），在空气中易氧化。遇水能引起剧烈的反应，使水分解而放出氢气和热量，同时引起燃烧，呈蓝色火焰。也可与乙醇和酸类起剧烈反应。与饱和脂肪烃或芳香烃无反应。但钾的化合物特别稳定，难以用常用的还原剂（如碳）从钾的化合物中将金属钾还原出来。溶于液氨、乙二胺和苯胺，溶于多种金属形成合金。钾在自然界中不以单质形态存在，而是以盐的形式广泛分布于陆地和海洋中。钾也是人体肌肉组织和神经组织中的重要成分之一。

钾在地壳中的含量为 2.47%，占第七位。钾的化合物早就被人类利用，古代人就知道草木灰中存在着钾草碱（即碳酸钾），可用作洗涤剂，硝酸钾也被用作黑火药的成分之一。现在常用于检定氮、硫、磷和钠等，无机及有机合成，制取还原剂及热传递介质。在农业上钾一般以氧化钾形式存在，主要有促进果实膨大、果实着色和保护叶片的功能，钾元素是植物生长必需的元素之一。

K 为熔融，温度为 540～600℃时：

材料	性能
碳钢	
Moda 410S/4000	
Moda 430/4016	
Core 304L/4307	○
Supra 444/4521	
Supra 316L/4404	○
Ultra 317L/4439	○
Ultra 904L	○
Ultra 254 SMO	○
Ultra 4565	○
Ultra 654 SMO	○
Forta LDX 2101	○
Forta DX 2304	○
Forta LDX 2404	○
Forta DX 2205	○
Forta SDX 2507	○
Ti	○

Potassium acetate（乙酸钾）

$KOOCCH_3$

乙酸钾又称醋酸钾，无色或白色晶体，属单斜晶系，易潮解（水溶液呈弱碱性），具有咸苦味。熔点 292℃。溶于甲醇、乙醇、液氨，不溶于乙醚、丙酮。

该品可用作脱水剂、纤维处理剂和分析试剂。

材料	$KOOCCH_3$ 浓度/%	
	所有浓度	熔融
	温度/℃	
	100	292
碳钢		×
Moda 410S/4000	○	
Moda 430/4016	○	
Core 304L/4307	○	○
Supra 444/4521	○	
Supra 316L/4404	○	○
Ultra 317L/4439	○	○
Ultra 904L	○	○
Ultra 254 SMO	○	○
Ultra 4565	○	○
Ultra 654 SMO	○	○
Forta LDX 2101	○	○
Forta DX 2304	○	○
Forta LDX 2404	○	○
Forta DX 2205	○	○
Forta SDX 2507	○	○
Ti	○	

Potassium acetate + sodium acetate（乙酸钾 + 乙酸钠）

$KOOCCH_3 + NaOOCCH_3$

$KOOCCH_3$ 浓度为 70%，$NaOOCCH_3$ 浓度为 30%，温度为 300℃时：

材料	性能
碳钢	
Moda 410S/4000	
Moda 430/4016	
Core 304L/4307	○
Supra 444/4521	
Supra 316L/4404	○
Ultra 317L/4439	○
Ultra 904L	○
Ultra 254 SMO	○
Ultra 4565	○
Ultra 654 SMO	○
Forta LDX 2101	○
Forta DX 2304	○
Forta LDX 2404	○
Forta DX 2205	○
Forta SDX 2507	○
Ti	○

Potassium bicarbonate（碳酸氢钾）

$KHCO_3$

碳酸氢钾又称重碳酸钾，分子量为 100.114，无色透明单斜晶系晶体或白色晶体。无臭、味咸。熔点 292℃。易溶于水（1g/0.8mL 水），其水溶液呈弱碱性，不溶于乙醇，溶于碳酸钾溶液。

用作生产碳酸钾、醋酸钾、亚砷酸钾等的原料，亦用于医药、食品、灭火剂等行业。在食品行业中，可用作酸度调节剂和化学膨松剂，我国规定各类需添加膨松剂的食品，可按生产需要适量使用。

$KHCO_3$ 在所有浓度下，温度为 100℃时：

材料	性能
碳钢	
Moda 410S/4000	○
Moda 430/4016	○
Core 304L/4307	○
Supra 444/4521	○
Supra 316L/4404	○
Ultra 317L/4439	○
Ultra 904L	○
Ultra 254 SMO	○
Ultra 4565	○
Ultra 654 SMO	○
Forta LDX 2101	○
Forta DX 2304	○
Forta LDX 2404	○
Forta DX 2205	○
Forta SDX 2507	○
Ti	○

Potassium bisulphate（硫酸氢钾）

$KHSO_4$

白色片状或粒状晶体。易吸湿（水溶液呈酸性）。在乙醇中分解。高温时失去水分并易成为焦硫酸盐。溶于 1.8 份冷水、0.85 份沸水。相对密度 2.24，熔点 197℃。低毒、有腐蚀性。

广泛用作防腐剂、分析剂等。

材料	$KHSO_4$ 浓度/%							
	2	5	5	5	10	10	10	15
	温度/℃							
	90	20	50	90	20	90	100	90
碳钢	×	×	×	×	×	×	×	×
Moda 410S/4000	×	×	×	×	×	×	×	×
Moda 430/4016	×	×	×	×	×	×	×	×
Core 304L/4307	×	●	●	×	●	×	×	×
Supra 444/4521								
Supra 316L/4404	○	○	○	●	○	●	×	×
Ultra 317L/4439	○	○	○	●	○	●	●	×
Ultra 904L	○	○	○	○	○	●	●	●
Ultra 254 SMO	○	○	○	○	○	○	●	○
Ultra 4565	○	○	○		○			
Ultra 654 SMO	○	○	○	○	○		●	○
Forta LDX 2101								
Forta DX 2304	○	○	○	○			●	○
Forta LDX 2404								
Forta DX 2205	○	○	○	○			●	○
Forta SDX 2507	○	○	○	○	○	○	●	○
Ti	×	○	●	×	○	×	×	×

Potassium bisulphite（亚硫酸氢钾）

$KHSO_3$

注意

如果有空气存在时，在气态中可能会受到亚硫酸和硫酸的侵蚀。

亚硫酸氢钾是一种无机化工产品，分子量为120.17。白色结晶性粉末。熔点190℃。具有较强的还原性，在空气中会渐渐被氧化为硫酸盐。加热至190℃时分解。溶于水，水溶液呈酸性，不溶于乙醇。

常用作分析试剂和还原剂，也用于制药工业。

$KHSO_3$ 浓度为10%时：

材料	温度/℃	
	20	BP
碳钢	×	×
Moda 410S/4000	●	×
Moda 430/4016	●	●
Core 304L/4307	○	●
Supra 444/4521	○	○
Supra 316L/4404	○	○
Ultra 317L/4439	○	○
Ultra 904L	○	○
Ultra 254 SMO	○	
Ultra 4565	○	
Ultra 654 SMO	○	
Forta LDX 2101	○	
Forta DX 2304	○	
Forta LDX 2404	○	
Forta DX 2205	○	
Forta SDX 2507	○	
Ti	○	○

P

Potassium bitartrate（酒石酸氢钾）

$KH(OOC(OH)CH)_2$

酒石酸氢钾是酒石酸钾的酸式盐。熔点 267℃，沸点为 318℃。通常为无色至白色斜方晶系结晶性粉末，相对密度 1.984。在水中的溶解度随温度而变化（水溶液呈酸性），不溶于乙醇、乙酸，易溶于稀无机酸、碱溶液或硼砂溶液。

它是酿葡萄酒时的副产品，被食品工业称作塔塔粉，用作膨松剂、还原剂和缓冲试剂。

$KH(OOC(OH)CH)_2$ 浓度为饱和（在 100℃），温度为 BP 时：

材料	性能
碳钢	×
Moda 410S/4000	×
Moda 430/4016	×
Core 304L/4307	●
Supra 444/4521	
Supra 316L/4404	○
Ultra 317L/4439	○
Ultra 904L	○
Ultra 254 SMO	○
Ultra 4565	○
Ultra 654 SMO	○
Forta LDX 2101	
Forta DX 2304	
Forta LDX 2404	
Forta DX 2205	
Forta SDX 2507	
Ti	○

Potassium bromide（溴化钾）

KBr

无色晶体或白色粉末。有强烈咸味，见光颜色变黄，稍有吸湿性。1g 溶于 1.5mL 冷水、1mL 沸水、4.6mL 甘油、250mL 乙醇，水溶液呈中性。相对密度（d_{25}/d_4）2.75，熔点 730℃，沸点 1435℃。有刺激性。其溴离子可被氟、氯取代。与硫酸反应可生成溴化氢，与硝酸银反应生成黄色溴化银沉淀。

主要用于制造感光胶片、显影剂、底片加厚剂、化学分析试剂、调色剂和彩色照片漂白剂等；此外还用于分光仪、红外线的传递、制特种肥皂，以及雕刻、石印等方面。

KBr 在所有浓度下，温度为 20℃时：

材料	性能
碳钢	×
Moda 410S/4000	×
Moda 430/4016	$○_p$
Core 304L/4307	$○_p$
Supra 444/4521	$○_p$
Supra 316L/4404	$○_p$
Ultra 317L/4439	$○_p$
Ultra 904L	$○_p$
Ultra 254 SMO	
Ultra 4565	
Ultra 654 SMO	
Forta LDX 2101	
Forta DX 2304	
Forta LDX 2404	
Forta DX 2205	
Forta SDX 2507	
Ti	○

P

Potassium bromide + potassium hexacyanoferrate (Ⅲ)[溴化钾+铁氰化钾(Ⅲ)]

KBr + $K_3Fe(CN)_6$

KBr 浓度为 2.3%，K_3Fe $(CN)_6$ 浓度为 1.5%，温度为 20℃时：

材料	性能
碳钢	
Moda 410S/4000	
Moda 430/4016	
Core 304L/4307	$○_p$
Supra 444/4521	$○_p$
Supra 316L/4404	$○_p$
Ultra 317L/4439	$○_p$
Ultra 904L	$○_p$
Ultra 254 SMO	
Ultra 4565	
Ultra 654 SMO	
Forta LDX 2101	
Forta DX 2304	
Forta LDX 2404	
Forta DX 2205	
Forta SDX 2507	
Ti	○

Potassium carbonate（碳酸钾）

K_2CO_3

白色结晶性粉末，密度 2.428g/cm^3，熔点 891℃，沸点时分解，分子量 138.21。溶于水，水溶液呈碱性，不溶于乙醇、丙酮和乙醚。吸湿性强，暴露在空气中能吸收二氧化碳和水分，转变为碳酸氢钾，应密封包装。水合物有一水合物、二水合物、三水合物。

碳酸钾在水中的溶解度：

温度/℃	0	10	20	30	40	60	80	100
溶解度/（g/mL）	107	109	110	114	117	129	139	156

碳酸钾可用于制备玻璃、肥皂、搪瓷等，也可用于食品中作膨松剂。

材料	K_2CO_3 浓度/%	
	所有浓度	熔融
	温度/℃	
	BP	900～1000
碳钢		×
Moda 410S/4000	○	×
Moda 430/4016	○	×
Core 304L/4307	○	×
Supra 444/4521	○	×
Supra 316L/4404	○	×
Ultra 317L/4439	○	×
Ultra 904L	○	×
Ultra 254 SMO	○	
Ultra 4565	○	
Ultra 654 SMO	○	
Forta LDX 2101	○	
Forta DX 2304	○	
Forta LDX 2404	○	
Forta DX 2205	○	
Forta SDX 2507	○	
Ti	○	

P

Potassium chlorate（氯酸钾）

$KClO_3$

注意

有氯化物存在时，不锈钢有点蚀和应力腐蚀开裂的危险。

无色片状晶体或白色颗粒粉末，味咸而凉，强氧化剂。常温下稳定。温度在熔点以上时分解为高氯酸钾和氯化钾，而几乎不放出氧气。在400℃以上则分解并放出氧气。1g缓慢溶于16.5mL冷水（水溶液呈中性）、1.8mL沸水、约50mL甘油，几乎不溶于乙醇。相对密度2.32，熔点356℃。与浓硫酸反应生成极易爆炸的氯酸与二氧化氯，与某些有机物、硫、磷、亚硫酸盐、次磷酸盐及其他易氧化物质研磨，能引起燃烧和爆炸。

氯酸钾用途较广，可用于炸药、烟花、鞭炮、高级安全火柴、医药、分析试剂、氧化剂及火箭和导弹推进剂等。

材料	$KClO_3$ 浓度/%		
	7～10	10	36
	温度/℃		
	50	100	BP
碳钢	×		
Moda 410S/4000	○		
Moda 430/4016	○		
Core 304L/4307	○	○	●
Supra 444/4521	○		
Supra 316L/4404	○	○	○
Ultra 317L/4439	○	○	○
Ultra 904L	○	○	○
Ultra 254 SMO	○	○	
Ultra 4565	○	○	
Ultra 654 SMO	○	○	
Forta LDX 2101	○	○	
Forta DX 2304	○	○	
Forta LDX 2404	○	○	
Forta DX 2205	○	○	
Forta SDX 2507	○	○	
Ti	○	○	○

Potassium chromate（铬酸钾）

$KCrO_4$

黄色固体，是铬酸所成的钾盐。铬酸钾中铬为六价，属于致癌物质，不可吸入或吞食。熔点 971℃。溶于水，不溶于醇，其水溶液呈碱性。

用作金属防锈剂、氧化剂、印染的媒染剂及铬酸盐的制造。

$KCrO_4$ 在所有浓度下，温度为 BP 时：

材料	性能
碳钢	
Moda 410S/4000	
Moda 430/4016	
Core 304L/4307	○
Supra 444/4521	
Supra 316L/4404	○
Ultra 317L/4439	○
Ultra 904L	○
Ultra 254 SMO	○
Ultra 4565	○
Ultra 654 SMO	○
Forta LDX 2101	○
Forta DX 2304	○
Forta LDX 2404	○
Forta DX 2205	○
Forta SDX 2507	○
Ti	○

P

Potassium chromium sulphate, chrome alum（硫酸铬钾/铬明矾）

$KCr(SO_4)_2 \cdot 12H_2O$

紫色或紫红色等轴晶系八面体晶体，易制成大颗粒晶体。相对密度 1.826（25℃），熔点 89℃。加热至 100℃失去 10 个结晶水，加热至 400℃时失去 12 个结晶水变成无水物。溶于水、稀酸，不溶于醇。溶于水中（水溶液呈酸性）呈紫红色水溶液，加热至 70℃时变成绿色溶液，冷却后变成紫色。易吸潮，在干燥的空气中能风化。

用作鞣剂、媒染剂及定影剂等。

P

材料	$KCr(SO_4)_2 \cdot 12H_2O$ 浓度/%		
	6	20	40
	温度/℃		
	20～90	BP	BP
碳钢	×	×	×
Moda 410S/4000	×	×	×
Moda 430/4016	×	×	×
Core 304L/4307	○	×	×
Supra 444/4521	○		
Supra 316L/4404	○	○	●
Ultra 317L/4439	○	○	○
Ultra 904L	○	○	○
Ultra 254 SMO	○	○	
Ultra 4565	○	○	
Ultra 654 SMO	○	○	
Forta LDX 2101	○		
Forta DX 2304	○		
Forta LDX 2404	○		
Forta DX 2205	○		
Forta SDX 2507	○		
Ti	○	○	●

Potassium cyanide（氰化钾）

KCN

白色圆球形硬块，粒状或结晶性粉末，剧毒，有氰化氢气味（苦杏仁气味）。在湿空气中潮解并放出微量的氰化氢气体。易溶于水，微溶于醇，水溶液呈强碱性，并很快水解。密度 1.857g/cm^3，沸点 1497℃，熔点 563℃。与酸接触分解能放出剧毒的氰化氢气体，与氯酸盐或亚硝酸钠混合能发生爆炸。氰化钾中毒一般会通过三种途径：空气吸入、食用及皮肤接触。

与氰化钠用途相同，可以通用。较氰化钠在电镀时具有导电性能好、镀层细致等优点，但价格较贵。用于矿石浮选提取金、银，钢铁的热处理，制造有机腈类。在分析化学中用作试剂。此外，也用于照相、蚀刻、石印等。

KCN 在所有浓度下：

材料	温度/℃	
	20	BP
碳钢	×	
Moda 410S/4000	○	
Moda 430/4016	○	
Core 304L/4307	○	
Supra 444/4521	○	
Supra 316L/4404	○	○
Ultra 317L/4439	○	○
Ultra 904L	○	○
Ultra 254 SMO	○	○
Ultra 4565	○	○
Ultra 654 SMO	○	○
Forta LDX 2101	○	
Forta DX 2304	○	○
Forta LDX 2404	○	○
Forta DX 2205	○	○
Forta SDX 2507	○	○
Ti		

P

Potassium dichromate（重铬酸钾）

$K_2Cr_2O_7$

橙红色三斜晶系晶体或针状晶体，有毒。用于制铬矾、火柴、铬颜料，并供鞣革、电镀、有机合成等用。有苦味及金属味。密度 2.676g/cm^3，熔点 398℃。稍溶于冷水，水溶液呈酸性，易溶于热水，不溶于乙醇。

水中溶解度：

温度/℃	0	20	40	60	80	100
溶解度/（g/mL）	4.3	11.7	20.9	31.3	42.0	50.2

主要在化学工业中用作生产铬盐产品如三氧化二铬等的主要原料。火柴工业用于制造火柴头的氧化剂。搪瓷工业用于制造搪瓷釉粉，使搪瓷呈绿色。玻璃工业用作着色剂。印染工业用作媒染剂。香料工业用作氧化剂等。另外，它还是测试水体化学需氧量（COD）的重要试剂之一。酸化的重铬酸钾遇酒精由橙红色变成灰蓝色，以检验司机是否酒后驾驶；或在化学生物中检验是否有酒精生成。

材料	$K_2Cr_2O_7$ 浓度/%		
	20	25	25
	温度/℃		
	90	20	BP
碳钢			×
Moda 410S/4000	○	○	×
Moda 430/4016			
Core 304L/4307	○	○	○
Supra 444/4521	○	○	○
Supra 316L/4404	○	○	○
Ultra 317L/4439	○	○	○
Ultra 904L	○	○	○
Ultra 254 SMO	○	○	○
Ultra 4565	○	○	○
Ultra 654 SMO	○	○	○
Forta LDX 2101	○		○
Forta DX 2304	○	○	○
Forta LDX 2404	○	○	○
Forta DX 2205	○	○	○
Forta SDX 2507	○	○	○
Ti	○	○	○

Potassium hexacyanoferrate（Ⅱ）[亚铁氰化钾（Ⅱ）]

$K_4Fe(CN)_6$

亚铁氰化钾俗称黄血盐，是一种配位化合物。熔点 70℃，沸点 104.2℃。室温下为柠檬黄色单斜晶系晶体，于沸点分解。它不溶于乙醇，但在水中的溶解度高达 300g/L（水溶液呈碱性）。亚铁氰化钾水溶液与酸反应放出极毒的氰化氢（HCN）气体，但亚铁氰化钾自身毒性很低。亚铁氰化钾加热分解得到氰化钾，与三价铁离子反应生成颜料 $Fe_4[Fe(CN)_6]_3$，俗称普鲁士蓝。

$K_4Fe(CN)_6$ 在所有浓度下：

材料	温度/℃	
	20	BP
碳钢		
Moda 410S/4000	×	×
Moda 430/4016	○	○
Core 304L/4307	○	○
Supra 444/4521	○	○
Supra 316L/4404	○	○
Ultra 317L/4439	○	○
Ultra 904L	○	○
Ultra 254 SMO	○	○
Ultra 4565	○	○
Ultra 654 SMO	○	○
Forta LDX 2101	○	○
Forta DX 2304	○	○
Forta LDX 2404	○	○
Forta DX 2205	○	○
Forta SDX 2507	○	○
Ti	○	○

P

Potassium hexacyanoferrate（Ⅲ）[铁氰化钾（Ⅲ）]

$K_3Fe(CN)_6$

铁氰化钾，即六氰合铁酸钾，无机化合物。该物质的中心原子是 Fe，配位体是 CN，配位数为 6，内界是 $[Fe(CN)_6]$，外界是 K。深红色晶体（单斜、八面体），俗称赤血盐、赤血盐钾，无特殊气味。该物质的摩尔质量 329.24g/mol，固体密度为 $1.89g/cm^3$，熔点 300℃（573K）。该亮红色固体盐可溶于水：36g/100mL（冷水），77.5g/100mL（热水）。水溶液（呈弱碱性）带有黄绿色荧光，含有 $[Fe(CN)_6]$ 配离子，其他阴离子为亚铁氰化钾。其水溶液在存放过程中逐渐分解，遇阳光不稳定，能被酸分解。遇亚铁盐生成深蓝色沉淀。溶于丙酮，微溶于乙醇，不溶于乙酸甲酯与液氮。经灼烧可完全分解，产生氰化钾和氰。但在常温下，其固体盐十分稳定。铁氰化钾是一种氧化剂，有毒。与酸反应生成极毒气体，高温分解成极毒的氰化物。能被光及还原剂还原成亚铁氰化钾。其热溶液能被酸及酸式盐分解，放出氢氰酸气体（剧毒）。

主要应用于颜料、制革、印刷、制药、肥料、电镀、造纸、钢铁等工业，化学上常用来检验二价铁离子。

$K_3Fe(CN)_6$ 在所有浓度下：

材料	温度/℃	
	20	BP
碳钢		×
Moda 410S/4000	○	×
Moda 430/4016	○	○
Core 304L/4307	○	○
Supra 444/4521	○	○
Supra 316L/4404	○	○
Ultra 317L/4439	○	○
Ultra 904L	○	○
Ultra 254 SMO	○	○
Ultra 4565	○	○
Ultra 654 SMO	○	○
Forta LDX 2101	○	○
Forta DX 2304	○	○
Forta LDX 2404	○	○
Forta DX 2205	○	○
Forta SDX 2507	○	○
Ti	○	○

Potassium hydroxide（氢氧化钾）

KOH

白色粉末或片状固体。熔点 360～406℃，沸点 1320～1324℃，相对密度 2.044。极易吸收空气中水分而潮解，吸收二氧化碳而成碳酸钾。溶于约 0.6 份热水、0.9 份冷水、3 份乙醇、2.5 份甘油。当溶解于水、醇或用酸处理时产生大量热量。0.1mol/L 溶液的 pH 为 13.5。中等毒性。有极强的碱性和腐蚀性，其性质与烧碱相似。

用作冶金加热剂、分析试剂、皂化试剂、二氧化碳和水分的吸收剂，也用于制药工业。

材料	KOH 浓度/%						
	10	20	25	50	50	70	熔融
	温度/℃						
	BP	20	BP	20	BP	120	300～365
碳钢							×
Moda 410S/4000	○	○	×	●	×	×	×
Moda 430/4016	○	○	●	○	×	×	×
Core 304L/4307	○	○	○	○	●$_s$	●$_s$	×
Supra 444/4521	○	○	○	○	●$_s$	●$_s$	×
Supra 316L/4404	○	○	○	○	●$_s$	●$_s$	×
Ultra 317L/4439	○	○	○	○	●$_s$	●$_s$	×
Ultra 904L	○	○	○	○	●$_s$	●$_s$	×
Ultra 254 SMO	○	○	○	○			
Ultra 4565	○	○	○	○			
Ultra 654 SMO	○	○	○	○			
Forta LDX 2101	○	○	○	○			
Forta DX 2304	○	○	○	○			
Forta LDX 2404	○	○	○	○			
Forta DX 2205	○	○	○	○			
Forta SDX 2507	○	○	○	○			
Ti	○	○	●	○	×	×	×

Potassium hypochlorite（次氯酸钾）

KClO

无机化合物，强氧化剂，白色粉末，有极强的氯臭。其溶液为黄绿色半透明液体。在空气中极不稳定，受热后迅速自行分解。极易溶于冷水，遇热水则分解，水溶液呈碱性。熔点−2℃，沸点102℃（分解）。

主要用作氧化剂、漂白剂、消毒剂、杀菌剂。

温度为20℃时：

材料	KClO 浓度/%	
	<2	>2
碳钢		
Moda 410S/4000		
Moda 430/4016		
Core 304L/4307	●p	×
Supra 444/4521		
Supra 316L/4404	○p	●p
Ultra 317L/4439	○p	○p
Ultra 904L	○p	○p
Ultra 254 SMO		
Ultra 4565		
Ultra 654 SMO		
Forta LDX 2101		
Forta DX 2304		
Forta LDX 2404		
Forta DX 2205		
Forta SDX 2507		
Ti	○	○

Potassium iodide（碘化钾）

KI

白色立方晶系晶体或粉末。在潮湿空气中微有吸湿性，久置析出游离碘而变成黄色，并能形成微量碘酸盐。光及潮湿能加速分解。1g 溶于 0.7mL 冷水、0.5mL 沸水、22mL 冷乙醇、8mL 沸乙醇、51mL 无水乙醇、8mL 甲醇、7.5mL 丙酮、2mL 甘油、约 2.5mL 乙二醇。其水溶液呈中性或微碱性，能溶解碘。其水溶液也会氧化而渐变黄色，可加少量碱防止。相对密度 3.12，熔点 680℃，沸点 1330℃。近似致死剂量（大鼠，静脉）285mg/kg。

广泛用于容量分析碘量法中配制滴定液。单倍体育种中配制伯莱德斯、改良怀特、MS 和 RM 等培养基。还可用于粪便检验、照相、制药。

KI 在所有浓度下，温度为 BP 时：

材料	性能
碳钢	
Moda 410S/4000	×
Moda 430/4016	●$_p$
Core 304L/4307	○$_p$
Supra 444/4521	○$_p$
Supra 316L/4404	○$_p$
Ultra 317L/4439	○$_p$
Ultra 904L	○$_p$
Ultra 254 SMO	
Ultra 4565	
Ultra 654 SMO	
Forta LDX 2101	
Forta DX 2304	
Forta LDX 2404	
Forta DX 2205	
Forta SDX 2507	
Ti	○

Potassium nitrate（硝酸钾）

KNO_3

硝酸钾是钾的硝酸盐。硝酸钾是离子化合物，没有分子，所以没有分子量，只有式量。无色透明棱柱状晶体或白色颗粒或结晶性粉末。味辛辣而咸有凉感。微潮解，潮解性比硝酸钠略小。熔点 334℃，沸点 400℃（分解），相对密度（水=1）为 2.11。易溶于水（水溶液呈中性），不溶于无水乙醇、乙醚。溶于水时吸热，溶液温度降低。在水中的溶解度为 13g/100mL（因温度而异，温度越高溶解度越高；在化学物质中，硝酸钾溶解度的变化是相当明显的）。

用作分析试剂和氧化剂，也用于钾盐的合成和配制炸药。在食品工业中用作发色剂、护色剂、抗微生物剂、防腐剂。陶瓷工业用于改变釉料的颜色。医药工业用于生产青霉素钾盐、利福平等药物。农业中用作农作物和花卉的复合肥料。

材料	KNO_3 浓度/%		
	所有浓度	熔融	
碳钢			
Moda 410S/4000	○	×	
Moda 430/4016	○		
Core 304L/4307	○	○	●
Supra 444/4521	○		
Supra 316L/4404	○	○	●
Ultra 317L/4439	○	○	●
Ultra 904L	○	○	
Ultra 254 SMO	○		
Ultra 4565	○		
Ultra 654 SMO	○		
Forta LDX 2101	○		
Forta DX 2304	○		
Forta LDX 2404	○		
Forta DX 2205	○		
Forta SDX 2507	○		
Ti	○		

Potassium oxalate（草酸钾）

$(COOK)_2 \cdot H_2O$

由碳酸钾与草酸作用而制得。熔点356℃，沸点365.1℃，白色单斜晶系晶体，易溶于水（水溶液呈弱碱性），密度2.17g/mL。用于制药物和漂白草帽等；也用作化学试剂、织物去垢剂、静脉血液样品的抗凝结剂。

$(COOK)_2 \cdot H_2O$ 在所有浓度下：

材料	温度/℃	
	20	BP
碳钢	×	×
Moda 410S/4000	○	×
Moda 430/4016	○	○
Core 304L/4307	○	○
Supra 444/4521	○	○
Supra 316L/4404	○	○
Ultra 317L/4439	○	○
Ultra 904L	○	○
Ultra 254 SMO	○	○
Ultra 4565	○	○
Ultra 654 SMO	○	○
Forta LDX 2101	○	○
Forta DX 2304	○	○
Forta LDX 2404	○	○
Forta DX 2205	○	○
Forta SDX 2507	○	○
Ti	○	○

Potassium permanganate（高锰酸钾）

$KMnO_4$

强氧化剂，紫红色晶体，溶于水（水溶液呈碱性）、碱液，微溶于甲醇、丙酮、硫酸。遇乙醇即被还原。熔点 240℃。

在化学品生产中，广泛用作氧化剂，例如用作制糖精、维生素C、异烟肼及安息香酸的氧化剂；在医药上用作防腐剂、消毒剂、除臭剂及解毒剂；在水质净化及废水处理中，作水处理剂，以氧化硫化氢、酚、铁、锰等多种污染物，控制臭味和脱色；在气体净化中，可除去痕量硫、砷、磷、硅烷、硼烷及硫化物；在采矿冶金方面，用于从铜中分离钼，从锌和镉中除杂，以及作化合物浮选的氧化剂；还用于作特殊织物、蜡、油脂及树脂的漂白剂，防毒面具的吸附剂，木材及铜的着色剂，等等。

材料	$KMnO_4$ 浓度/%	
	5~10	10
	温度/℃	
	20	BP
碳钢		
Moda 410S/4000	○	●
Moda 430/4016	○	○
Core 304L/4307	○	○
Supra 444/4521	○	○
Supra 316L/4404	○	○
Ultra 317L/4439	○	○
Ultra 904L	○	○
Ultra 254 SMO	○	○
Ultra 4565	○	○
Ultra 654 SMO	○	○
Forta LDX 2101	○	○
Forta DX 2304	○	○
Forta LDX 2404	○	○
Forta DX 2205	○	○
Forta SDX 2507	○	○
Ti	○	○

Potassium peroxide（过氧化钾）

K_2O_2

过氧化钾又称二氧化钾，为酸性氧化物，分子量 110.19。纯品为白色无定形固体，具刺激性。熔点 490℃。遇水分解并放出氧。具有强氧化作用，与有机物接触会引起燃烧和爆炸。可由金属钾在氧气中氧化而得。

用作氧化剂、漂白剂等，也用于面罩中产生氧气。

K_2O_2 浓度为 10%，温度为 20～90℃时：

材料	性能
碳钢	
Moda 410S/4000	
Moda 430/4016	
Core 304L/4307	○
Supra 444/4521	
Supra 316L/4404	○
Ultra 317L/4439	○
Ultra 904L	○
Ultra 254 SMO	○
Ultra 4565	○
Ultra 654 SMO	○
Forta LDX 2101	○
Forta DX 2304	○
Forta LDX 2404	○
Forta DX 2205	○
Forta SDX 2507	○
Ti	×

Potassium persulphate（过硫酸钾）

$K_2S_2O_8$

无机化合物，无色或白色晶体，无气味，有潮解性，具刺激性。能逐渐分解失去有效氧，湿气能促使其分解，高温时分解较快，在约100℃时全部分解。溶于约50份水（40℃时溶于25份水），不溶于乙醇，水溶液几乎是中性。相对密度2.477。有强氧化性。与有机物摩擦或撞击能引起燃烧。

可用作油井压裂液的破胶剂；在合成树脂、合成橡胶工业中作为乳液聚合的引发剂，用于丁二烯/苯乙烯橡胶的合成；在照相业中用作硫代硫酸钠的脱除剂；染料和印染工业中用作氧化剂；油脂工业中作漂白剂等。

温度为20℃时：

材料	$K_2S_2O_8$ 浓度/%	
	4	饱和
碳钢	×	×
Moda 410S/4000	×	×
Moda 430/4016	●	×
Core 304L/4307	○	×
Supra 444/4521	○	
Supra 316L/4404	○	●
Ultra 317L/4439	○	○
Ultra 904L	○	○
Ultra 254 SMO	○	
Ultra 4565	○	
Ultra 654 SMO	○	
Forta LDX 2101	○	
Forta DX 2304	○	
Forta LDX 2404	○	
Forta DX 2205	○	
Forta SDX 2507	○	
Ti	○	●

Potassium sulphate（硫酸钾）

K_2SO_4

硫酸钾是由硫酸根离子和钾离子组成的盐，通常状况下为无色或白色晶体、颗粒或粉末。无气味，味苦。质硬。化学性质不活泼。在空气中稳定。密度 2.66g/cm^3，熔点 1069℃。水溶液呈中性，常温下 pH 约为 7。1g 溶于 8.3mL 冷水、4mL 沸水、75mL 甘油，不溶于乙醇。

主要用途有：血清蛋白生化检验，凯氏定氮用催化剂，制备其他钾盐、化肥、药物、玻璃、明矾等。

K_2SO_4 在所有浓度下，温度为 BP 时：

材料	性能
碳钢	
Moda 410S/4000	
Moda 430/4016	○
Core 304L/4307	○
Supra 444/4521	○
Supra 316L/4404	○
Ultra 317L/4439	○
Ultra 904L	○
Ultra 254 SMO	○
Ultra 4565	○
Ultra 654 SMO	○
Forta LDX 2101	○
Forta DX 2304	○
Forta LDX 2404	○
Forta DX 2205	○
Forta SDX 2507	○
Ti	○

Potassium sulphide（硫化钾）

K_2S

无机化合物，红色晶体，易潮解。熔点 840℃。溶于水（水溶液呈碱性）、乙醇、甘油，不溶于乙醚。其水溶液有腐蚀性和强烈的刺激性。水溶液易水解而释放出硫化氢气体。不稳定，迅速加热可能发生爆炸。100℃ 时开始蒸发，蒸气可侵蚀玻璃。粉尘对鼻、喉有刺激性，接触后引起喷嚏、咳嗽和喉炎等，高浓度吸入引起肺水肿。眼和皮肤接触可致烧伤。可由碳和硫酸钾反应制得。

多用于分析试剂，可用于脱毛剂、杀虫剂、制药工业，是黑火药的成分之一。

K_2S 浓度为 1%，温度为 20℃时：

材料	性能
碳钢	×
Moda 410S/4000	○
Moda 430/4016	○
Core 304L/4307	○
Supra 444/4521	○
Supra 316L/4404	○
Ultra 317L/4439	○
Ultra 904L	○
Ultra 254 SMO	○
Ultra 4565	○
Ultra 654 SMO	○
Forta LDX 2101	○
Forta DX 2304	○
Forta LDX 2404	○
Forta DX 2205	○
Forta SDX 2507	○
Ti	○

Propylene dichloride（二氯丙烷）

$CH_2ClCHClCH_3$

注意

在潮湿的情况下不锈钢有点蚀的危险。

二氯丙烷种数其实很多，市面上见到最多的有1,2-二氯丙烷和1,3-二氯丙烷都简称为二氯丙烷。无色透明的液体，有点像乙醇类的味道。沸点96～120℃。不溶于水，易溶于丙酮、乙醚等大多数有机溶剂。

可作防霉剂或杀菌剂、油漆稀释剂，也是一种优良的有机溶剂，可替代二甲苯等苯类用于制作无苯香蕉水、聚氨酯漆稀释剂等。

$CH_2ClCHClCH_3$ 浓度为100%，温度为20℃时：

材料	性能
碳钢	
Moda 410S/4000	
Moda 430/4016	
Core 304L/4307	○
Supra 444/4521	
Supra 316L/4404	○
Ultra 317L/4439	○
Ultra 904L	○
Ultra 254 SMO	○
Ultra 4565	○
Ultra 654 SMO	○
Forta LDX 2101	○
Forta DX 2304	○
Forta LDX 2404	○
Forta DX 2205	○
Forta SDX 2507	○
Ti	○

Pyridine（吡啶）

C_5H_5N

吡啶，有机化合物，是含有一个氮杂原子的六元杂环化合物。可以看做苯分子中的一个“CH”被N取代，故又称氮苯，无色或微黄色液体，有恶臭。吡啶及其同系物存在于骨焦油、煤焦油、煤气、页岩油、石油中。熔点（℃）：−41.6；沸点（℃）：115.3；相对密度（水=1）：0.9827。吡啶与水能以任何比例互溶（水溶液呈弱碱性），同时又能溶解大多数极性及非极性的有机化合物，甚至可以溶解某些无机盐类，所以吡啶是一个有广泛应用价值的溶剂。

吡啶在工业上可用作变性剂、助染剂，以及合成一系列产品（包括药品、消毒剂、染料等）的原料。

C_5H_5N 在所有浓度下，温度为100℃时：

材料	性能
碳钢	
Moda 410S/4000	
Moda 430/4016	○
Core 304L/4307	○
Supra 444/4521	○
Supra 316L/4404	○
Ultra 317L/4439	○
Ultra 904L	○
Ultra 254 SMO	○
Ultra 4565	○
Ultra 654 SMO	○
Forta LDX 2101	○
Forta DX 2304	○
Forta LDX 2404	○
Forta DX 2205	○
Forta SDX 2507	○
Ti	○

Pyrogallic acid, pyrogallol, trihydroxybenzene（焦性没食子酸/三羟基苯）

$C_6H_3(OH)_3$

白色无臭晶体。有苦味。暴露于空气和光变成灰色。慢慢加热开始升华。熔点 133～134℃，沸点 309℃，相对密度 1.453，折射率 1.561。溶于水（水溶液呈酸性）、乙醇、乙醚，微溶于苯、氯仿、二硫化碳。暴露在空气中时，水溶液颜色慢慢变暗，而其苛性碱溶液则变色较快。

用于制备金属胶状溶液，皮革着色，毛皮、毛发等的染色，蚀刻等；并可用作电影胶片的显影剂、红外线照相热敏剂、苯乙烯及聚苯乙烯阻聚剂、医药及染料的中间体以及分析用试剂等。焦性没食子酸在气体分析中用作氧的吸收剂，在化妆品方面用于扑粉、护发剂、染发剂等。

$C_6H_3(OH)_3$ 在所有浓度下，温度为 20℃～BP 时：

材料	性能
碳钢	×
Moda 410S/4000	○
Moda 430/4016	○
Core 304L/4307	○
Supra 444/4521	○
Supra 316L/4404	○
Ultra 317L/4439	○
Ultra 904L	○
Ultra 254 SMO	○
Ultra 4565	○
Ultra 654 SMO	○
Forta LDX 2101	○
Forta DX 2304	○
Forta LDX 2404	○
Forta DX 2205	○
Forta SDX 2507	○
Ti	○

P

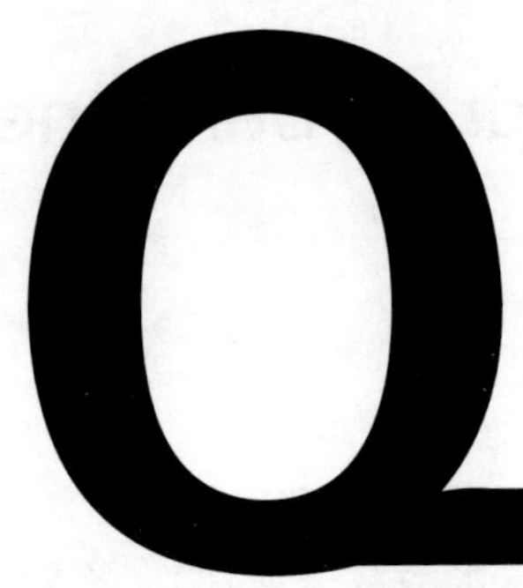

Quinine bisulphate（奎宁硫酸氢盐）

所有浓度，温度为 20℃时：

材料	性能
碳钢	×
Moda 410S/4000	×
Moda 430/4016	×
Core 304L/4307	×
Supra 444/4521	
Supra 316L/4404	○
Ultra 317L/4439	○
Ultra 904L	○
Ultra 254 SMO	○
Ultra 4565	○
Ultra 654 SMO	○
Forta LDX 2101	
Forta DX 2304	○
Forta LDX 2404	○
Forta DX 2205	○
Forta SDX 2507	○
Ti	

Quinine solution（奎宁溶液）

Ammoniated（氨化）

奎宁（Quinine），又名金鸡纳碱，分子式是 $C_{20}H_{24}N_2O_2$，是茜草科植物金鸡纳树及其同属植物的树皮中的主要生物碱，是一种用于治疗与预防疟疾且可治疗焦虫病的药物。

在所有浓度下，温度为 20℃时：

材料	性能
碳钢	×
Moda 410S/4000	
Moda 430/4016	
Core 304L/4307	○
Supra 444/4521	
Supra 316L/4404	○
Ultra 317L/4439	○
Ultra 904L	○
Ultra 254 SMO	○
Ultra 4565	○
Ultra 654 SMO	○
Forta LDX 2101	○
Forta DX 2304	○
Forta LDX 2404	○
Forta DX 2205	○
Forta SDX 2507	○
Ti	○

Q

Quinine sulphate（硫酸奎宁）

硫酸奎宁，熔点 233～235℃，沸点 495.9℃，是喹啉类衍生物，能与疟原虫的 DNA 结合，形成复合物抑制 DNA 的复制和 RNA 的转录，从而抑制疟原虫的蛋白合成，作用较氯喹为弱。

适用于治疗耐氯喹和治疗药物虫株所致的恶性疟。也可用于治疗间日疟。但对于哮喘、心房颤动及其他严重心脏疾患、葡萄糖-6-磷酸脱氢酶缺乏症患者和月经期妇女均应慎用。

所有浓度，温度为 20℃时：

材料	性能
碳钢	×
Moda 410S/4000	×
Moda 430/4016	○
Core 304L/4307	○
Supra 444/4521	○
Supra 316L/4404	○
Ultra 317L/4439	○
Ultra 904L	○
Ultra 254 SMO	○
Ultra 4565	○
Ultra 654 SMO	○
Forta LDX 2101	○
Forta DX 2304	○
Forta LDX 2404	○
Forta DX 2205	○
Forta SDX 2507	○
Ti	○

Q

Quinosol（硫酸羟基喹啉）

$C_9H_6NOSO_3K \cdot H_2O$

$C_9H_6NOSO_3K \cdot H_2O$ 浓度为 0.2%～0.5%，温度为 20℃时：

材料	性能
碳钢	
Moda 410S/4000	
Moda 430/4016	
Core 304L/4307	○
Supra 444/4521	
Supra 316L/4404	○
Ultra 317L/4439	○
Ultra 904L	○
Ultra 254 SMO	○
Ultra 4565	○
Ultra 654 SMO	○
Forta LDX 2101	○
Forta DX 2304	○
Forta LDX 2404	○
Forta DX 2205	○
Forta SDX 2507	○
Ti	○

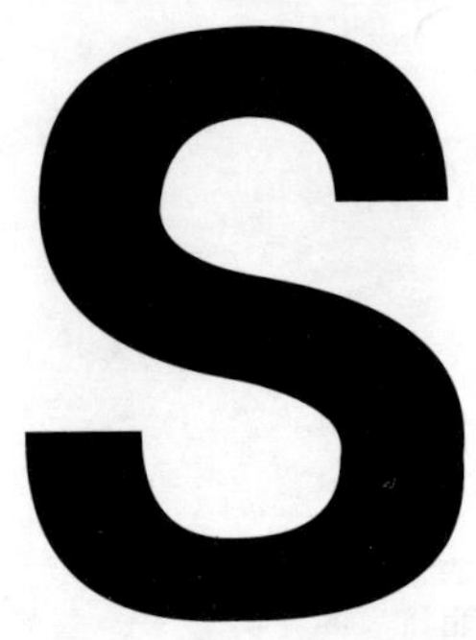

Saccharin（糖精/邻苯甲酰磺酰亚胺）

化学式为 $C_7H_5NO_3S$，是一种甜味剂，为白色结晶性粉末，难溶于水。其甜度为蔗糖的 300～500 倍，吃起来会有轻微的苦味和金属味残留在舌头上。熔点 226～229℃，沸点 438.9℃，水溶液呈中性或碱性。

所有浓度，温度 100℃时：

材料	性能
碳钢	
Moda 410S/4000	
Moda 430/4016	○
Core 304L/4307	○
Supra 444/4521	○
Supra 316L/4404	○
Ultra 317L/4439	○
Ultra 904L	○
Ultra 254 SMO	○
Ultra 4565	○
Ultra 654 SMO	○
Forta LDX 2101	○
Forta DX 2304	○
Forta LDX 2404	○
Forta DX 2205	○
Forta SDX 2507	○
Ti	○

Salicylic acid（水杨酸）

$C_6H_4(OH)COOH$

水杨酸是柳树皮提取物，是一种天然的消炎药。白色针状晶体或单斜晶系晶体，有特殊的酚酸味。在空气中稳定，但遇光渐渐改变颜色。熔点（℃）：158～161；沸点（℃，2.67kPa）：210。微溶于冷水，易溶于热水、乙醇、乙醚和丙酮，溶于热苯。1g 本品能溶于 460mL 冷水、15mL 热水、2.7mL 醇、3mL 丙酮、42mL 氯仿、3mL 醚、135mL 苯、52mL 松节油。常用的感冒药阿司匹林就是水杨酸的衍生物乙酰水杨酸，而对氨基水杨酸钠（PAS）则是一种常用的抗结核药物。水杨酸在皮肤科常用于治疗各种慢性皮肤病如痤疮（青春痘）、癣等。水杨酸可以祛角质、杀菌、消炎，因而非常适合治疗毛孔堵塞引起的青春痘，国际主流祛痘产品都是含水杨酸的，浓度通常是 0.5%～2%。

主要作为医药工业的原料，用于制备阿司匹林、水杨酸钠、水杨酰胺、止痛灵、水杨酸苯酯、血防-67 等药物；染料工业用于制备媒染纯黄、直接棕 3GN、酸性铬黄等；还用作橡胶硫化延缓剂和消毒防腐剂等；可用来制备水杨酸甲酯、水杨酸乙酯等合成香料；用于花露水、痱子水等水类化妆品。

材料	C_6H_4（OH）COOH 浓度/%	
	5	20
	温度/℃	
	20～85	100
碳钢		
Moda 410S/4000	○	
Moda 430/4016	○	
Core 304L/4307	○	○
Supra 444/4521	○	
Supra 316L/4404	○	○
Ultra 317L/4439	○	○
Ultra 904L	○	○
Ultra 254 SMO	○	○
Ultra 4565	○	○
Ultra 654 SMO	○	○
Forta LDX 2101	○	○
Forta DX 2304	○	○
Forta LDX 2404	○	○
Forta DX 2205	○	○
Forta SDX 2507	○	○
Ti	○	○

Silver bromide（溴化银）

AgBr

注意

由于其在水中的溶解度较低，不锈钢产生点蚀的风险较小。

浅黄色结晶性粉末，无气味。见光颜色变深。密度（g/mL，25℃）：6.473；熔点（℃）：432；沸点（℃，常压）：700。溶于 200 份饱和氯化钠溶液和 35 份饱和溴化钾溶液，溶于氰化碱溶液、浓氨水，微溶于碳酸铵溶液和稀氨溶液，不溶于水、乙醇和多数酸类。

用于制造相片底片或感光纸，用于照相制版、电镀工业。还用作分析试剂。

AgBr 在所有浓度下，温度为 20℃～BP 时：

材料	性能
碳钢	×
Moda 410S/4000	○$_{p}$
Moda 430/4016	○$_{p}$
Core 304L/4307	○$_{p}$
Supra 444/4521	
Supra 316L/4404	○
Ultra 317L/4439	○
Ultra 904L	○
Ultra 254 SMO	○
Ultra 4565	○
Ultra 654 SMO	○
Forta LDX 2101	○$_{p}$
Forta DX 2304	○
Forta LDX 2404	○
Forta DX 2205	○
Forta SDX 2507	○
Ti	○

Silver bromide + silver iodide（溴化银 + 碘化银）

AgBr + AgI

注意

由于它们在水中的溶解度低，不锈钢产生点蚀和应力腐蚀开裂的风险较小。

AgBr 在所有浓度下，AgI 浓度为 0.2%，温度为 BP 时：

材料	性能
碳钢	
Moda 410S/4000	
Moda 430/4016	○p
Core 304L/4307	○ps
Supra 444/4521	
Supra 316L/4404	○
Ultra 317L/4439	○
Ultra 904L	○
Ultra 254 SMO	○
Ultra 4565	○
Ultra 654 SMO	○
Forta LDX 2101	○p
Forta DX 2304	○
Forta LDX 2404	○
Forta DX 2205	○
Forta SDX 2507	○
Ti	○

Silver nitrate（硝酸银）

$AgNO_3$

无色透明斜方晶系片状晶体，易溶于水和氨水，溶于乙醚和甘油，微溶于无水乙醇，几乎不溶于浓硝酸。其水溶液呈弱酸性。硝酸银溶液由于含有大量银离子，故氧化性较强，并有一定腐蚀性。硝酸银遇有机物变灰黑色，分解出银。纯硝酸银对光稳定，但由于一般的产品纯度不够，其水溶液和固体常被保存在棕色试剂瓶中。硝酸银加热至440℃时分解成银、氮气、氧气和二氧化氮。水溶液和乙醇溶液对石蕊呈中性反应，pH约为6。熔点212℃，沸点444℃（分解）。硝酸银能与一系列试剂发生沉淀反应或配位反应。

用于照相乳剂、镀银、制镜、印刷、医药、染毛发，以及检验氯离子、溴离子和碘离子等，也用于电子工业。

材料	$AgNO_3$ 浓度/%	
	所有浓度	熔融
	温度/℃	
	20～BP	250
碳钢	×	×
Moda 410S/4000	○	×
Moda 430/4016	○	×
Core 304L/4307	○	○
Supra 444/4521	○	○
Supra 316L/4404	○	○
Ultra 317L/4439	○	○
Ultra 904L	○	○
Ultra 254 SMO	○	○
Ultra 4565	○	○
Ultra 654 SMO	○	○
Forta LDX 2101	○	○
Forta DX 2304	○	○
Forta LDX 2404	○	○
Forta DX 2205	○	○
Forta SDX 2507	○	○
Ti	○	

Sodium（钠）

Na

钠是一种化学元素，它的原子序数是11。钠单质不会在自然界中存在，因为钠在空气中会迅速氧化，并与水产生剧烈反应，所以只能存在于化合物中。

钠是银白色立方体结构金属。新切面有银白色光泽，在空气中氧化转变为暗灰色。质软而轻，密度比水小，在－20℃时变硬，遇水剧烈反应，生成氢氧化钠和氢气并产生大量热量而自燃或爆炸。在空气中，燃烧时产生亮黄色火焰。遇乙醇也会反应，生成氢气和乙醇钠，同时放出热量。能与卤素和磷直接化合。能还原许多氧化物成元素状态，也能还原金属氯化物。溶于液氨时成蓝色溶液。在氨中加热生成氨基钠。溶于汞生成钠汞齐。相对密度（水＝1）0.968，熔点97.82℃，沸点881.4℃。有腐蚀性。

材料	Na 浓度/%	
	熔融	
	温度/℃	
	600	800
碳钢		
Moda 410S/4000		
Moda 430/4016		
Core 304L/4307	○	○
Supra 444/4521		
Supra 316L/4404	○	○
Ultra 317L/4439	○	○
Ultra 904L	○	○
Ultra 254 SMO	○	○
Ultra 4565	○	○
Ultra 654 SMO	○	○
Forta LDX 2101	○	○
Forta DX 2304	○	○
Forta LDX 2404	○	○
Forta DX 2205	○	○
Forta SDX 2507	○	○
Ti	○	●

Sodium acetate（乙酸钠/醋酸钠）

$NaOOCCH_3$

无色无味的晶体，在空气中可被风化，可燃。易溶于水，微溶于乙醇，不溶于乙醚。熔点（℃）：324。但是通常湿法制取的有醋酸的味道。在水中可发生水解，显碱性。

用于测定铅、锌、铝、铁、钴、锑、镍和锡，用作络合稳定剂、乙酰化作用的辅助剂、缓冲剂、干燥剂、媒染剂、调味剂、增香剂及pH值调节剂。

$NaOOCCH_3$ 在所有浓度下，温度为20～340℃时：

材料	性能
碳钢	
Moda 410S/4000	○
Moda 430/4016	○
Core 304L/4307	○
Supra 444/4521	○
Supra 316L/4404	○
Ultra 317L/4439	○
Ultra 904L	○
Ultra 254 SMO	○
Ultra 4565	○
Ultra 654 SMO	○
Forta LDX 2101	○
Forta DX 2304	○
Forta LDX 2404	○
Forta DX 2205	○
Forta SDX 2507	○
Ti	○

Sodium aluminate（偏铝酸钠）

$NaAlO_2$

白色、无臭、无味，呈强碱性的固体，熔点 1650℃。高温熔融产物为白色粉末，溶于水，不溶于乙醇，在空气中易吸收水分和二氧化碳。水中溶解后易析出氢氧化铝沉淀，氢氧化铝溶于氢氧化钠溶液也生成偏铝酸钠。可用氧化铝与固态氢氧化钠或碳酸钠共熔制得。

偏铝酸钠遇弱酸和少量的强酸生成白色的氢氧化铝沉淀，现象是有大量的白色沉淀生成，且最终沉淀的量不变。而遇到过量的强酸生成对应的铝盐，现象是先有白色沉淀生成，过一段时间后，白色沉淀的量逐渐减小，最后消失。偏铝酸钠和碱不作用，因为它本身由于偏铝酸根离子水解，使得溶液显碱性。

用途：土木工程方面，本品与水玻璃混合用于施工中的堵漏；造纸行业，本品与硫酸铝混合是一种良好的填充剂；水处理方面，可做净水剂助剂；此外，本品在石油化工、制药、橡胶、印染、纺织、催化剂生产中也有较广泛的应用。

$NaAlO_2$ 在所有浓度下，温度为 20℃时：

材料	性能
碳钢	
Moda 410S/4000	
Moda 430/4016	○
Core 304L/4307	○
Supra 444/4521	○
Supra 316L/4404	○
Ultra 317L/4439	○
Ultra 904L	○
Ultra 254 SMO	○
Ultra 4565	○
Ultra 654 SMO	○
Forta LDX 2101	○
Forta DX 2304	○
Forta LDX 2404	○
Forta DX 2205	○
Forta SDX 2507	○
Ti	○

Sodium bicarbonate，baking soda（碳酸氢钠/小苏打）

$NaHCO_3$

碳酸氢钠俗称小苏打、苏打粉、重曹、焙用碱等，白色细小晶体，在水中的溶解度小于碳酸钠。270℃分解。与水结合后开始反应，释出二氧化碳，在酸性液体（如：果汁）中反应更快，而随着环境温度升高，释出气体的速度加快。碳酸氢钠在反应后会残留碳酸钠，使用过多会使成品有碱味。碳酸氢钠水溶液呈弱碱性。受热易分解，在潮湿空气中缓慢分解，约在50℃开始反应生成二氧化碳，在100℃全部变为碳酸钠。25℃时溶于10份水，约18℃时溶于12份水，不溶于乙醇。其冷水制成的没有搅动的溶液，对酚酞试纸仅呈微碱性反应，放置或升高温度，其碱性增加。25℃新鲜配制的0.1mol/L水溶液pH值为8.3。

用途：分析试剂、有机合成、制药（治疗胃酸过多）、发酵剂（焙制糕点）、灭火剂（泡沫或干粉）。

$NaHCO_3$在所有浓度下，温度为20～100℃时：

材料	性能
碳钢	
Moda 410S/4000	○
Moda 430/4016	○
Core 304L/4307	○
Supra 444/4521	○
Supra 316L/4404	○
Ultra 317L/4439	○
Ultra 904L	○
Ultra 254 SMO	○
Ultra 4565	○
Ultra 654 SMO	○
Forta LDX 2101	○
Forta DX 2304	○
Forta LDX 2404	○
Forta DX 2205	○
Forta SDX 2507	○
Ti	○

Sodium bisulphate（硫酸氢钠）

$NaHSO_4$

无色晶体。无气味。强热时生成焦硫酸钠。被乙醇分解成硫酸钠和游离硫酸。溶于约0.8份水，其水溶液呈强酸性，0.1mol/L溶液pH值为1.4。相对密度2.103（13.5℃），2.435（无水物，13℃）。熔点58.5℃，沸点约315℃（无水物）。有刺激性。

用于测定溴、碘、铜和二氧化钛及矿物分析。

材料	$NaHSO_4$ 浓度/%										
	1	2	2	4	4	5	5	10	10	10	15
	温度/℃										
	85	20	85	20	BP	20	85	20	50	BP	85
碳钢			×		×	×	×	×	×	×	
Moda 410S/4000			×		×	×	×	×	×	×	×
Moda 430/4016			×		×	×	×	×	×	×	×
Core 304L/4307	●	○	●	●	×	●	×	●	×	×	×
Supra 444/4521											
Supra 316L/4404	○	○	○	○	●	○	○	○	○	×	×
Ultra 317L/4439	○	○	○	○	●	○	○	○	○	×	×
Ultra 904L	○	○	○	○	○	○	○	○	○	×	○
Ultra 254 SMO	○	○	○	○	●	○	○	○	○	●	○
Ultra 4565	○	○	○	○	●	○	○	○	○	●	○
Ultra 654 SMO	○	○	○	○	○	○	○	○	○	●	○
Forta LDX 2101	○	○	○	○	○	○	○	○	○	●	×
Forta DX 2304	○	○	○	○	●	○	○	○		×	○
Forta LDX 2404	○	○	○	○		○	○	○			
Forta DX 2205	○	○	○	○	●	○	○	○		●	○
Forta SDX 2507	○	○	○	○	○	○	○	○		●	○
Ti											

Sodium bisulphite（亚硫酸氢钠）

$NaHSO_3$

注意

如果有空气存在，在气态中可能发生硫酸和亚硫酸的侵蚀。

白色结晶性粉末。有二氧化硫的气味。暴露在空气中失去部分二氧化硫，同时氧化成硫酸盐。溶于 3.5 份冷水、2 份沸水、约 70 份乙醇，其水溶液呈酸性。熔点 150℃，沸点 315℃，相对密度 1.48。有刺激性。商品常含有各种比例的焦亚硫酸钠（$Na_2S_2O_5$）。

用于棉织物及有机物的漂白；在染料、造纸、制革、化学合成等工业中用作还原剂；医药工业用于生产安乃近和氨基比林的中间体；食品工业用作漂白剂、防腐剂、抗氧化剂；用于含铬废水的处理，并用作电镀添加剂。

$NaHSO_3$ 浓度为 10%时：

材料	温度/℃	
	20	BP
碳钢	×	×
Moda 410S/4000	●	×
Moda 430/4016	●	●
Core 304L/4307	○	●
Supra 444/4521	○	○
Supra 316L/4404	○	○
Ultra 317L/4439	○	○
Ultra 904L	○	○
Ultra 254 SMO	○	○
Ultra 4565	○	○
Ultra 654 SMO	○	○
Forta LDX 2101		
Forta DX 2304	○	○
Forta LDX 2404	○	○
Forta DX 2205	○	○
Forta SDX 2507	○	○
Ti	○	○

Sodium bromide（溴化钠）

NaBr

无色立方晶系晶体或白色颗粒状粉末。无臭，味咸而微苦。密度（g/mL，25℃）：3.203；熔点（℃）：755；沸点（℃，常压）：1390；折射率：1.6412；闪点（℃）：1390。易溶于水（100℃时溶解度为121g/100mL水），水溶液呈中性。微溶于醇。51℃时溶液中析出无水溴化钠晶体，低于51℃则生成二水合物。

感光工业中用于配制胶片感光液；医药上用于生产利尿剂和镇静剂；香料工业中用于生产合成香料；印染工业中用作溴化剂。

材料	NaBr 浓度/%	
	5～10	20
	温度/℃	
	20	80
碳钢	×	
Moda 410S/4000		
Moda 430/4016	○$_p$	○$_p$
Core 304L/4307	○$_p$	○$_{ps}$
Supra 444/4521	○$_p$	○$_p$
Supra 316L/4404	○$_p$	○$_{ps}$
Ultra 317L/4439	○$_p$	○$_{ps}$
Ultra 904L	○$_p$	○$_{ps}$
Ultra 254 SMO	○	○
Ultra 4565		
Ultra 654 SMO	○	○
Forta LDX 2101		
Forta DX 2304	○	○
Forta LDX 2404		
Forta DX 2205	○	○
Forta SDX 2507	○	○
Ti	○	○

Sodium carbonate，soda ash（碳酸钠/苏打灰）

Na_2CO_3

碳酸钠又名苏打灰，分子量 105.99，熔点 851℃，沸点 1600℃。化学品的纯度多在 99.5%以上（质量分数），又叫纯碱，但分类属于盐，不属于碱。是易溶于水的白色粉末，溶液呈碱性（能使酚酞溶液变浅红）。高温能分解，加热不分解。

它是一种重要的有机化工原料，主要用于玻璃制品和陶瓷釉的生产。还广泛用于生活洗涤、酸类中和以及食品加工等。

材料	Na_2CO_3 浓度/%	
	所有浓度	熔融
	温度/℃	
	20～BP	900
碳钢		×
Moda 410S/4000	○	×
Moda 430/4016	○	×
Core 304L/4307	○	×
Supra 444/4521	○	×
Supra 316L/4404	○	×
Ultra 317L/4439	○	×
Ultra 904L	○	
Ultra 254 SMO	○	
Ultra 4565	○	
Ultra 654 SMO	○	
Forta LDX 2101	○	
Forta DX 2304	○	
Forta LDX 2404	○	
Forta DX 2205	○	
Forta SDX 2507	○	
Ti	○	

Sodium chlorate（氯酸钠）

$NaClO_3$

注意

有氯化物存在时，不锈钢有点蚀和应力腐蚀开裂的危险。

常温下为无色晶体或白色颗粒。无气味。约300℃时释放出氧气，在较高温度下全部分解。1g溶于约1mL冷水、0.5mL沸水、约130mL冷乙醇、50mL沸乙醇、4mL甘油，水溶液呈中性，氯化钠能降低其水中溶解度。相对密度2.5，熔点248℃。有强氧化性。与有机物或还原性物质摩擦或撞击能引起燃烧或爆炸。

工业上主要用于制造二氧化氯、亚氯酸钠、高氯酸盐及其它氯酸盐。

材料	$NaClO_3$ 浓度/%		
	10～20	30	30
	温度/℃		
	BP	20	BP
碳钢			
Moda 410S/4000			
Moda 430/4016			
Core 304L/4307	○	○	●
Supra 444/4521			
Supra 316L/4404	○	○	○
Ultra 317L/4439	○	○	○
Ultra 904L	○	○	○
Ultra 254 SMO	○	○	
Ultra 4565	○	○	
Ultra 654 SMO	○	○	
Forta LDX 2101	○	○	
Forta DX 2304	○	○	
Forta LDX 2404	○	○	
Forta DX 2205	○	○	
Forta SDX 2507	○	○	
Ti	○	○	○

S

Sodium chlorate + sodium chloride（氯酸钠 + 氯化钠）

$NaClO_3$ + NaCl

材料	$NaClO_3$ 浓度/%		
	30	35	70
	NaCl 浓度/%		
	5	饱和	饱和
	温度/℃		
	BP	120	120
碳钢		×	×
Moda 410S/4000	●p	×	×
Moda 430/4016	●p	×	×
Core 304L/4307	●ps	×	●ps
Supra 444/4521	p	p	p
Supra 316L/4404	○ps	○ps	○ps
Ultra 317L/4439	○ps	○ps	○ps
Ultra 904L	○ps	○ps	○ps
Ultra 254 SMO	○	○p	○p
Ultra 4565			
Ultra 654 SMO	○	○p	○
Forta LDX 2101			
Forta DX 2304	○	○p	●p
Forta LDX 2404			
Forta DX 2205	○	○p	●p
Forta SDX 2507	○	○p	○
Ti	○	○	○

S

Sodium chloride + hydrogen peroxide（氯化钠 + 过氧化氢）

NaCl + H_2O_2

材料	NaCl 浓度/%	
	1	5~10
	H_2O_2 浓度/%	
	3	1~1.5
	温度/℃	
	80	20
碳钢		
Moda 410S/4000		
Moda 430/4016	p	p
Core 304L/4307	○$_{ps}$	○$_{p}$
Supra 444/4521	p	p
Supra 316L/4404	○$_{ps}$	○$_{p}$
Ultra 317L/4439	○$_{ps}$	○$_{p}$
Ultra 904L	○$_{ps}$	○$_{p}$
Ultra 254 SMO		
Ultra 4565		
Ultra 654 SMO		
Forta LDX 2101		
Forta DX 2304		
Forta LDX 2404		
Forta DX 2205		
Forta SDX 2507		
Ti	●	○

Sodium chlorite（亚氯酸钠）

$NaClO_2$

注意

有氯化物存在时，不锈钢有点蚀和应力腐蚀开裂的危险。

白色晶体或结晶性粉末。稍有吸湿性。易溶于水（水溶液呈碱性）和醇。

为高效漂白剂和氧化剂。主要用于纸浆、纸张和各种纤维，如棉、麻、苇、黏胶纤维等的漂白，也可漂白白砂糖、面粉、淀粉、油脂和蜡等。还用于皮革脱毛、某些金属的表面处理、饮用水净化和污水处理等。也可用作阴丹士林染色的拔染剂、杀菌剂等。

$NaClO_2$ 的浓度为5%时：

材料	温度/℃	
	20	BP
碳钢		
Moda 410S/4000		
Moda 430/4016		
Core 304L/4307	×	×
Supra 444/4521	×	
Supra 316L/4404	×	×
Ultra 317L/4439	●	×
Ultra 904L	○	●
Ultra 254 SMO		
Ultra 4565		
Ultra 654 SMO		
Forta LDX 2101		
Forta DX 2304		
Forta LDX 2404		
Forta DX 2205		
Forta SDX 2507		
Ti	○	○

Sodium citrate（柠檬酸钠）

$C_3H_4(OH)(COONa)_3$

柠檬酸钠，别名枸橼酸钠，是一种有机化合物，外观为白色到无色晶体。无臭，有清凉咸辣味。常温及空气中稳定，在湿空气中微有溶解性，在热空气中产生风化现象。易溶于水（溶液 pH 值约为 8），可溶于甘油，难溶于醇类及其他有机溶剂，过热分解。

柠檬酸钠在食品、饮料工业中用作酸度调节剂、风味剂、稳定剂；在医药工业中用作抗凝血剂、化痰药和利尿药；在洗涤剂工业中，可替代三聚磷酸钠作为无毒洗涤剂的助剂；还用于酿造和电镀等。

材料	$C_3H_4(OH)(COONa)_3$ 浓度/%	
	3.5	35
	温度/℃	
	20~100	100
碳钢	×	×
Moda 410S/4000	○	○
Moda 430/4016	○	○
Core 304L/4307	○	○
Supra 444/4521	○	○
Supra 316L/4404	○	○
Ultra 317L/4439	○	○
Ultra 904L	○	○
Ultra 254 SMO	○	○
Ultra 4565	○	○
Ultra 654 SMO	○	○
Forta LDX 2101	○	○
Forta DX 2304	○	○
Forta LDX 2404	○	○
Forta DX 2205	○	○
Forta SDX 2507	○	○
Ti	○	○

Sodium cyanide（氰化钠）

NaCN

氰化钠为立方晶系，白色晶体颗粒或粉末，易潮解，有微弱的苦杏仁气味。剧毒，人体皮肤伤口接触、吸入、吞食微量可中毒死亡。熔点 563.7℃，沸点 1496℃。易溶于水，易水解生成氰化氢，水溶液呈强碱性。

氰化钠是一种重要的化工原料，用于基本有机合成、电镀、冶金、医药、农药及金属处理方面。

NaCN 在所有浓度下，温度为 BP 时：

材料	性能
碳钢	
Moda 410S/4000	○
Moda 430/4016	○
Core 304L/4307	○
Supra 444/4521	○
Supra 316L/4404	○
Ultra 317L/4439	○
Ultra 904L	○
Ultra 254 SMO	○
Ultra 4565	○
Ultra 654 SMO	○
Forta LDX 2101	○
Forta DX 2304	○
Forta LDX 2404	○
Forta DX 2205	○
Forta SDX 2507	○
Ti	○

Sodium dichromate（重铬酸钠）

$Na_2Cr_2O_7 \cdot 2H_2O$

红色至橘红色晶体。略有吸湿性。100℃时失去结晶水，约400℃时开始分解。易溶于水，不溶于乙醇，水溶液呈酸性。1%水溶液的pH为4，10%水溶液的pH为3.5。相对密度2.348，熔点356.7℃（无水物）。有强氧化性，与有机物摩擦或撞击能引起燃烧。流行病学调查表明，其对人有强致癌危险性。有腐蚀性。

用作生产铬酸酐、重铬酸钾、重铬酸铵、盐基性硫酸铬、铬黄、氧化铬绿等的原料，生产碱性湖蓝染料、糖精、合成樟脑及合成纤维的氧化剂。分行业看：医药工业用作生产苯佐卡因、叶酸、雷夫奴尔等的氧化剂。印染工业用作苯胺染料染色时的氧化剂，硫化还原染料染色时的后处理剂，酸性媒染染料染色时的媒染剂。制革工业用作鞣剂。电镀工业用于镀锌后钝化处理，以增加光亮度。玻璃工业用作绿色着色剂。

$Na_2Cr_2O_7 \cdot 2H_2O$的浓度为饱和，温度为50℃时：

材料	性能
碳钢	
Moda 410S/4000	
Moda 430/4016	
Core 304L/4307	○
Supra 444/4521	○
Supra 316L/4404	○
Ultra 317L/4439	○
Ultra 904L	○
Ultra 254 SMO	○
Ultra 4565	○
Ultra 654 SMO	○
Forta LDX 2101	○
Forta DX 2304	○
Forta LDX 2404	○
Forta DX 2205	○
Forta SDX 2507	○
Ti	○

S

Sodium dithionite（连二亚硫酸钠）

$Na_2S_2O_4$

连二亚硫酸钠，也称为保险粉，是一种白色砂状晶体或淡黄色粉末。熔点 300℃，沸点 1390℃。由于硫处于中间价态，所以连二亚硫酸钠既具有强还原性，还具有强氧化性。其与水接触后会释放大量的热。在有湿气时或水溶液中，很快生成亚硫酸氢钠和硫酸氢钠并呈酸性。

广泛用于印染工业，如棉织物助染剂和丝毛织物的漂白。还用于医药、选矿、铜版印刷、造纸食品工业。

$Na_2S_2O_4$ 浓度为 2%，温度为 70℃时：

材料	性能
碳钢	
Moda 410S/4000	
Moda 430/4016	○p
Core 304L/4307	○p*
Supra 444/4521	
Supra 316L/4404	○
Ultra 317L/4439	○
Ultra 904L	○
Ultra 254 SMO	○
Ultra 4565	○
Ultra 654 SMO	○
Forta LDX 2101	
Forta DX 2304	○
Forta LDX 2404	
Forta DX 2205	○
Forta SDX 2507	○
Ti	○

*：特别是在气态。

Sodium fluoride（氟化钠）

NaF

无色立方或四方晶系晶体。对湿敏感。水中溶解度（g/100mL 水）：15℃时 4，25℃时 4.3，100℃时 5；不溶于乙醇。水溶液部分水解呈碱性反应，新配制的饱和溶液 pH 为 7.4。其水溶液能使玻璃发毛，但其干燥的晶体或粉末可存放在玻璃瓶内。溶于氢氟酸而成氟化氢钠，能腐蚀玻璃。相对密度 2.78，熔点 993℃，沸点 1695℃。有强刺激性。

涂装工业中作为磷化促进剂，使磷化液稳定，改良磷化膜性能。在铝及其合金磷化中，封闭危害性很大的负催化作用的 Al^{3+}，使磷化顺利进行。还可作为木材防腐剂、农业杀虫剂、酿造业杀菌剂、医药防腐剂、焊接助焊剂、碱性锌酸盐镀锌添加剂等。

NaF 浓度为 5%～10%，温度为 20～100℃时：

材料	性能
碳钢	
Moda 410S/4000	○
Moda 430/4016	○
Core 304L/4307	○
Supra 444/4521	○
Supra 316L/4404	○
Ultra 317L/4439	○
Ultra 904L	○
Ultra 254 SMO	○
Ultra 4565	○
Ultra 654 SMO	○
Forta LDX 2101	○
Forta DX 2304	○
Forta LDX 2404	○
Forta DX 2205	○
Forta SDX 2507	○
Ti	×

Sodium hydroxide + sodium chloride（氢氧化钠 + 氯化钠）

NaOH + NaCl

材料	NaOH 浓度/%						
	0.5	1	5	5	5	10	20
	NaCl 浓度/%						
	16.5	1~25	20	40	40	20~25	5
	温度/℃						
	BP	50	108	80	108	108	110
碳钢							●
Moda 410S/4000							
Moda 430/4016							
Core 304L/4307	○	$○_s$	○	○	○	○	○
Supra 444/4521	○						
Supra 316L/4404	○	○	○	○	○	○	
Ultra 317L/4439	○		○	○	○	○	
Ultra 904L	○	○	○	○	○	○	
Ultra 254 SMO	○	○	○	○	○	○	
Ultra 4565	○	○	○	○	○	○	
Ultra 654 SMO	○	○	○	○	○	○	
Forta LDX 2101							○
Forta DX 2304		$○_p$	○	○	○	○	○
Forta LDX 2404							○
Forta DX 2205		○	○	○	○	○	
Forta SDX 2507		○	○	○	○	○	
Ti	○		○	○	○	●	

续表

材料	NaOH 浓度/%					
	20	20	20	40	40	60
	NaCl 浓度/%					
	10	10~20	40	1~20	1~20	2
	温度/℃					
	200	108	80	80	108	100
碳钢						
Moda 410S/4000						
Moda 430/4016						
Core 304L/4307	●	○	○	○	●	●
Supra 444/4521						
Supra 316L/4404	●	○	○	○	●	●
Ultra 317L/4439		○	○	○	●	●
Ultra 904L		○	○	○	○	○
Ultra 254 SMO		○	○	○	○	○
Ultra 4565		○	○	○		
Ultra 654 SMO		○	○	○		
Forta LDX 2101	●					
Forta DX 2304	●	○			●	●
Forta LDX 2404	●					
Forta DX 2205		○			●	●
Forta SDX 2507		○		○	○	○
Ti		●	○	●	●	●

S

Sodium hydroxide + sodium sulphide（氢氧化钠 + 硫化钠）

NaOH + Na_2S

材料	NaOH 浓度/%	
	2.5	65
	Na_2S 浓度/%	
	1	10
	温度/℃	
	BP	165
碳钢		×
Moda 410S/4000	○	×
Moda 430/4016	○	×
Core 304L/4307	○	×
Supra 444/4521	○	×
Supra 316L/4404	○	×
Ultra 317L/4439	○	×
Ultra 904L	○	●s
Ultra 254 SMO	○	
Ultra 4565	○	
Ultra 654 SMO	○	
Forta LDX 2101	○	
Forta DX 2304	○	
Forta LDX 2404	○	
Forta DX 2205	○	
Forta SDX 2507	○	
Ti	○	×

Sodium hydroxide，caustic soda（氢氧化钠/烧碱）

NaOH

氢氧化钠，俗称烧碱、火碱、苛性钠，为一种具有强腐蚀性的强碱，一般为片状或颗粒形态，易溶于水（溶于水时放热，溶解度见下表）并形成碱性溶液，另有潮解性，易吸取空气中的水蒸气（潮解）和二氧化碳（变质）。NaOH 是化学实验室中一种必备的化学品，亦为常见的化工品之一。纯品是无色透明的晶体，密度 2.130g/cm^3，式量 40.01，熔点 318.4℃，沸点 1390℃。工业品含有少量的氯化钠和碳酸钠，是白色不透明的晶体，有块状、片状、粒状和棒状等。溶于乙醇和甘油，不溶于丙醇、乙醚。氢氧化钠对玻璃制品有轻微的腐蚀性，两者会生成硅酸钠，使得玻璃仪器中的瓶塞黏着于仪器上。因此盛放氢氧化钠溶液时不可以用玻璃瓶塞，否则可能会导致瓶塞无法打开。与氯、溴、碘等卤素发生歧化反应，与酸类起中和作用而生成盐和水。

氢氧化钠在水中的溶解度如下：

温度/℃	溶解度/（g/100mL）
0	42
10	51
20	109
30	119
40	129
50	145
60	174
70	299
80	314
90	329
100	347

氢氧化钠的用途极广。用于造纸、肥皂、染料、人造丝、制铝、石油精制、棉织品整理、煤焦油产物的提纯，以及食品加工、木材加工及机械工业等方面。

材料	NaOH 浓度/%									
	10	10	10	20	20	25	25	30	30	30
	温度/℃									
	20	90	103~BP	20	90	20	112~BP	20	100	116~BP
碳钢	○			○		○		○		
Moda 410S/4000	○	○	●	○	●	○	×	○	●	×
Moda 430/4016	○	○	○	○	○	○	●	○	●	●
Core 304L/4307	○	○	○	○	○	○	○	○	○	●$_{s}$
Supra 444/4521	○	○	○	○	○	○	○	○	○	●
Supra 316L/4404	○	○	○	○	○	○	○	○	○	○$_{s}$
Ultra 317L/4439	○	○	○	○	○	○	○	○	○	○$_{s}$
Ultra 904L	○	○	○	○	○	○	○	○	○	○$_{s}$
Ultra 254 SMO	○	○	○	○	○	○	○	○	○	○$_{s}$
Ultra 4565	○	○	○	○	○	○	○	○	○	
Ultra 654 SMO	○	○	○	○	○	○	○	○	○	
Forta LDX 2101	○	○	○	○	○	○	●	○	●	
Forta DX 2304	○	○	○	○	○	○		○	○	○
Forta LDX 2404	○	○	○	○	○	○		○	○	
Forta DX 2205	○	○	○	○	○	○		○	○	○
Forta SDX 2507	○	○	○	○	○	○		○	○	○
Ti	○	○	○	○	○	○	●	○	●	●

材料	NaOH 浓度/%								
	40	40	40	40	50	50	50	50	50
	温度/℃								
	80	90	100	128~BP	60	90	100	120	140~BP
碳钢								×	×
Moda 410S/4000	●	●	●	×	●	●	×	×	×
Moda 430/4016	○	●	●	×	○	●	●	●	×
Core 304L/4307	○	○	●	●$_{s}$	○	●	●	●	●$_{s}$
Supra 444/4521	○	○	●	×	○	●	●	●	×

续表

材料	NaOH 浓度/%								
	40	40	40	40	50	50	50	50	50
	温度/℃								
	80	90	100	128~BP	60	90	100	120	140~BP
Supra 316L/4404	○	○	●	●$_s$	○	●	●	●	●$_s$
Ultra 317L/4439	○	○	●/○	●$_s$	○	●	●	●	●$_s$
Ultra 904L	○	○	○	●$_s$	○	○	○	○	●$_s$
Ultra 254 SMO	○	○	○	●$_s$	○	○	○	●	●$_s$
Ultra 4565	○	○			○				
Ultra 654 SMO	○	○	○		○	○	○		
Forta LDX 2101	○	●	●		○	●	●		
Forta DX 2304	○	○	●	●	○	○	●		×
Forta LDX 2404	○	○			○	○			
Forta DX 2205	○	●	●	×	○	●	●		×
Forta SDX 2507	○	○	○	●	○	○	●		×
Ti	●	●	●	●	○	●	●	●	●

材料	NaOH 浓度/%							
	60	60	60	70	70	70	90	熔融
	温度/℃							
	90	120	160~BP	90	130	180~BP	300	320
碳钢		×	×	●	×	×	×	×
Moda 410S/4000	●	×	×	●	×	×	×	×
Moda 430/4016	●	●	×	●	●	×	×	×
Core 304L/4307	●	●	×	●	●	×	×	×
Supra 444/4521	●	●	×	●	●	×	×	×
Supra 316L/4404	●	●	×	●	●	×	●$_s$	×
Ultra 317L/4439	●	●	×	●	●	×	●$_s$	×
Ultra 904L	○	○	×	○	○	×	●$_s$	×
Ultra 254 SMO	○		×			×		
Ultra 4565	○							

材料	NaOH 浓度/%							
	60	60	60	70	70	70	90	熔融
	温度/℃							
	90	120	160～BP	90	130	180～BP	300	320
Ultra 654 SMO	○							
Forta LDX 2101	●							
Forta DX 2304	○		×	○	●			
Forta LDX 2404	○			○				
Forta DX 2205	●		×	○				
Forta SDX 2507	○		×	○		×		
Ti	○	●	×	○	●	×	×	×

Isocorrosion Diagram（等蚀图）

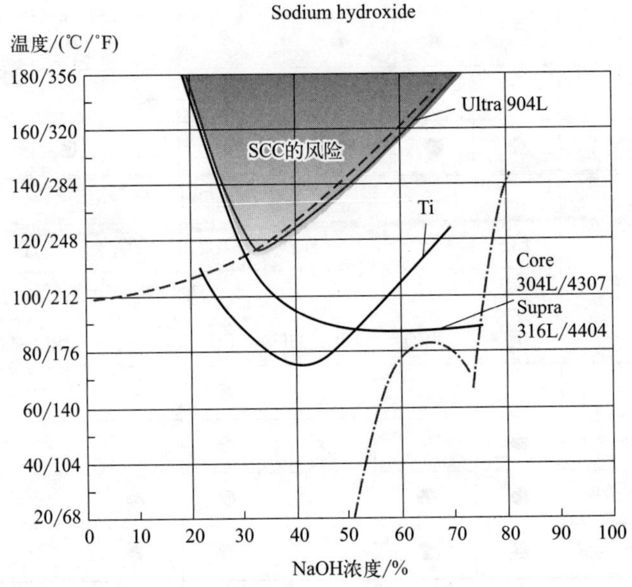

等蚀图，0.1mm/a，化学纯度的氢氧化钠。虚线表示沸点。点画线表示溶解度。阴影区域表明 SCC 的风险大大增加。

Sodium hypochlorite，bleach（次氯酸钠，漂白剂）

NaClO

次氯酸钠，是钠的次氯酸盐。微黄色（溶液）或白色粉末（固体），有类似氯气的气味。次氯酸钠与二氧化碳反应产生的次氯酸是漂白剂的有效成分（生成次氯酸的方程式：$NaClO+CO_2+H_2O \xlongequal{} NaHCO_3+HClO$）。不燃，具腐蚀性，可致人体烧伤，具有致敏性。强碱弱酸盐。相对密度（水=1）：1.10，不稳定，见光分解：$2HClO \xlongequal{光热} 2HCl+O_2\uparrow$。与有机物或还原剂相混易爆炸。

和草酸反应：$H_2C_2O_4+NaClO \xlongequal{} NaCl+2CO_2\uparrow+H_2O$

和盐酸反应：$NaClO+2HCl \xlongequal{} NaCl+Cl_2\uparrow+H_2O$

所以，家用洁厕灵不可以和 84 消毒液混用，否则会生成氯气，可能导致中毒。

次氯酸钠主要用于漂白、工业废水处理、造纸、纺织、制药、精细化工、卫生消毒等领域。

NaClO 浓度为 5％时：

材料	温度/℃	
	20	BP
碳钢	×	×
Moda 410S/4000	×	×
Moda 430/4016	×	×
Core 304L/4307	●p	●ps
Supra 444/4521	●p	●ps
Supra 316L/4404	●p	●ps
Ultra 317L/4439	●p/○p	●ps
Ultra 904L	○p	●ps
Ultra 254 SMO		
Ultra 4565		
Ultra 654 SMO		
Forta LDX 2101		
Forta DX 2304		
Forta LDX 2404		
Forta DX 2205		
Forta SDX 2507		
Ti	○	○

S

Sodium metaborate（偏硼酸钠）

$NaBO_2$

白色粉末，常温常压下稳定，按规定使用不会分解，避氧化剂。为强碱性物质，熔点966℃，沸点1434℃。主要用作分析试剂、防腐剂。

$NaBO_2$ 为熔融，温度为100℃时：

材料	性能
碳钢	
Moda 410S/4000	○
Moda 430/4016	○
Core 304L/4307	○
Supra 444/4521	○
Supra 316L/4404	○
Ultra 317L/4439	○
Ultra 904L	○
Ultra 254 SMO	○
Ultra 4565	○
Ultra 654 SMO	○
Forta LDX 2101	○
Forta DX 2304	○
Forta LDX 2404	○
Forta DX 2205	○
Forta SDX 2507	○
Ti	○

Sodium nitrate（硝酸钠）

$NaNO_3$

硝酸钠为无机盐的一种，又称为智利硝石或秘鲁硝石（较不常见）。无色透明或白微带黄色的菱形晶体，味微苦，易潮解。相对密度 2.26，熔点 308℃。溶解于水时能吸收热，即溶解于水时其溶液温度降低，溶液呈中性。1g 溶于 1.1mL 冷水、0.6mL 沸水、125mL 冷乙醇、52mL 沸乙醇、3470mL 无水乙醇、300mL 无水甲醇，还溶于液氨和甘油。水中溶解度如下表：

温度/℃	溶解度（g/10mL）
0	73
10	80
20	87
30	95
40	103
50	114
60	125
70	136
80	150
90	163
100	170

可由下列化学方程式合成：$NaOH + HNO_3 \longrightarrow NaNO_3 + H_2O$。硝酸钠加热至 380℃分解产生亚硝酸钠和氧气，400～600℃时放出氮气和氧气，700℃时放出一氧化氮，775～865℃时才有少量二氧化氮和一氧化二氮生成。与硫酸共热，则生成硝酸及硫酸氢钠。与盐类能起复分解反应。

有氧化性，与有机物摩擦或撞击能引起燃烧或爆炸，可与铅共热反应产生亚硝酸钠和氧化铅。还可在常温下将氢碘酸氧化成碘单质并形成一氧化氮。硝酸钠溶液中引入氢离子后会表现出硝酸的特性。有毒。

搪瓷工业用作助熔剂、氧化剂和配制珐琅粉的原料。玻璃工业用作各种玻璃制品的脱色剂、消泡剂、澄清剂及氧化助熔剂。无机工业用作熔融烧碱的脱色剂和用于制造其他硝酸盐类。食品工业用作肉类加工的发色剂，可防止肉类变质，并能起调味作用。化肥工业用作适用于酸性土壤的速效肥料，特别适用于块根作物，如甜菜、萝卜等。染料工业用作生产苦味酸和染料的原料。冶金工业用作炼钢、铝合金的热处理剂。机械工业用作金属清洗剂和黑色金属发蓝剂。医药工业用作青霉素的培养基。卷烟工业用作烟草的助燃剂。分析化学中用作化学试剂。此外，也用于生产炸药等。

材料	$NaNO_3$ 浓度/%	
	所有浓度	熔融
	温度/℃	
	20～BP	360
碳钢	×	
Moda 410S/4000	○	○
Moda 430/4016	○	○
Core 304L/4307	○	○
Supra 444/4521	○	○
Supra 316L/4404	○	○
Ultra 317L/4439	○	○
Ultra 904L	○	○
Ultra 254 SMO	○	○
Ultra 4565	○	○
Ultra 654 SMO	○	○
Forta LDX 2101	○	○
Forta DX 2304	○	○
Forta LDX 2404	○	○
Forta DX 2205	○	○
Forta SDX 2507	○	○
Ti	○	

Sodium nitrite（亚硝酸钠）

$NaNO_2$

白色至浅黄色结晶性粉末。有吸湿性。加热至320℃以上分解。在空气中慢慢氧化为硝酸钠。遇弱酸分解放出红棕色三氧化二氮气体。溶于1.5份冷水、0.6份沸水，微溶于乙醇。水溶液呈碱性，pH约9。相对密度2.17，熔点271℃。有氧化性，与有机物接触能燃烧和爆炸，并放出有毒和有刺激性的氮氧化物气体。中等毒性。

在亚硝酸钠分子中，氮的化合价是+3。是一种中间化合态，既有还原性又有氧化性，例如在酸性溶液中能将KI氧化成单质碘。

用作普通分析试剂、氧化剂、重氮化试剂、食品添加剂（有毒，限量使用）、媒染剂、漂白剂、金属热处理剂、电镀缓蚀剂，医药上用作器械消毒剂、防腐剂等，还用于亚硝酸盐和亚硝基化合物的合成。

$NaNO_2$在所有浓度下，温度为BP时：

材料	性能
碳钢	
Moda 410S/4000	○
Moda 430/4016	○
Core 304L/4307	○
Supra 444/4521	○
Supra 316L/4404	○
Ultra 317L/4439	○
Ultra 904L	○
Ultra 254 SMO	○
Ultra 4565	○
Ultra 654 SMO	○
Forta LDX 2101	○
Forta DX 2304	○
Forta LDX 2404	○
Forta DX 2205	○
Forta SDX 2507	○
Ti	○

S

Sodium oleate（油酸钠）

$NaOOCC_{17}H_{33}$

油酸钠，别名十八烯酸钠、顺式-9-十八烯醇、油醇、十八烯醇，白色粉状固体。熔点（℃）：232～235。溶于水（水溶液呈碱性），易溶于乙醇。

油酸钠是橄榄油等制成的肥皂的主要成分，也是牛脂皂的主要成分，还可由氢氧化钠与油酸反应制得。为憎水基和亲水基两部分构成的化合物，有优良的乳化力、渗透力和去污力，在热水中有良好的溶解性。

油酸钠常用作金属加工用冷却润滑乳化油、合成纤维的润色和润滑剂、钢球表面清洗剂、防腐剂、矿砂的浮选剂和纤维的防水剂。

$NaOOCC_{17}H_{33}$ 在所有浓度下，温度为20℃时：

材料	性能
碳钢	
Moda 410S/4000	
Moda 430/4016	○
Core 304L/4307	○
Supra 444/4521	○
Supra 316L/4404	○
Ultra 317L/4439	○
Ultra 904L	○
Ultra 254 SMO	○
Ultra 4565	○
Ultra 654 SMO	○
Forta LDX 2101	○
Forta DX 2304	○
Forta LDX 2404	○
Forta DX 2205	○
Forta SDX 2507	○
Ti	○

Sodium perborate（过硼酸钠）

$NaBO_3 \cdot H_2O_2 \cdot H_2O$

白色粉末状晶体，溶于水，水溶液呈碱性。熔点 60℃，沸点 149.85℃。合成方法：将 48g 硼砂、10g 固体氢氧化钠、5mL 30%过氧化氢和 250mL 水相混合，在−2～12℃下搅拌 3h，在此条件下制得的产品，产率为 96.73%，含 10.31%活性氧。

用途：氧化剂，有类似过氧化氢和有机过氧酸的反应性能，广泛用在有机合成上。具有稳定、安全、毒性小、便宜和操作简便等优点。

$NaBO_3 \cdot H_2O_2 \cdot H_2O$ 在所有浓度下，温度为 20℃时：

材料	性能
碳钢	×
Moda 410S/4000	○
Moda 430/4016	○
Core 304L/4307	○
Supra 444/4521	○
Supra 316L/4404	○
Ultra 317L/4439	○
Ultra 904L	○
Ultra 254 SMO	○
Ultra 4565	○
Ultra 654 SMO	○
Forta LDX 2101	○
Forta DX 2304	○
Forta LDX 2404	○
Forta DX 2205	○
Forta SDX 2507	○
Ti	●

Sodium perchlorate（高氯酸钠）

$NaClO_4$

注意

有氯化物存在时，不锈钢有点蚀和应力腐蚀开裂的危险。

白色晶体。有吸湿性。无水物在480℃时分解。易溶于水（水溶液呈中性），溶于乙醇和丙酮，不溶于乙醚。相对密度2.02。有氧化性。与有机物摩擦或撞击能引起燃烧或爆炸，接触浓硫酸也能引起爆炸。低毒。

主要用作制造高氯酸和其他高氯酸盐的原料。用于火药工业。用作分析试剂、氧化剂等。

$NaClO_4$ 浓度为10%，温度为BP时：

材料	性能
碳钢	
Moda 410S/4000	×
Moda 430/4016	×
Core 304L/4307	○
Supra 444/4521	○
Supra 316L/4404	○
Ultra 317L/4439	○
Ultra 904L	○
Ultra 254 SMO	○
Ultra 4565	○
Ultra 654 SMO	○
Forta LDX 2101	○
Forta DX 2304	○
Forta LDX 2404	○
Forta DX 2205	○
Forta SDX 2507	○
Ti	○

Sodium peroxide（过氧化钠）

Na_2O_2

注意

有氯化物存在时，不锈钢有点蚀和应力腐蚀开裂的危险。

过氧化钠是钠在氧气或空气中燃烧的产物之一，纯品过氧化钠为白色，但一般见到的过氧化钠呈淡黄色，原因是反应过程中生成了少量超氧化钠（燃烧法制备的过氧化钠中常含有 10%的超氧化钠）。过氧化钠易潮解，有腐蚀性，应密封保存。过氧化钠具有强氧化性，可以用来漂白纺织类物品、麦秆、羽毛等。溶于乙醇、水和酸，难溶于碱。密度为 $2.805g/cm^3$，熔点为 460℃，沸点 657℃。其水合物有 $Na_2O_2 \cdot 2H_2O$ 和 $Na_2O_2 \cdot 8H_2O$ 两种。过氧化钠的热稳定性好，可加热到熔融状态而不分解。

过氧化钠可用来除去 O_2 中的 H_2O 和 CO_2 杂质。常用于消毒、杀菌和漂白等，在工业上常用做漂白剂、杀菌剂、消毒剂、除臭剂、氧化剂等。

Na_2O_2 浓度为 10%时：

材料	温度/℃	
	20	100
碳钢	×	×
Moda 410S/4000	●	×
Moda 430/4016	○	○
Core 304L/4307	○	○
Supra 444/4521	○	○
Supra 316L/4404	○	○
Ultra 317L/4439	○	○
Ultra 904L	○	○
Ultra 254 SMO	○	○
Ultra 4565	○	○
Ultra 654 SMO	○	○
Forta LDX 2101	○	○
Forta DX 2304	○	○
Forta LDX 2404	○	○
Forta DX 2205	○	○
Forta SDX 2507	○	○
Ti	●	×

S

Sodium phosphate（磷酸钠）

Na_3PO_4

磷酸钠为磷酸盐，是一种无机化合物。熔点 73.3～76.7℃，沸点 158℃。在干燥空气中易潮解风化，生成磷酸二氢钠和碳酸氢钠。其水溶液呈强碱性，在水中几乎完全分解为磷酸氢二钠和氢氧化钠。

电镀工业用于配制表面处理去油剂、未抛光件的碱性洗涤剂。在合成洗涤剂配方中，由于碱性大，只用于强碱性清洗剂配方，如汽车清洗剂、地板清洁剂、金属清洗剂等。搪瓷工业用作助熔剂、脱色剂。制革工业中用作生皮去脂剂和脱胶剂。还可用作软水剂、锅炉防垢剂、印染时的固色剂、织物的丝光增强剂、金属腐蚀阻化剂或防锈剂。

Na_3PO_4 在所有浓度下，温度为 BP 时：

材料	性能
碳钢	
Moda 410S/4000	○
Moda 430/4016	○
Core 304L/4307	○
Supra 444/4521	○
Supra 316L/4404	○
Ultra 317L/4439	○
Ultra 904L	○
Ultra 254 SMO	○
Ultra 4565	○
Ultra 654 SMO	○
Forta LDX 2101	○
Forta DX 2304	○
Forta LDX 2404	○
Forta DX 2205	○
Forta SDX 2507	○
Ti	○

Sodium phosphate + sodium hydroxide（磷酸钠 + 氢氧化钠）

Na_3PO_4 + NaOH

材料	Na_3PO_4 浓度/%	
	0.2	1
	NaOH 浓度/%	
	0.7	5
	温度/℃	
	BP	80
碳钢	○	×
Moda 410S/4000	○	○
Moda 430/4016	○	○
Core 304L/4307	○	○
Supra 444/4521	○	○
Supra 316L/4404	○	○
Ultra 317L/4439	○	○
Ultra 904L	○	○
Ultra 254 SMO	○	○
Ultra 4565	○	○
Ultra 654 SMO	○	○
Forta LDX 2101	○	○
Forta DX 2304	○	○
Forta LDX 2404	○	○
Forta DX 2205	○	○
Forta SDX 2507	○	○
Ti	○	○

Sodium salicylate（水杨酸钠）

$NaOOC(OH)C_6H_4$

水杨酸钠别名为邻羟基苯甲酸钠，白色鳞片状晶体或粉末，无气味，见光后变为粉红色。熔点（℃）：160～166。易溶于水、乙醇、甘油，几乎不溶于醚、氯仿和苯。1g 产品溶于 0.9mL 水、9.2mL 乙醇、4mL 甘油。水溶液呈微酸性，pH 为 5～6。

用作分析试剂，也用于有机合成、医药（主治活动性风湿病、类风湿性关节炎等症），也可用于电子、仪表、冶金工业等。

$NaOOC(OH)C_6H_4$ 在所有浓度下，温度为 20℃时：

材料	性能
碳钢	
Moda 410S/4000	○
Moda 430/4016	○
Core 304L/4307	○
Supra 444/4521	○
Supra 316L/4404	○
Ultra 317L/4439	○
Ultra 904L	○
Ultra 254 SMO	○
Ultra 4565	○
Ultra 654 SMO	○
Forta LDX 2101	○
Forta DX 2304	○
Forta LDX 2404	○
Forta DX 2205	○
Forta SDX 2507	○
Ti	○

S

Sodium silicate（硅酸钠）

Na_2SiO_3

硅酸钠又称泡花碱，其水溶液俗称水玻璃。熔点 1410℃，沸点 2355℃。是弱酸强碱盐。干态时为白色或灰白色团块或粉末；溶于水时（水溶液呈碱性），纯的水玻璃外观为无色黏稠液体，含铁盐时呈灰色或绿色。pH 值一般在 11～13。

Na_2SiO_3 在所有浓度下，温度为 100℃时：

材料	性能
碳钢	
Moda 410S/4000	○
Moda 430/4016	○
Core 304L/4307	○
Supra 444/4521	○
Supra 316L/4404	○
Ultra 317L/4439	○
Ultra 904L	○
Ultra 254 SMO	○
Ultra 4565	○
Ultra 654 SMO	○
Forta LDX 2101	○
Forta DX 2304	○
Forta LDX 2404	○
Forta DX 2205	○
Forta SDX 2507	○
Ti	○

Sodium sulphate（硫酸钠）

Na_2SO_4

白色、无臭、有苦味的晶体或粉末，有吸湿性，不溶于乙醇，溶于水（水溶液呈碱性），溶于甘油。熔点 884℃，沸点 1404℃。在水中的溶解度见下表：

<table>
<tr><td>温度/℃</td><td>0</td><td>10</td><td>20</td><td>30</td><td>40</td><td>50</td><td>60</td><td>70</td><td>80</td><td>90</td><td>100</td></tr>
<tr><td>溶解度/(g/100mL)</td><td>4.9</td><td>9.1</td><td>19.5</td><td>40.8</td><td>48.8</td><td>46.2</td><td>45.3</td><td>44.3</td><td>43.7</td><td>42.7</td><td>42.5</td></tr>
<tr><td>结晶水</td><td colspan="3">24℃以下 $7H_2O$</td><td colspan="2">32.4℃以下 $10H_2O$</td><td colspan="6">无水硫酸钠或 $1H_2O$</td></tr>
</table>

是用食盐与硫酸制造盐酸时的副产品。医药上用作缓泻剂和钡盐中毒的解毒剂等。化工上用于制造硫化钠、硅酸钠等。实验室用于洗去钡盐，也是一种常用的后处理干燥剂。也用于造纸、玻璃、印染、合成纤维、制革等。

Na_2SO_4 在所有浓度下，温度为 20℃时：

材料	性能
碳钢	●
Moda 410S/4000	○
Moda 430/4016	○
Core 304L/4307	○
Supra 444/4521	○
Supra 316L/4404	○
Ultra 317L/4439	○
Ultra 904L	○
Ultra 254 SMO	○
Ultra 4565	○
Ultra 654 SMO	○
Forta LDX 2101	○
Forta DX 2304	○
Forta LDX 2404	○
Forta DX 2205	○
Forta SDX 2507	○
Ti	○

Sodium sulphide（硫化钠）

Na_2S

硫化钠又称臭碱、臭苏打、硫化碱。硫化钠为无机化合物，纯硫化钠为无色结晶性粉末。易溶于水，水溶液呈强碱性反应，触及皮肤和毛发时会造成烧伤。硫化钠水溶液在空气中会缓慢地氧化成硫代硫酸钠、亚硫酸钠、硫酸钠和多硫化钠。由于硫代硫酸钠的生成速度较快，所以氧化的主要产物是硫代硫酸钠。硫化钠吸潮性强，在空气中易潮解，并碳酸化而变质，不断释出硫化氢气体。工业硫化钠因含有杂质而呈粉红色、棕红色、土黄色。密度、熔点、沸点也因杂质影响而异；一般熔点为 950℃。

染料工业中用于生产硫化染料，是硫化青和硫化蓝的原料。印染工业用作溶解硫化染料的助染剂。制革工业中用于生皮脱毛，还用以配制多硫化钠以加速干皮浸水助软。造纸工业用作纸张的蒸煮剂。纺织工业用于人造纤维脱硝和硝化物的还原，以及棉织物染色的媒染剂。制药工业用于生产非那西丁等解热药。

材料	Na_2S 浓度/%		
	5	10	10～50
	温度/℃		
	BP	20	BP
碳钢	×	×	×
Moda 410S/4000	○	○	×
Moda 430/4016	○	○	×
Core 304L/4307	○	○	○
Supra 444/4521	○	○	○
Supra 316L/4404	○	○	○
Ultra 317L/4439	○	○	○
Ultra 904L	○	○	○
Ultra 254 SMO	○	○	○
Ultra 4565	○	○	○
Ultra 654 SMO	○	○	○
Forta LDX 2101	○	○	○
Forta DX 2304	○	○	○
Forta LDX 2404	○	○	○
Forta DX 2205	○	○	○
Forta SDX 2507	○	○	○
Ti	○	○	○

Sodium sulphite（亚硫酸钠）

Na_2SO_3

亚硫酸钠，常见的亚硫酸盐，无色、单斜晶系晶体或粉末。对眼睛、皮肤、黏膜有刺激作用，可污染水源。受高热分解产生有毒的硫化物烟气。

工业上主要用于制亚硫酸纤维素酯、硫代硫酸钠、有机化学药品及漂白织物等，还用作还原剂、防腐剂、去氯剂等。

Na_2SO_3 浓度为 50％时：

材料	温度/℃	
	20	BP
碳钢	×	×
Moda 410S/4000	●	×
Moda 430/4016	●	×
Core 304L/4307	○	○
Supra 444/4521	○	○
Supra 316L/4404	○	○
Ultra 317L/4439	○	○
Ultra 904L	○	○
Ultra 254 SMO	○	○
Ultra 4565	○	○
Ultra 654 SMO	○	○
Forta LDX 2101	○	○
Forta DX 2304	○	○
Forta LDX 2404	○	○
Forta DX 2205	○	○
Forta SDX 2507	○	○
Ti	○	○

Sodium thiosulphate（硫代硫酸钠）

$Na_2S_2O_3$

注意

有氯化物存在时，不锈钢有点蚀和应力腐蚀开裂的危险。

硫代硫酸钠，又名次亚硫酸钠、大苏打、海波。它是无色透明的单斜晶系晶体，密度 $1.667g/cm^3$，熔点 48℃。水溶液呈碱性。

硫代硫酸钠可用于鞣制皮革、由矿石中提取银；可用以除去自来水中的氯气，在水产养殖上被广泛应用；临床上用于治疗皮肤瘙痒症，荨麻疹，药疹，氰化物、铊和砷中毒等，以静脉注射的方式治疗。

$Na_2S_2O_3$ 浓度为 16%～25%，温度为 20℃～BP 时：

材料	性能
碳钢	×
Moda 410S/4000	○
Moda 430/4016	$○_p$
Core 304L/4307	○
Supra 444/4521	○
Supra 316L/4404	○
Ultra 317L/4439	○
Ultra 904L	○
Ultra 254 SMO	○
Ultra 4565	○
Ultra 654 SMO	○
Forta LDX 2101	○
Forta DX 2304	○
Forta LDX 2404	○
Forta DX 2205	○
Forta SDX 2507	○
Ti	○

S

Soft soap（软皂）

固态或在溶液中。

所有浓度，温度为20℃时：

材料	性能
碳钢	×
Moda 410S/4000	○
Moda 430/4016	○
Core 304L/4307	○
Supra 444/4521	○
Supra 316L/4404	○
Ultra 317L/4439	○
Ultra 904L	○
Ultra 254 SMO	○
Ultra 4565	○
Ultra 654 SMO	○
Forta LDX 2101	○
Forta DX 2304	○
Forta LDX 2404	○
Forta DX 2205	○
Forta SDX 2507	○
Ti	○

S

Stannic chloride, tin (Ⅳ) chloride[氯化锡/氯化锡(Ⅳ)]

$SnCl_4$

无色易流动的液体，气体分子为正四面体构型。键长 Sn—Cl 228pm。熔点：−33℃；沸点：114.1℃；密度：2.226g/cm^3。可与四氯化碳、乙醇、苯混溶，易溶于水（水溶液呈碱性），溶于汽油、二硫化碳、松节油等多数有机溶剂。慢慢加水生成 SnO_2 的胶体和六氯合锡酸($H_2[SnCl_6]$)。遇潮湿空气，起水解反应而生成锡酸和氯化氢，产生白烟，有腐蚀性。与水化合形成五水氯化锡。

用于合成有机锡化合物制造蓝晒纸和感光纸、玻璃表面处理以形成导电涂层和提高抗磨性，也可用作媒染剂、分析试剂、有机合成脱水剂、润滑油添加剂。也用于电镀工业。

材料	$SnCl_4$ 浓度/%	
	5~24	18~24
	温度/℃	
	20	BP
碳钢	×	×
Moda 410S/4000	×	×
Moda 430/4016	×	×
Core 304L/4307	×	×
Supra 444/4521	p	p
Supra 316L/4404	●p	×
Ultra 317L/4439	●p	×
Ultra 904L	●p	×
Ultra 254 SMO		
Ultra 4565		
Ultra 654 SMO		
Forta LDX 2101		
Forta DX 2304		
Forta LDX 2404		
Forta DX 2205		
Forta SDX 2507		
Ti	○	○

Stannous chloride，tin（Ⅱ）chloride（氯化亚锡）

$SnCl_2$

氯化亚锡是一种无机化合物，为白色结晶性粉末。熔点 246℃，沸点 652℃（分解）。

用于染料、香料、制镜、电镀等工业，并用作超高压润滑油、漂白剂、还原剂、媒染剂、有机反应催化剂、脱色剂和分析试剂，用于银、砷、钼、汞的测定。

$SnCl_2$ 浓度为 5％时：

材料	温度/℃		
	20	50	BP
碳钢	×	×	×
Moda 410S/4000	×	×	×
Moda 430/4016	●p	●p	×
Core 304L/4307	●p	●p	×
Supra 444/4521	p	p	p
Supra 316L/4404	○p	○p	○ps
Ultra 317L/4439	○p	○p	○ps
Ultra 904L	○p	○p	○ps
Ultra 254 SMO			
Ultra 4565			
Ultra 654 SMO			
Forta LDX 2101			
Forta DX 2304			
Forta LDX 2404			
Forta DX 2205			
Forta SDX 2507			
Ti	○	○	○

S

Starch（淀粉）

纯淀粉

淀粉是高分子碳水化合物，是由葡萄糖分子聚合而成的多糖。其基本构成单位为α-D-吡喃葡萄糖，分子式为（$C_6H_{10}O_5$）$_n$。熔点 256～258℃，沸点 357.8℃。

所有浓度，温度为 60℃时：

材料	性能
碳钢	
Moda 410S/4000	
Moda 430/4016	
Core 304L/4307	○
Supra 444/4521	○
Supra 316L/4404	○
Ultra 317L/4439	○
Ultra 904L	○
Ultra 254 SMO	○
Ultra 4565	○
Ultra 654 SMO	○
Forta LDX 2101	○
Forta DX 2304	○
Forta LDX 2404	○
Forta DX 2205	○
Forta SDX 2507	○
Ti	○

S

Starch + hydrochloric acid（淀粉 + 盐酸）

用盐酸酸化的淀粉

用盐酸酸化的淀粉浓度为 31.5%，温度为 150℃时：

材料	性能
碳钢	×
Moda 410S/4000	×
Moda 430/4016	×
Core 304L/4307	×
Supra 444/4521	×
Supra 316L/4404	×
Ultra 317L/4439	×
Ultra 904L	●
Ultra 254 SMO	
Ultra 4565	
Ultra 654 SMO	
Forta LDX 2101	
Forta DX 2304	
Forta LDX 2404	
Forta DX 2205	
Forta SDX 2507	
Ti	○

S

Strontium nitrate（硝酸锶）

$Sr(NO_3)_2$

无色立方晶系晶体或白色等轴晶系结晶性粉末。密度（g/mL，25℃）：2.986；熔点（℃）：570；沸点（℃，常压）：645。易溶于水（660g/L，20℃）、液氨，微溶于无水乙醇和丙酮。水溶液呈中性。

用于制作红色火焰、信号弹、火焰筒、分析试剂、光学玻璃及电子工业用电子管阴极材料。

$Sr(NO_3)_2$ 在所有浓度下，温度为100℃时：

材料	性能
碳钢	
Moda 410S/4000	
Moda 430/4016	○
Core 304L/4307	○
Supra 444/4521	○
Supra 316L/4404	○
Ultra 317L/4439	○
Ultra 904L	○
Ultra 254 SMO	○
Ultra 4565	○
Ultra 654 SMO	○
Forta LDX 2101	○
Forta DX 2304	○
Forta LDX 2404	○
Forta DX 2205	○
Forta SDX 2507	○
Ti	○

Sulphamic acid（氨基磺酸）

NH_2SO_3H

白色斜方晶系晶体。干燥时稳定，在溶液中渐水解成硫酸氢铵。0℃时溶于6.5份水，80℃时溶于2份水，硫酸能降低其水中溶解度。易溶于含氮碱、液氨，也溶于含氮的有机溶剂如吡啶、甲酰胺和二甲基甲酰胺，微溶于丙酮、乙醇和甲醇，不溶于乙醚。强酸性，25℃下1%溶液的pH为1.18。相对密度2.15。熔点：205℃（209℃开始分解，260℃分解放出SO_2、SO_3、N_2和水及其它微量产物），有刺激性。

用途：用作碱量滴定法标准试剂、络合掩蔽剂、有机微量分析测定氮和硫的标准试剂。除锈剂，还可用于织物防火、有机合成。

材料	NH_2SO_3H 浓度/%						
	1	1	1	2	2	2	2
	温度/℃						
	75	95	BP	50	75	95	BP
碳钢	×			×	×		
Moda 410S/4000							
Moda 430/4016							
Core 304L/4307	○		●	○	●	●	●
Supra 444/4521							
Supra 316L/4404	○	○	●	○	●	●	
Ultra 317L/4439	○		●	○	○		
Ultra 904L	○	○	●	○	○	○	●
Ultra 254 SMO	○	○	●	○	○	○	●
Ultra 4565	○	○	○	○	○	○	○
Ultra 654 SMO	○	○	○	○	○	○	
Forta LDX 2101	○	○	○	○	○	○	○
Forta DX 2304			●	○	○		
Forta LDX 2404			●	○	○		
Forta DX 2205			●	○	○		
Forta SDX 2507	○	○	○	○	○	○	●
Ti	●			○	●		

S

续表

材料	NH_2SO_3H 浓度/%								
	5	5	5	5	10	10	10	10	20
	温度/℃								
	50	75	95	BP	60	75	95	BP	95
碳钢	×	×			×	×			
Moda 410S/4000									
Moda 430/4016									
Core 304L/4307	○	×		×	●	×		×	
Supra 444/4521									
Supra 316L/4404	○	●	●		○	●		×	
Ultra 317L/4439	○	○		×	×	●		×	
Ultra 904L	○	○		●	○	○	○	●	●p
Ultra 254 SMO	○	○	○	●	○	○	○	●	○
Ultra 4565	○	○		●	○	○	○	●	●
Ultra 654 SMO	○	○	○	○	○	○	○	●	○
Forta LDX 2101	○	○	○	○	○	○	●		×
Forta DX 2304	○	○		●	○	○	○	×	○
Forta LDX 2404	○	○			○	○	○		
Forta DX 2205	○	○		●	○	○	○	●	●
Forta SDX 2507	○	○		●	○	○	○	●	○
Ti	●	×			●	×			

Sulphite gas（亚硫酸气体）

含二氧化硫的蒸煮器气体

含二氧化硫的蒸煮器气体在所有浓度下，温度为 140～150℃时：

材料	性能
碳钢	×
Moda 410S/4000	×
Moda 430/4016	×
Core 304L/4307	●
Supra 444/4521	
Supra 316L/4404	○
Ultra 317L/4439	○
Ultra 904L	○
Ultra 254 SMO	○
Ultra 4565	○
Ultra 654 SMO	○
Forta LDX 2101	
Forta DX 2304	
Forta LDX 2404	
Forta DX 2205	
Forta SDX 2507	
Ti	○

Sulphur（硫）

S

硫是一种化学元素，在元素周期表中它的化学符号是 S，原子序数是 16。熔点 112.8℃，沸点 444.6℃。硫是一种非常常见的无味无嗅的非金属，纯的硫是黄色的晶体，又称作硫磺。硫有许多不同的化合价，常见的有 −2、0、+4、+6 等。在自然界中它经常以硫化物或硫酸盐的形式出现，在火山地区也可出现纯的硫。

单质硫有几种同素异形体，菱形硫（斜方硫）和单斜硫是现在已知最重要的晶状硫，它们都是由 8 个 S 原子形成的环状分子组成。硫单质的导热性和导电性都差，性松脆，易溶于二硫化碳（弹性硫只能部分溶解）、四氯化碳和苯；晶状硫不溶于水，稍溶于乙醇和乙醚，溶于二硫化碳、四氯化碳和苯。无定形硫主要有弹性硫，是由熔态硫迅速倾倒在冰水中所得。其不稳定，可转变为晶状硫（正交硫），正交硫是室温下唯一稳定的硫的存在形式。

对所有的生物来说，硫都是一种重要的必不可少的元素，它是多种氨基酸的组成部分，因此也是大多数蛋白质的组成部分。它主要被用在肥料中，也被广泛地用在火药、润滑剂、杀虫剂和抗真菌剂中。

材料	S 浓度/%		
	熔融	熔融	蒸气
	温度/℃		
	240	445～BP	570
碳钢	×	×	×
Moda 410S/4000	○	×	×
Moda 430/4016	○	×	×
Core 304L/4307	○	×	×
Supra 444/4521	○	×	×
Supra 316L/4404	○	●	×
Ultra 317L/4439	○	●	×
Ultra 904L	○	●	×
Ultra 254 SMO	○		
Ultra 4565	○		
Ultra 654 SMO	○		
Forta LDX 2101	○		
Forta DX 2304	○		
Forta LDX 2404	○		
Forta DX 2205	○		
Forta SDX 2507	○		
Ti	○		

Sulphur chloride，sulphur monochloride（氯化硫，一氯化硫）

S_2Cl_2

无色有强烈臭味的液体；熔点－80℃，沸点 135.6℃，密度 1.678g/cm^3；加热至300℃以上时分解为硫和氯。它易水解：

$$2S_2Cl_2+2H_2O \longrightarrow SO_2+4HCl+3S$$

将干燥的氯气通入熔化的硫，主要生成二氯化二硫（一氯化硫）。

二氯化二硫可做硫、碘和某些有机化合物及金属化合物的溶剂，也可做橡胶硫化剂。

材料	S_2Cl_2 浓度/%		
	100（干燥）	100（干燥）	潮湿
	温度/℃		
	20	136～BP	20
碳钢	×	×	×
Moda 410S/4000	●	×	×
Moda 430/4016	●	×	$●_p$
Core 304L/4307	○	○	$●_p$
Supra 444/4521	○	○	$●_p$
Supra 316L/4404	○	○	$●_p$
Ultra 317L/4439	○	○	$●_p$
Ultra 904L	○	○	$●_p$
Ultra 254 SMO	○	○	
Ultra 4565	○	○	
Ultra 654 SMO	○	○	
Forta LDX 2101	○	○	
Forta DX 2304	○	○	
Forta LDX 2404	○	○	
Forta DX 2205	○	○	
Forta SDX 2507	○	○	
Ti	○	○	×

Sulphur dichloride（二氯化硫）

SCl_2

注意

在潮湿的情况下，不锈钢有点蚀和应力腐蚀开裂的危险。

二氯化硫为鲜红色液体；熔点−78℃，密度 1.621g/cm³（15℃）；59℃时分解为二氯化二硫和氯气；也易水解。向二氯化二硫中通入氯气可制得。用于橡胶硫化。

SCl_2 浓度为 100%时：

材料	温度/℃	
	20	BP
碳钢	×	×
Moda 410S/4000	●	×
Moda 430/4016	○	×
Core 304L/4307	○	○
Supra 444/4521	○	○
Supra 316L/4404	○	○
Ultra 317L/4439	○	○
Ultra 904L	○	○
Ultra 254 SMO	○	○
Ultra 4565	○	○
Ultra 654 SMO	○	○
Forta LDX 2101	○	○
Forta DX 2304	○	○
Forta LDX 2404	○	○
Forta DX 2205	○	○
Forta SDX 2507	○	○
Ti	○	○

Sulphur dioxide（二氧化硫）

SO_2

注意

在存在空气的情况下，硫酸会氧化而导致均匀腐蚀。

二氧化硫又称亚硫酸酐，是最常见的硫氧化物，硫酸原料气的主要成分。常温下是无色气体，有强烈刺激性气味，密度比空气大，易液化，易溶于水（约为 1∶40）。密度：2.551g/L；熔点：－72.4℃（200.75K）；沸点：－10℃（263K）。二氧化硫是大气主要污染物之一，火山爆发时会喷出该气体，在许多工业过程中也会产生二氧化硫。由于煤和石油通常都含有硫化合物，因此燃烧时会生成二氧化硫。当二氧化硫溶于水中时，会形成亚硫酸（酸雨的主要成分）。若在催化剂（如二氧化氮）的作用下，SO_2 进一步氧化，便会生成硫酸（H_2SO_4），硫酸会腐蚀皮肤，使用时要小心。溶解度见下表：

22g/100mL(0℃)	15g/100mL(10℃)
11g/100mL(20℃)	9.4g/100mL(25℃)
8g/100mL(30℃)	6.5g/100mL(40℃)
5g/100mL(50℃)	4g/100mL(60℃)
3.5g/100mL(70℃)	3.4g/100mL(80℃)
3.5g/100mL(90℃)	3.7g/100mL(100℃)

用于生产硫以及作为杀虫剂、杀菌剂、漂白剂和还原剂。

材料	SO_2 浓度/%			
	干燥气体	液化气体	不含空气的潮湿气体	
	温度/℃			
	300	25	20	100
碳钢		○	×	×
Moda 410S/4000		○	×	×
Moda 430/4016		○	×	×
Core 304L/4307	○	○	●	●
Supra 444/4521		○	●	●

S

续表

材料	SO_2 浓度/%			
	干燥气体	液化气体	不含空气的潮湿气体	
	温度/℃			
	300	25	20	100
Supra 316L/4404	○	○	○	○
Ultra 317L/4439		○	○	○
Ultra 904L		○	○	○
Ultra 254 SMO		○		
Ultra 4565		○		
Ultra 654 SMO		○		
Forta LDX 2101		○		
Forta DX 2304		○		
Forta LDX 2404		○		
Forta DX 2205		○		
Forta SDX 2507		○		
Ti		○	○	○

Sulphuric acid（硫酸）

H_2SO_4

纯硫酸一般为无色油状液体，密度 1.84g/cm^3，沸点 337℃，能与水以任意比例互溶，同时放出大量的热，使水沸腾。加热到 290℃时开始释放出三氧化硫，最终变成 98.54%的水溶液，在 317℃时沸腾而成为共沸混合物。硫酸的沸点及黏度较高，是因为其分子内部的氢键较强。由于硫酸的介电常数较高，因此它是电解质的良好溶剂，而作为非电解质的溶剂则不太理想。硫酸的熔点是 10.371℃，加水或加三氧化硫均会使凝固点下降。硫酸是一种活泼的二元无机强酸，能和许多金属发生反应。有强腐蚀性，有刺激性气味。

硫酸是一种重要的工业原料，可用于制造肥料、药物、炸药、颜料、洗涤剂、蓄电池等，也广泛应用于净化石油、金属冶炼等工业中。也常用作化学试剂。高浓度的硫酸有强烈吸水性，可用作脱水剂，碳化木材、纸张、棉麻织物及生物皮肉等含碳水化合物的物质。

材料	H_2SO_4 浓度/%								
	0.1	0.5	0.5	0.5	1	1	1	1	1
	温度/℃								
	100~BP	20	50	100~BP	20	50	70	85	100~BP
碳钢	×	×	×	×	×	×	×	×	×
Moda 410S/4000	×	×	×	×	×	×	×	×	×
Moda 430/4016	×	●	×	×	×	×	×	×	×
Core 304L/4307	×	○	●	×	○	●	●	×	×
Supra 444/4521	×	○	×	×	○	×	×	×	×
Supra 316L/4404	●	○	○	●	○	○	○	●	●
Ultra 317L/4439	●	○	○	●	○	○	○	●/○	●
Ultra 904L	○	○	○	●	○	○	○	○	●
Ultra 254 SMO		○	○		○	○	○	○	●
Ultra 4565	○	○	○	○	○	○	○	○	○
Ultra 654 SMO		○	○		○	○	○	○	○
Forta LDX 2101	○	○	○	○	○	○	○	○	○
Forta DX 2304	●	○	○		○	○	○	○	●
Forta LDX 2404		○	○		○	○	○	○	○
Forta DX 2205		○	○	●	○	○	○	○	●
Forta SDX 2507		○	○		○	○	○	○	○
Ti	●	○	○	●	○	○	●	●	●

续表

材料	H_2SO_4 浓度/%									
	2	2	2	3	3	3	3	3	5	5
	温度/℃									
	20	50	60	20	35	50	85	100～BP	20	35
碳钢	×	×	×	×	×	×	×	×	×	×
Moda 410S/4000	×	×	×	×	×	×	×	×	×	×
Moda 430/4016	×	×	×	×	×	×	×	×	×	×
Core 304L/4307	○	●	●	○	●	●	×	×	●	●
Supra 444/4521	○	×	×	○	×	×	×	×	×	×
Supra 316L/4404	○	○	○	○	○	○	●	×	○	○
Ultra 317L/4439	○	○	○	○	○	○	●	×	○	○
Ultra 904L	○	○	○	○	○	○	○	●	○	○
Ultra 254 SMO	○	○	○	○	○	○	○	●	○	○
Ultra 4565	○	○	○	○	○	○	○	●	○	○
Ultra 654 SMO	○	○	○	○	○	○	○	○	○	○
Forta LDX 2101	○	○	○	○	○	○	○	●	○	○
Forta DX 2304	○	○	○	○	○	○	○	●	○	○
Forta LDX 2404	○	○	○				●	●		
Forta DX 2205	○	○	○	○	○	○	○	●	○	○
Forta SDX 2507	○	○	○	○	○	○	○	●	○	○
Ti	○	○	●	○	○	●	●	×	○	●

材料	H_2SO_4 浓度/%								
	5	5	5	5	10	10	10	10	10
	温度/℃								
	60	75	85	101～BP	20	50	60	80	102～BP
碳钢	×	×	×	×	×	×	×	×	×
Moda 410S/4000	×	×	×	×	×	×	×	×	×
Moda 430/4016	×	×	×	×	×	×	×	×	×
Core 304L/4307	×	×	×	×	×	×	×	×	×
Supra 444/4521	×	×	×	×	×	×	×	×	×
Supra 316L/4404	●	●	×	×	○	●	●	×	×
Ultra 317L/4439	○	●	×	×	○	●/○	●	×	×
Ultra 904L	○	○	●	×	○	○	○	●	×
Ultra 254 SMO	○	○	●	×	○	○	○	○	×

S

续表

材料	H_2SO_4 浓度/%								
	5	5	5	5	10	10	10	10	10
	温度/℃								
	60	75	85	101～BP	20	50	60	80	102～BP
Ultra 4565	○	○	○	×	○	○	○	○	×
Ultra 654 SMO	○	○	○	×			○	○	●
Forta LDX 2101	○	●	×	×	○	○	○	×	×
Forta DX 2304	○	○	○	×	○	○	○	×	×
Forta LDX 2404				●	○	○	○	○	
Forta DX 2205	○	○	○	×	○	○	○	●	×
Forta SDX 2507	○	○	○	●	○	○	○	○	×
Ti	●	×	×	×	●	×	×	×	×

材料	H_2SO_4 浓度/%									
	20	20	20	20	20	20	30	30	30	30
	温度/℃									
	20	40	50	60	80	100	20	40	60	80
碳钢	×	×	×	×	×	×	×	×	×	×
Moda 410S/4000	×	×	×	×	×	×	×	×	×	×
Moda 430/4016	×	×	×	×	×	×	×	×	×	×
Core 304L/4307	×	×	×	×	×	×	×	×	×	×
Supra 444/4521	×	×	×	×	×	×	×	×	×	×
Supra 316L/4404	○	●	●	×	×	×	●	×	×	×
Ultra 317L/4439	○	●	●	●		×	●	●	×	×
Ultra 904L	○	○	○	○	●	×	○	○	●	
Ultra 254 SMO	○	○	○	○		×	○	○	●	×
Ultra 4565	○	○	○	○	○		○	○	○	
Ultra 654 SMO	○	○	○	○	○	×				
Forta LDX 2101	●	●								
Forta DX 2304	●	×	×	×	×	×	×	×	×	×
Forta LDX 2404	○	○	○				○	○	○	
Forta DX 2205	○	○	○	●	×	×	○	●	×	×
Forta SDX 2507	○	○	○	○	×	×		○	●	×
Ti	×	×	×	×	×	×	×	×	×	×

材料	H_2SO_4 浓度/%									
	40	40	40	40	50	50	50	60	60	60
	温度/℃									
	20	40	60	90	20	40	70	20	40	70
碳钢	×	×	×	×	×	×	×	×	×	×
Moda 410S/4000	×	×	×	×	×	×	×	×	×	×
Moda 430/4016	×	×	×	×	×	×	×	×	×	×
Core 304L/4307	×	×	×	×	×	×	×	×	×	×
Supra 444/4521	×	×	×	×	×	×	×	×	×	×
Supra 316L/4404	×	×	×	×	×	×	×	×	×	×
Ultra 317L/4439	×	×	×	×	×	×	×	×	×	×
Ultra 904L	○	○	●	×	○	○	×	○	●	●
Ultra 254 SMO		●		×	○	●		○	●	
Ultra 4565	○	○	×		○	●				
Ultra 654 SMO	○	○	○		○	○		○	●	
Forta LDX 2101								○		
Forta DX 2304	×	×	×	×	×	×	×	×		
Forta LDX 2404	○							×		
Forta DX 2205	×	×	×	×	×	×	×	×	×	×
Forta SDX 2507	○	●	×	×	●	×	×			
Ti	×	×	×	×	×	×	×	×	×	×

材料	H_2SO_4 浓度/%									
	70	70	70	80	80	80	85	85	85	85
	温度/℃									
	20	40	60	90	20	40	70	20	40	70
碳钢	×	×	×	×	×	×	○	●	×	×
Moda 410S/4000	×	×	×	×	×	×	●	●	×	×
Moda 430/4016	×	×	×	×	×	×	●	●	×	×
Core 304L/4307	×	×	×	×	×	×	●	●	●	×
Supra 444/4521	×	×	×	×	×	×	●	●	●	×
Supra 316L/4404	×	×	×	●	×	×	●	●	●	×
Ultra 317L/4439	×	×	×	●	×	×	●	●	●	×
Ultra 904L	○	●	●	○	●	×	○	○	●	●
Ultra 254 SMO	○	●		○	●	×	○			

S

续表

材料	H_2SO_4 浓度/%									
	70	70	70	80	80	80	85	85	85	85
	温度/℃									
	20	40	60	90	20	40	70	20	40	70
Ultra 4565										
Ultra 654 SMO	○	●								
Forta LDX 2101	○			○				●		×
Forta DX 2304							●	●		
Forta LDX 2404	●			×						
Forta DX 2205	●			×	×	×	●			
Forta SDX 2507	×	×	×		×	×	●	●		
Ti	×	×	×	×	×	×	×	×	×	×

材料	H_2SO_4 浓度/%							
	90	90	90	90	94	94	94	94
	温度/℃							
	20	30	40	70	20	30	40	50
碳钢	○	●	×	×	○	×	×	×
Moda 410S/4000	○	●	×	×	○	●	×	×
Moda 430/4016	○	●	×	×	○	●	×	×
Core 304L/4307	○	○	×	×	○	○	●	●
Supra 444/4521	○	●	×	×	○	○	×	×
Supra 316L/4404	○	○	●	×	○	○	○	●
Ultra 317L/4439	○	●	●	×	○	○	●	●
Ultra 904L	○	○	●	×	○	○	●	●
Ultra 254 SMO	●		●	×				×
Ultra 4565			●	×				○
Ultra 654 SMO	●		×	×				×
Forta LDX 2101	●		●					
Forta DX 2304		●	●					
Forta LDX 2404	●	●			●	●	●	●
Forta DX 2205	●	●	●		○			●
Forta SDX 2507	○	○	○	×	○	○	○	●
Ti	×	×	×	×	×	×	×	×

材料	H_2SO_4 浓度/%							
	96	96	96	96	98	98	98	98
	温度/℃							
	20	30	40	50	30	40	50	80
碳钢	○	●	×	×	●	●	×	×
Moda 410S/4000	○	●	×	×	●	●	×	×
Moda 430/4016	○	○	●	×	○	●	×	×
Core 304L/4307	○	○	○	●	○	○	●	×
Supra 444/4521	○	○	●	×	○	●	×	×
Supra 316L/4404	○	○	○	●	○	○	○	×
Ultra 317L/4439	○	○	●	●	○	○	●	×
Ultra 904L	○	○	●	●	○	●	●	×
Ultra 254 SMO	●		×	×	○	○	○	×
Ultra 4565	●	●	●	●	○	○	●	●
Ultra 654 SMO	○	●	×	×			●	●
Forta LDX 2101	●	●	●	●	○	○	○	●
Forta DX 2304	●	○	○	○	○	○	○	●
Forta LDX 2404	●	●	●	●	○	○	○	
Forta DX 2205	●	●	●	●	○	○	●	●
Forta SDX 2507	○	○	○	●	○	○	○	●
Ti	×	×	×	×	×	×	×	×

Isocorrosion Diagram（等蚀图）

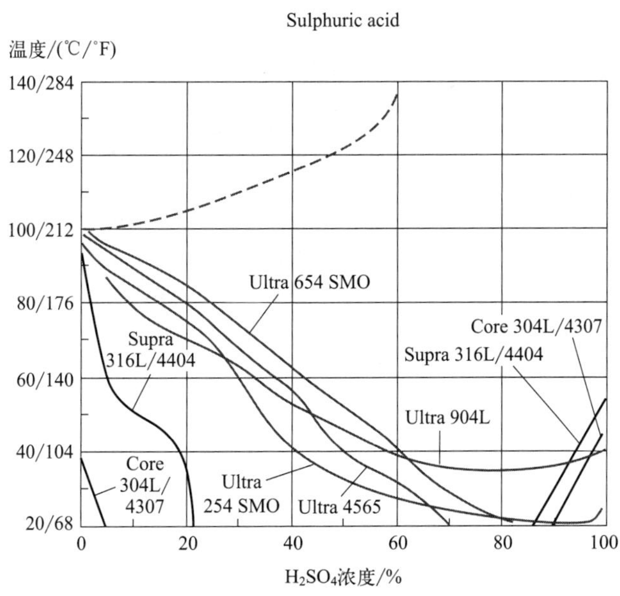

等蚀图，0.1mm/a，在化学纯度的天然含气硫酸中的奥氏体不锈钢。虚线表示沸点。

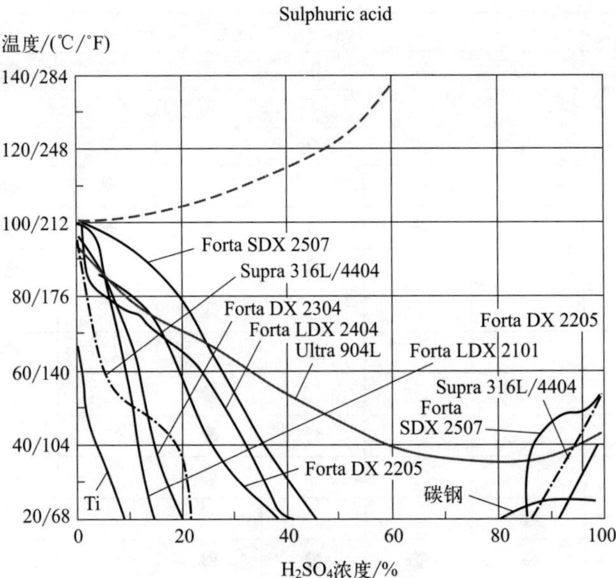

等蚀图，0.1mm/a，在化学纯度的天然曝气硫酸中的双相不锈钢。虚线表示沸点。

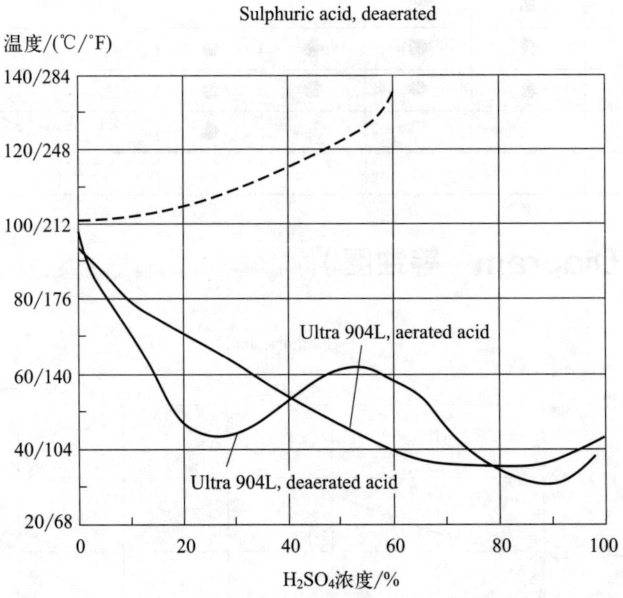

等蚀图，0.1mm/a，在化学纯度的充气脱氧硫酸中的 Ultra 904L。虚线表示沸点。

Sulphuric acid + acetic acid（硫酸 + 乙酸）

$H_2SO_4 + CH_3COOH$

材料	H_2SO_4 浓度/%								
	1	1	1	2	2	2	5	10	10
	CH_3COOH 浓度/%								
	1	1	25	0.5	25	0.2	90	2	90
	温度/℃								
	20	BP	BP	BP	80	120	20	BP	20
碳钢						×	×	×	
Moda 410S/4000				×	×	×		×	
Moda 430/4016	○	×		×	×	×		×	
Core 304L/4307	○	●	×	×	×	×	●	×	●
Supra 444/4521	○	●		×	×	×		×	
Supra 316L/4404	○	●	●	×	●	×	○	×	○
Ultra 317L/4439	○	●	●	●	●	●	○	×	○
Ultra 904L	○	○	●	●	○	●	○	×	○
Ultra 254 SMO		●	●	●	○	●		×	
Ultra 4565		●	●	●	○	●		×	
Ultra 654 SMO		○	○	●				×	
Forta LDX 2101		○	○	○				×	
Forta DX 2304		●	●	●				×	
Forta LDX 2404				●				×	
Forta DX 2205		●	●	●	○			×	
Forta SDX 2507		●	●	●	●	●		×	
Ti	○	●	●	●	●	×	○	×	●

Sulphuric acid + acetic acid + acetic anhydride（硫酸 + 乙酸 + 乙酸酐）

$H_2SO_4 + CH_3COOH + (CH_3CO)_2O$

材料	H_2SO_4 浓度/%			
	0.4	5	5	5
	CH_3COOH 浓度/%			
	71.3	47.5	47.5	47.5
	$(CH_3CO)_2O$ 浓度/%			
	28.3	47.5	47.5	47.5
	温度/℃			
	20	BP	BP	BP
碳钢	×	×	×	×
Moda 410S/4000	×	×	×	×
Moda 430/4016	×	×	×	×
Core 304L/4307	×	○	○	×
Supra 444/4521	×	○	○	×
Supra 316L/4404	●	○	○	●
Ultra 317L/4439		○	○	
Ultra 904L		○	○	
Ultra 254 SMO		○	○	
Ultra 4565		○	○	
Ultra 654 SMO		○	○	
Forta LDX 2101				
Forta DX 2304				
Forta LDX 2404				
Forta DX 2205				
Forta SDX 2507				
Ti				

S

Sulphuric acid + aluminium sulphate（硫酸 + 硫酸铝）

$H_2SO_4 + Al_2(SO_4)_3$

H_2SO_4 浓度为 42%，$Al_2(SO_4)_3$ 浓度为 1.5%，温度为 45℃时：

材料	性能
碳钢	×
Moda 410S/4000	×
Moda 430/4016	×
Core 304L/4307	×
Supra 444/4521	×
Supra 316L/4404	×
Ultra 317L/4439	×
Ultra 904L	●
Ultra 254 SMO	
Ultra 4565	
Ultra 654 SMO	
Forta LDX 2101	
Forta DX 2304	
Forta LDX 2404	
Forta DX 2205	
Forta SDX 2507	
Ti	×

Sulphuric acid + ammonium sulphate（硫酸 + 硫酸铵）

$H_2SO_4 + (NH_4)_2SO_4$

材料	H_2SO_4 浓度/%									
	0.2	1	1	1	2	2	5	5	5	5
	$(NH_4)_2SO_4$ 浓度/%									
	42	20	40	40	40	40	10	20	20	20
	温度/℃									
	100	BP	80	BP	80	BP	40	40	60	80
碳钢	×	×	×	×	×	×	×	×	×	×
Moda 410S/4000	×	×	×	×	×	×	×	×	×	×
Moda 430/4016	●	●	●	×	●	×	●	●	×	×
Core 304L/4307	●	●	●	×	●	×	○	○	●	×
Supra 444/4521	●	●	●	×	●	×	○	○	●	×
Supra 316L/4404	○	●	●	×	●	×	○	○	○	×
Ultra 317L/4439	○	●/○	●/○	×/●	●	×	○	○	○	×
Ultra 904L	○	○	○	○	○	○	○	○	○	○
Ultra 254 SMO				●			○	○		
Ultra 4565							○	○		
Ultra 654 SMO			○	○			○	○	○	○
Forta LDX 2101										
Forta DX 2304			○	○						
Forta LDX 2404										
Forta DX 2205			○	○						
Forta SDX 2507			○	○			○	○	○	○
Ti	●	×	●	×	●	×	●	●	●	×

续表

材料	H_2SO_4 浓度/%								
	5	5	5	10	10	10	10	10	10
	$(NH_4)_2SO_4$ 浓度/%								
	20	40	40	20	20	20	40	40	51
	温度/℃								
	BP	60	BP	40	80	BP	40	80	100
碳钢	×	×	×	×	×	×	×	×	×
Moda 410S/4000	×	×	×	×	×	×	×	×	×
Moda 430/4016	×	×	×	×	×	×	×	×	×
Core 304L/4307	×	●	×	●	×	×	●	×	×
Supra 444/4521	×	●	×	●	×	×	●	×	×
Supra 316L/4404	×	○	×	○	●	×	○	●	×
Ultra 317L/4439	×	○	×	○	●	×	○	●	×
Ultra 904L	●	○	●	○	○	●	○	●	●
Ultra 254 SMO	●		●			×		○	●
Ultra 4565	×		●			●			●
Ultra 654 SMO	○					●		○	
Forta LDX 2101									
Forta DX 2304	●							○	
Forta LDX 2404									
Forta DX 2205	●							○	
Forta SDX 2507	○		○			●		○	●
Ti	×	●	×	×	×	×	×	×	×

S

Sulphuric acid + chlorides（硫酸 + 氯离子）

$H_2SO_4 + Cl^-$

材料	H_2SO_4 浓度/%									
	1	1	1	1	5	5	5	10	10	10
	Cl^- 浓度/%									
	0.02	0.02	0.02	0.02	0.02	0.02	0.02	0.02	0.02	0.02
	温度/℃									
	70	80	90	100～BP	70	80	90	50	60	70
碳钢										
Moda 410S/4000										
Moda 430/4016										
Core 304L/4307										
Supra 444/4521										
Supra 316L/4404		○							●	
Ultra 317L/4439										
Ultra 904L		○	●	●	○	×			○	○
Ultra 254 SMO	○	○	○	×	○	○	×		○	○
Ultra 4565										
Ultra 654 SMO										
Forta LDX 2101	○	○	○	○	●	●	●	●	●	
Forta DX 2304	○	○	○	●	○	●	●	●	●	
Forta LDX 2404	○	○	○	●	○	○	●	○	○	
Forta DX 2205	○	○	○	●	○	○	●	○	○	
Forta SDX 2507	○	○	○	○	○	○	○	○	○	○
Ti										

材料	H_2SO_4 浓度/%									
	10	10	20	20	20	20	20	20	30	30
	Cl^- 浓度/%									
	0.02	0.02	0.02	0.02	0.02	0.02	0.02	0.02	0.02	0.02
	温度/℃									
	80	90	40	50	60	70	80	90	30	40
碳钢										
Moda 410S/4000										
Moda 430/4016										
Core 304L/4307										
Supra 444/4521										
Supra 316L/4404									×	
Ultra 317L/4439										
Ultra 904L	×			○	●	×			○	●
Ultra 254 SMO	×	×		○		●	●	×	○	●
Ultra 4565										
Ultra 654 SMO										
Forta LDX 2101			×							
Forta DX 2304			×							
Forta LDX 2404			●							
Forta DX 2205		×	●	×	×	×	×	×		
Forta SDX 2507	●	●	○	●	●	×	×	×		
Ti										

材料	H_2SO_4 浓度/%								
	30	30	40	40	40	1	1	1	1
	Cl^- 浓度/%								
	0.2	0.2	0.2	0.2	0.2	0.2	0.2	0.2	0.2
	温度/℃								
	50	60	15	25	40	70	80	90	100~BP
碳钢									
Moda 410S/4000									
Moda 430/4016									
Core 304L/4307									
Supra 444/4521									

续表

材料	H₂SO₄ 浓度/%								
	30	30	40	40	40	1	1	1	1
	Cl⁻ 浓度/%								
	0.02	0.02	0.02	0.02	0.02	0.2	0.2	0.2	0.2
	温度/℃								
	50	60	15	25	40	70	80	90	100～BP
Supra 316L/4404						○			
Ultra 317L/4439									
Ultra 904L		×	●	●		○	●		
Ultra 254 SMO	●		○	○	○	○	○	○	
Ultra 4565						○	○	○	
Ultra 654 SMO						○	○	○	●
Forta LDX 2101						○	○	○	●
Forta DX 2304						○	○	○	●
Forta LDX 2404						○	○	○	○
Forta DX 2205	×	×			×	○	○	○	○
Forta SDX 2507					×	○	○	○	○
Ti									

材料	H₂SO₄ 浓度/%									
	3	3	5	5	5	5	5	5	10	10
	Cl⁻ 浓度/%									
	0.2	0.2	0.2	0.2	0.2	0.2	0.2	0.2	0.2	0.2
	温度/℃									
	40	50	50	60	70	80	90	100	20	40
碳钢										
Moda 410S/4000										
Moda 430/4016										
Core 304L/4307										
Supra 444/4521										
Supra 316L/4404			●						○	
Ultra 317L/4439										
Ultra 904L			○	●					○	○
Ultra 254 SMO			○	○	○				○	○
Ultra4565	○	○	○	○	○	○	○		○	○

材料	H_2SO_4 浓度/%									
	3	3	5	5	5	5	5	5	10	10
	Cl^- 浓度/%									
	0.2	0.2	0.2	0.2	0.2	0.2	0.2	0.2	0.2	0.2
	温度/℃									
	40	50	50	60	70	80	90	100	20	40
Ultra 654 SMO			○	○	○	○	○		○	○
Forta LDX 2101	○	●	×							×
Forta DX 2304	○	○							●	
Forta LDX 2404	○	○					●		○	●
Forta DX 2205	○	○					●		○	●
Forta SDX 2507	○	○	○	○	○	○	●	×	○	●
Ti										

材料	H_2SO_4 浓度/%									
	10	10	10	10	15	15	20	20	20	20
	Cl^- 浓度/%									
	0.2	0.2	0.2	0.2	0.2	0.2	0.2	0.2	0.2	0.2
	温度/℃									
	50	60	70	80	50	60	20	30	40	50
碳钢										
Moda 410S/4000										
Moda 430/4016										
Core 304L/4307										
Supra 444/4521										
Supra 316L/4404										
Ultra 317L/4439										
Ultra 904L	●						○	●		
Ultra 254 SMO	●						○	○		
Ultra 4565	○	○	○	×			○	○	●	
Ultra 654 SMO	○	○	○	○	○	○	○	○	○	○
Forta LDX 2101										
Forta DX 2304	×		×	×			×			
Forta LDX 2404							×			
Forta DX 2205							×			
Forta SDX 2507	●	●	●	×	●	×	●	●		×
Ti										

续表

材料	H_2SO_4 浓度/%									
	30	30	30	30	40	40	50	50	60	60
	Cl^- 浓度/%									
	0.2	0.2	0.2	0.2	0.2	0.2	0.2	0.2	0.2	0.2
	温度/℃									
	15	30	40	50	15	30	15	30	15	30
碳钢										
Moda 410S/4000										
Moda 430/4016										
Core 304L/4307										
Supra 444/4521										
Supra 316L/4404										
Ultra 317L/4439										
Ultra 904L	●				●		●		○	
Ultra 254 SMO	●				●		●		●	
Ultra 4565	●									
Ultra 654 SMO	○	○	○	×	○	●	●	●	●	●
Forta LDX 2101										
Forta DX 2304										
Forta LDX 2404										
Forta DX 2205										
Forta SDX 2507		×	×							
Ti										

材料	H_2SO_4 浓度/%							
	70	70	80	80	90	90	98	98
	Cl^- 浓度/%							
	0.2	0.2	0.2	0.2	0.2	0.2	0.2	0.2
	温度/℃							
	15	30	15	30	15	30	15	30
碳钢								
Moda 410S/4000								
Moda 430/4016								
Core 304L/4307								
Supra 444/4521								

续表

材料	H_2SO_4 浓度/%							
	70	70	80	80	90	90	98	98
	Cl^- 浓度/%							
	0.2	0.2	0.2	0.2	0.2	0.2	0.2	0.2
	温度/℃							
	15	30	15	30	15	30	15	30
Supra 316L/4404								
Ultra 317L/4439								
Ultra 904L	○	○	○	●	●		○	○
Ultra 254 SMO	○	●	○	●	●		●	
Ultra 4565	○	●	○	○	○	○	○	○
Ultra 654 SMO	○	●	○	○		×		
Forta LDX 2101								
Forta DX 2304								
Forta LDX 2404								
Forta DX 2205								
Forta SDX 2507								
Ti								

Isocorrosion Diagram（等蚀图）

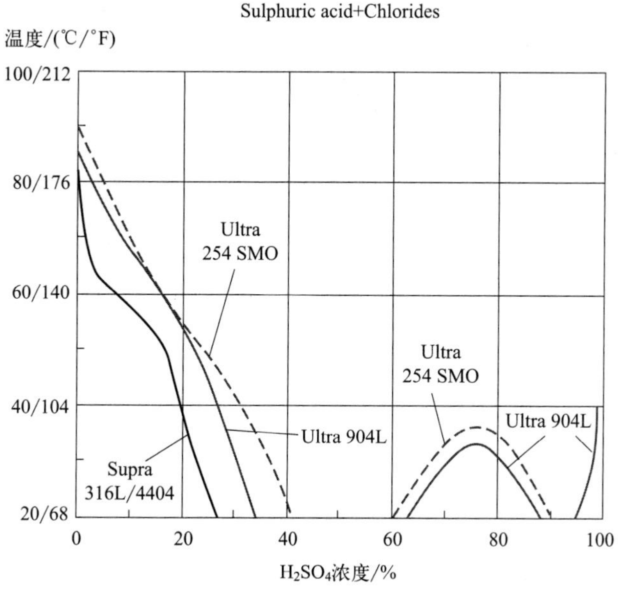

等蚀图，0.1mm/a，在化学纯度的天然加气硫酸中加入0.02%氯化物的奥氏体不锈钢。

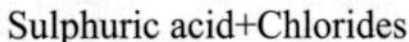
Sulphuric acid+Chlorides

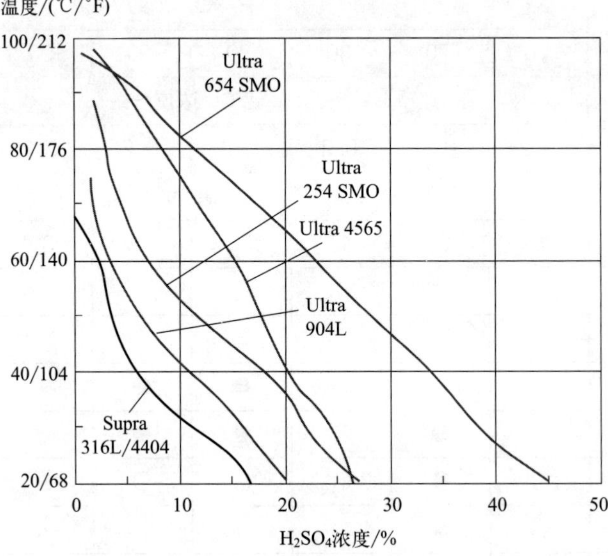

Sulphuric acid+Chlorides

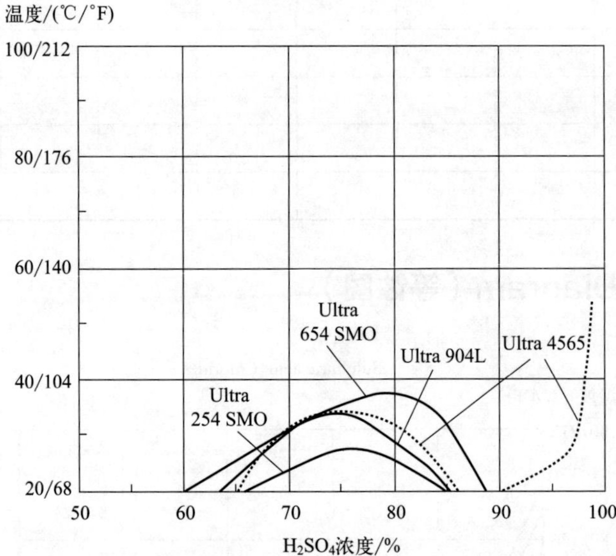

等蚀图，0.1mm/a，在化学纯度的天然加气硫酸中加入 0.2%氯化物的奥氏体不锈钢。

S

Sulphuric acid + chlorine（硫酸 + 氯气）

$H_2SO_4 + Cl_2$

Cl_2 浓度为饱和时：

<table>
<tr><th rowspan="4">材料</th><th colspan="5">H_2SO_4 浓度/%</th></tr>
<tr><th>40</th><th>50</th><th>60</th><th>82</th><th>96</th></tr>
<tr><th colspan="5">温度/℃</th></tr>
<tr><th>25</th><th>25</th><th>40</th><th>50</th><th>50</th></tr>
<tr><td>碳钢</td><td>×</td><td>×</td><td>×</td><td></td><td></td></tr>
<tr><td>Moda 410S/4000</td><td>×</td><td>×</td><td>×</td><td></td><td></td></tr>
<tr><td>Moda 430/4016</td><td>×</td><td>×</td><td>×</td><td></td><td></td></tr>
<tr><td>Core 304L/4307</td><td>×</td><td>×</td><td>×</td><td></td><td></td></tr>
<tr><td>Supra 444/4521</td><td>×</td><td>×</td><td>×</td><td></td><td></td></tr>
<tr><td>Supra 316L/4404</td><td>×</td><td>×</td><td>×</td><td>●p</td><td>●p</td></tr>
<tr><td>Ultra 317L/4439</td><td>×</td><td>×</td><td>×</td><td>●p</td><td></td></tr>
<tr><td>Ultra 904L</td><td>×</td><td>×</td><td>×</td><td>●p</td><td></td></tr>
<tr><td>Ultra 254 SMO</td><td></td><td></td><td></td><td></td><td></td></tr>
<tr><td>Ultra 4565</td><td></td><td></td><td></td><td></td><td></td></tr>
<tr><td>Ultra 654 SMO</td><td></td><td></td><td></td><td></td><td></td></tr>
<tr><td>Forta LDX 2101</td><td></td><td></td><td></td><td></td><td></td></tr>
<tr><td>Forta DX 2304</td><td></td><td></td><td></td><td></td><td></td></tr>
<tr><td>Forta LDX 2404</td><td></td><td></td><td></td><td></td><td></td></tr>
<tr><td>Forta DX 2205</td><td></td><td></td><td></td><td></td><td></td></tr>
<tr><td>Forta SDX 2507</td><td></td><td></td><td></td><td></td><td></td></tr>
<tr><td>Ti</td><td>○</td><td>○</td><td>×</td><td>×</td><td></td></tr>
</table>

Sulphuric acid + chromium trioxide（硫酸 + 三氧化铬）

$H_2SO_4 + CrO_3$

材料	H_2SO_4 浓度/%						
	1	1.5	5	10	10	20	20
	CrO_3 浓度/%						
	3.5	1.5	3.5	3.5	7	2	4
	温度/℃						
	35	BP	35	35	50	50	60
碳钢	○	×	×	×			
Moda 410S/4000	○	×	○	○			
Moda 430/4016	○	●	○	○			
Core 304L/4307	○	○	○	○	○	○	●
Supra 444/4521	○	○	○	○			
Supra 316L/4404	○	○	○	○	○	○	
Ultra 317L/4439	○	○	○	○	○	○	
Ultra 904L	○	○	○	○	○	○	
Ultra 254 SMO							
Ultra 4565							
Ultra 654 SMO							
Forta LDX 2101							
Forta DX 2304							
Forta LDX 2404							
Forta DX 2205							
Forta SDX 2507							
Ti	○	○	○	○	○	○	

S

材料	H_2SO_4 浓度/%						
	25	32	46	51	80	80	96
	CrO_3 浓度/%						
	24	20	18	4	0.5	5.5	0.3
	温度/℃						
	108	90	100	70	80	25	80
碳钢	×	×	×	×			
Moda 410S/4000	×	×	×	×			
Moda 430/4016	×	×	×	×			
Core 304L/4307	×	×	×	×	×	○	○
Supra 444/4521	×	×	×	×			
Supra 316L/4404	×	×	×	×		○	
Ultra 317L/4439	×	×	×	×			
Ultra 904L	×	×	×	×			
Ultra 254 SMO							
Ultra 4565							
Ultra 654 SMO							
Forta LDX 2101							
Forta DX 2304							
Forta LDX 2404							
Forta DX 2205							
Forta SDX 2507							
Ti	○	○	○	○			

Isocorrosion Diagram（等蚀图）

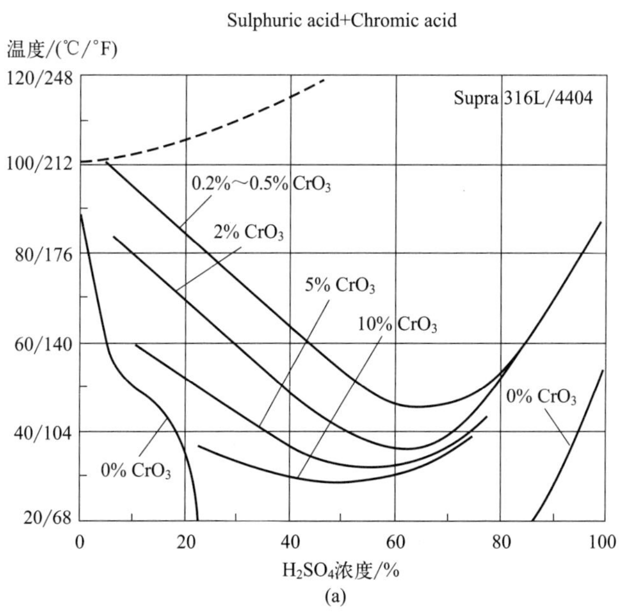

(a)

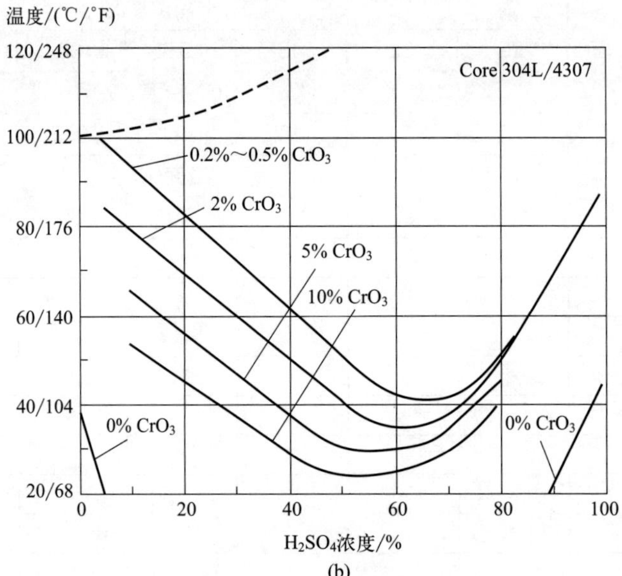

(b)

(a) 等蚀图，0.1mm/a，在化学纯度硫酸中加入给定铬酸的 Supra 316L/4404。虚线代表沸点。

(b) 等蚀图，0.1mm/a，在化学纯度硫酸中加入给定铬酸的 Core 304L/4307。虚线代表沸点。

S

Sulphuric acid + copper sulphate（硫酸 + 硫酸铜）

$H_2SO_4 + CuSO_4$

材料	H_2SO_4 浓度/%										
	4	8	8	8	10	13	14	16	16	65	65
	$CuSO_4$ 浓度/%										
	1	0.05	1	5	10	0.3	1.5	12	13	0.05	1
	温度/℃										
	20	80	20	20	BP	40	40	120	90	38	38
碳钢											
Moda 410S/4000	×	×	×	●	×						
Moda 430/4016	×	×	×	●	●						
Core 304L/4307	○	×	○	○	○	○			○		
Supra 444/4521	○	×	○	○	○						
Supra 316L/4404	○	○	○	○	○	○	○	●	○	○	○
Ultra 317L/4439	○	○	○	○	○	○	○	●	○	○	○
Ultra 904L	○	○	○	○	○	○	○	●	○	○	○
Ultra 254 SMO	○	○	○	○	○			○			
Ultra 4565	○	○	○	○							
Ultra 654 SMO	○	○	○	○	○			○			
Forta LDX 2101											
Forta DX 2304					○			○			
Forta LDX 2404											
Forta DX 2205					○			○			
Forta SDX 2507					○			○			
Ti	○	×	○	○	○	○	○	●	○	○	○

Isocorrosion Diagram（等蚀图）

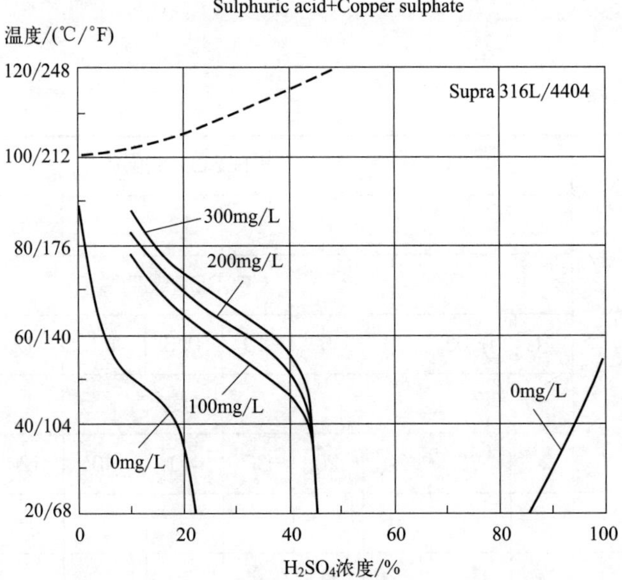

等蚀图，0.1mm/a，在化学纯度的硫酸中加入硫酸铜的 Supra 316L/4404。虚线代表沸点。

Sulphuric acid + hydrofluoric acid（硫酸 + 氢氟酸）

H_2SO_4 + HF

材料	H_2SO_4 浓度/%			
	10	12	12	12
	HF 浓度/%			
	2	4	4	4
	温度/℃			
	30	40	50	60
碳钢				
Moda 410S/4000				
Moda 430/4016				
Core 304L/4307				
Supra 444/4521				
Supra 316L/4404	×	×	×	×
Ultra 317L/4439				
Ultra 904L	●			
Ultra 254 SMO	●	●	×	×
Ultra 4565				
Ultra 654 SMO		●		
Forta LDX 2101				
Forta DX 2304		×		
Forta LDX 2404				
Forta DX 2205		×	×	×
Forta SDX 2507		×		
Ti				

S

Sulphuric acid + iron（Ⅱ）sulphate（硫酸 + 硫酸亚铁）

$H_2SO_4 + FeSO_4$

材料	H_2SO_4 浓度/%						
	5	5	8	10	10	12	17
	$FeSO_4$ 浓度/%						
	0.05	5	20	0.2	2	14.6	7
	温度/℃						
	70	40	20	BP	BP	100	60
碳钢	×	×	×	×			×
Moda 410S/4000	×	×	×	×			×
Moda 430/4016	×	×	○	×			×
Core 304L/4307	×	○	○	×			●
Supra 444/4521	×	○	○	×			●
Supra 316L/4404	○	○	○	×			○
Ultra 317L/4439	○	○	○	×			×
Ultra 904L	○	○	○	●		○	○
Ultra 254 SMO		○	○	×		○	
Ultra 4565		○	○				
Ultra 654 SMO		○	○	×			
Forta LDX 2101	○		●				●
Forta DX 2304	○			×			○
Forta LDX 2404							
Forta DX 2205	○			×			○
Forta SDX 2507				×	○		
Ti	×	○	○	○			○

Isocorrosion Diagram（等蚀图）

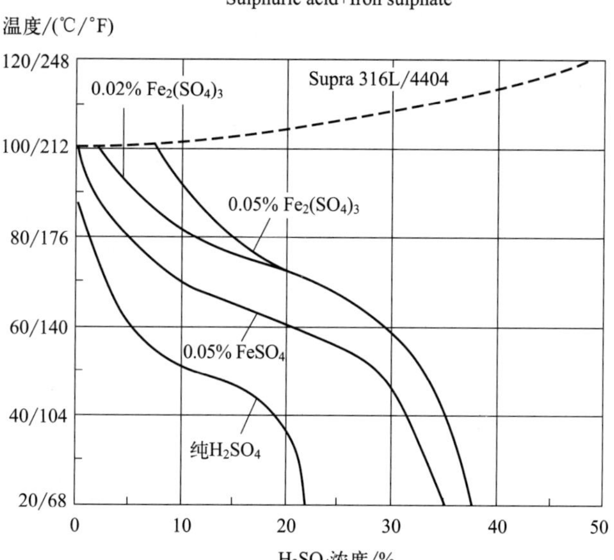

等蚀图，0.1mm/a，在化学纯度的硫酸中加入给定硫酸（亚）铁的 Supra 316L/4404。虚线代表沸点。

S

Sulphuric acid + iron（Ⅲ）sulphate（硫酸 + 硫酸铁）

$H_2SO_4 + Fe_2(SO_4)_3$

材料	H_2SO_4 浓度/%						
	2	2	7	7	8	10	50
	$Fe_2(SO_4)_3$ 浓度/%						
	0.02	10	0.05	10	0.05	2	3
	温度/℃						
	BP	100	80	80	80	BP	128
碳钢					×		
Moda 410S/4000					×	×	
Moda 430/4016					×	×	
Core 304L/4307	×	○	○	○	○	×	
Supra 444/4521					○	×	
Supra 316L/4404	○	○	○	○	○	×	
Ultra 317L/4439	○	○	○	○	○	×	
Ultra 904L	○	○	○	○	○	○	●
Ultra 254 SMO	○	○	○	○	○	○	○
Ultra 4565	○	○	○	○	○		
Ultra 654 SMO	○	○	○	○	○	○	
Forta LDX 2101							
Forta DX 2304						○	
Forta LDX 2404							
Forta DX 2205						○	
Forta SDX 2507						○	
Ti	○	○	●	○	×	×	

Sulphuric acid + iron (Ⅲ) sulphate + sodium chloride [硫酸+硫酸铁(Ⅲ)+氯化钠]

$H_2SO_4+Fe_2(SO_4)_3+NaCl$

H_2SO_4 浓度为 6%，$Fe_2(SO_4)_3$ 浓度为 10%，NaCl 浓度为 0.66%，温度为 103℃～BP 时：

材料	性能
碳钢	
Moda 410S/4000	
Moda 430/4016	
Core 304L/4307	
Supra 444/4521	
Supra 316L/4404	
Ultra 317L/4439	
Ultra 904L	
Ultra 254 SMO	×
Ultra 4565	
Ultra 654 SMO	○
Forta LDX 2101	
Forta DX 2304	
Forta LDX 2404	
Forta DX 2205	
Forta SDX 2507	×
Ti	

S

Sulphuric acid + manganese dioxide（硫酸 + 二氧化锰）

$H_2SO_4 + MnO_2$

H_2SO_4 浓度为 40%，MnO_2 浓度为 0.05%，温度为 20℃时：

材料	性能
碳钢	
Moda 410S/4000	
Moda 430/4016	●
Core 304L/4307	●
Supra 444/4521	●
Supra 316L/4404	●
Ultra 317L/4439	●
Ultra 904L	○
Ultra 254 SMO	
Ultra 4565	
Ultra 654 SMO	
Forta LDX 2101	
Forta DX 2304	
Forta LDX 2404	
Forta DX 2205	
Forta SDX 2507	
Ti	○

Sulphuric acid + nitrogen gas（硫酸 + 氮气）

$H_2SO_4 + N_2$

N_2 浓度为饱和时：

材料	H_2SO_4 浓度/%			
	0.2	0.3	2	20
	温度/℃			
	100～BP	100～BP	60	40
碳钢				
Moda 410S/4000				
Moda 430/4016				
Core 304L/4307	●	●		×
Supra 444/4521				
Supra 316L/4404	●	●	×	×
Ultra 317L/4439	●	●	—/●	●
Ultra 904L		●		○
Ultra 254 SMO		●		○
Ultra 4565				
Ultra 654 SMO		○		○
Forta LDX 2101				
Forta DX 2304		○		×
Forta LDX 2404				
Forta DX 2205		○		●
Forta SDX 2507		○		○
Ti				

S

Sulphuric acid + oxygen gas（硫酸 + 氧气）

$H_2SO_4 + O_2$

O_2 浓度为饱和时：

材料	H_2SO_4 浓度/%						
	0.2	0.3	0.5	2	3	95	95
	温度/℃						
	100~BP	100~BP	100~BP	70	70	50	60
碳钢							
Moda 410S/4000							
Moda 430/4016							
Core 304L/4307		○	○	●	×	○	●
Supra 444/4521	×						
Supra 316L/4404							
Ultra 317L/4439		○	●/—				
Ultra 904L		○					
Ultra 254 SMO		●					
Ultra 4565							
Ultra 654 SMO		○					
Forta LDX 2101							
Forta DX 2304		●					
Forta LDX 2404							
Forta DX 2205		○					
Forta SDX 2507		○					
Ti							

Sulphuric acid + potassium dichromate（硫酸 + 重铬酸钾）

$H_2SO_4 + K_2Cr_2O_7$

材料	H_2SO_4 浓度/%						
	1	1.5	10	51	80	80	96
	$K_2Cr_2O_7$ 浓度/%						
	5	2.5	5	6	0.6	8	0.5
	温度/℃						
	35	BP	35	70	80	25	80
碳钢	○	×	×	×			
Moda 410S/4000	○	×	○	×			
Moda 430/4016	○	●	○	×			
Core 304L/4307	○	○	○	×	×	○	○
Supra 444/4521	○	○	○	×			
Supra 316L/4404	○	○	○	×		○	
Ultra 317L/4439	○	○	○	×			
Ultra 904L	○	○	○	×			
Ultra 254 SMO							
Ultra 4565							
Ultra 654 SMO							
Forta LDX 2101							
Forta DX 2304							
Forta LDX 2404							
Forta DX 2205							
Forta SDX 2507							
Ti	○	○	○	○			

Sulphuric acid + sodium dichromate（硫酸 + 重铬酸钠）

$H_2SO_4 + Na_2Cr_2O_7$

材料	H_2SO_4 浓度/%					
	10	20	20	25	32	46
	$Na_2Cr_2O_7$ 浓度/%					
	9	2.6	5	30	2.6	23
	温度/℃					
	50	50	60	108	90	100
碳钢				×	×	×
Moda 410S/4000				×	×	×
Moda 430/4016				×	×	×
Core 304L/4307	○	○	●	×	×	×
Supra 444/4521				×	×	×
Supra 316L/4404	○	○		×	×	×
Ultra 317L/4439	○	○		×	×	×
Ultra 904L	○	○		×	×	×
Ultra 254 SMO						
Ultra 4565						
Ultra 654 SMO						
Forta LDX 2101						
Forta DX 2304						
Forta LDX 2404						
Forta DX 2205						
Forta SDX 2507						
Ti	○	○		○	○	○

Sulphuric acid + sodium sulphate（硫酸 + 硫酸钠）

$H_2SO_4 + Na_2SO_4$

材料	H_2SO_4 浓度/%						
	0.5	0.5	3	5	13	13	25
	Na_2SO_4 浓度/%						
	1	4	2	15	20	20	24
	温度/℃						
	BP	BP	BP	95	50	60	30
碳钢	×	×	×	×	×	×	×
Moda 410S/4000	×	×	×	×	×	×	×
Moda 430/4016	×	×	×	×	×	×	×
Core 304L/4307	●	●	×	×	×	×	×
Supra 444/4521	●	●	×	×	×	×	×
Supra 316L/4404	●	●	×	×	●		○
Ultra 317L/4439	●	●	×	×	●		○
Ultra 904L	○	○	●	●	○	●	○
Ultra 254 SMO			●	●		○	
Ultra 4565							
Ultra 654 SMO			●	○			
Forta LDX 2101							
Forta DX 2304			●	○			
Forta LDX 2404							
Forta DX 2205			●	○			
Forta SDX 2507			●	○			
Ti	×	○	×	●	●		●

Sulphuric acid + sulphur dioxide（硫酸 + 二氧化硫）

$H_2SO_4 + SO_2$

SO_2 浓度为饱和时：

材料	H_2SO_4 浓度/%								
	0.5	0.5	2	5	10	20	20	30	30
	温度/℃								
	90	100～BP	70	70	50	40	60	20	80
碳钢	×	×			×	×	×	×	×
Moda 410S/4000	×	×			×	×	×	×	×
Moda 430/4016	×	×			×	×	×	×	×
Core 304L/4307	×	×			×	×	×	×	×
Supra 444/4521	×	×	—/○	—/●	×	×	×	×	×
Supra 316L/4404	●	×			●	●	×	●	×
Ultra 317L/4439	○	×			●	●	×	●	×
Ultra 904L	○	●			○	○	×	○	×
Ultra 254 SMO									
Ultra 4565									
Ultra 654 SMO									
Forta LDX 2101									
Forta DX 2304									
Forta LDX 2404									
Forta DX 2205									
Forta SDX 2507									
Ti	○	○			○	○	●	○	×

续表

材料	H_2SO_4 浓度/%								
	50	60	90	95	95	96	96	98	98
	温度/℃								
	20	20	40	50	60	40	55	80	90
碳钢	×	×						×	
Moda 410S/4000	×	×							
Moda 430/4016	×	×							
Core 304L/4307	×	×					●	●	
Supra 444/4521	×	×							
Supra 316L/4404	×	×					●	●	●
Ultra 317L/4439	●	×		—/●	—/●		●	●	
Ultra 904L	○	○	●			●	●	●	●
Ultra 254 SMO									×
Ultra 4565									
Ultra 654 SMO									
Forta LDX 2101									
Forta DX 2304									
Forta LDX 2404									
Forta DX 2205									
Forta SDX 2507									
Ti	○	×					×	×	

Sulphuric acid + zinc sulphate（硫酸 + 硫酸锌）

$H_2SO_4 + ZnSO_4$

材料	H_2SO_4 浓度/%			
	0. 5	1	2	10
	$ZnSO_4$ 浓度/%			
	30	1	30 ~ 45	5
	温度/℃			
	BP	65	80	50
碳钢	×	×	×	×
Moda 410S/4000	×	×	×	×
Moda 430/4016	×	×	×	×
Core 304L/4307	×	●	×	×
Supra 444/4521	×	●	×	×
Supra 316L/4404	●	○	●	●
Ultra 317L/4439	●	○	●	●
Ultra 904L	○	○	○	○
Ultra 254 SMO	●	○		○
Ultra 4565				
Ultra 654 SMO	○	○		○
Forta LDX 2101				
Forta DX 2304	○	○		○
Forta LDX 2404				
Forta DX 2205	○	○		○
Forta SDX 2507	○	○		○
Ti	●	○	×	×

Sulphuric acid，fuming，oleum（发烟硫酸）

$H_2SO_4 + SO_3$

发烟硫酸，也就是三氧化硫的硫酸溶液。无色至浅棕色黏稠发烟液体，能发出窒息性的三氧化硫烟雾，是一种含有过量三氧化硫的硫酸，其密度、熔点、沸点因 SO_3 含量不同而异。当它暴露于空气中时，挥发出来的 SO_3 和空气中的水蒸气形成硫酸的细小露滴而“冒烟”，所以称之为发烟硫酸。含三氧化硫 50％以上的遇冷成结晶状。有很强的吸水性。当它与水相混合时，三氧化硫即与水结合成硫酸。相对密度约 1.9（含 20％三氧化硫）。凝固点随浓度增加变化很大，呈现先升后降的趋势。含 20％游离三氧化硫的发烟硫酸的凝固点 2.5℃，随着游离三氧化硫含量的增加，当游离三氧化硫含量 45％时，凝固点最高达到 35.0℃，再逐渐增加游离三氧化硫含量，凝固点则会迅速降低。遇水、有机物和氧化剂易引起爆炸。有强烈腐蚀性。

用作磺化剂，还广泛用于制造染料、炸药、硝化纤维素以及药物等。

H_2SO_4 浓度为 100％时：

材料	SO_3 浓度/%					
	60	7	11	11	60	60
	温度/℃					
	80	60	60	100	20	70
碳钢		○	○	×		
Moda 410S/4000	×	○	○	×		
Moda 430/4016	×	○	○	×		
Core 304L/4307	○	○	○	●	○	○
Supra 444/4521		○	○			
Supra 316L/4404	○	○	○	○	○	○
Ultra 317L/4439		○	○		○	○
Ultra 904L		○	○		○	○
Ultra 254 SMO						
Ultra 4565						
Ultra 654 SMO						
Forta LDX 2101						
Forta DX 2304						
Forta LDX 2404						
Forta DX 2205						
Forta SDX 2507						
Ti	×	×	×	×	×	×

S

Sulphurous acid（亚硫酸）

H_2SO_3

亚硫酸是二元中强酸，一般作弱酸处理，属于弱电解质。无色透明液体，具有二氧化硫的窒息气味，易分解。亚硫酸为酸雨的组成物质。

用作分析试剂、还原剂及防腐剂。

材料	H_2SO_3 浓度/%						
	2 (SO_2)	5 (SO_2)	10 (SO_2)	20 (SO_2)	饱和	饱和	饱和
	温度/℃						
	50	20	160	20	20	135	200
碳钢	×		×	×	×	×	×
Moda 410S/4000	×		×	×	×	×	×
Moda 430/4016	●		×	×	×	×	×
Core 304L/4307	○		●	●	●	●	×
Supra 444/4521	○		●	●	●	●	×
Supra 316L/4404	○	○	○	○	○	○	●
Ultra 317L/4439	○	○	○	○	○	○	○
Ultra 904L	○	○	○	○	○	○	○
Ultra 254 SMO							
Ultra 4565							
Ultra 654 SMO							
Forta LDX 2101							
Forta DX 2304							
Forta LDX 2404							
Forta DX 2205							
Forta SDX 2507							
Ti	○	○	○	○	○	○	○

Sulphurous acid + calcium bisulphite（亚硫酸 + 亚硫酸氢钙）

$H_2SO_3 + Ca(HSO_3)_2$

注意

给定值为液相和没有空气的气相。如果存在空气时，亚硫酸会在气态发生侵蚀。当亚硫酸氢钙被亚硫酸氢镁、亚硫酸氢钠或硫酸铵所取代时，该值也适用。

H_2SO_3 浓度为 1%～2%，$Ca(HSO_3)_2$ 浓度为 1%～5%，温度为 140℃时：

材料	性能
碳钢	×
Moda 410S/4000	×
Moda 430/4016	×
Core 304L/4307	●
Supra 444/4521	○
Supra 316L/4404	○
Ultra 317L/4439	○
Ultra 904L	○
Ultra 254 SMO	
Ultra 4565	
Ultra 654 SMO	
Forta LDX 2101	
Forta DX 2304	
Forta LDX 2404	
Forta DX 2205	
Forta SDX 2507	
Ti	○

Syrup and sugar（糖浆和糖）

材料	浓度/%	
	所有浓度	含 0.05%的 Cl^-
	温度/℃	
	20～BP	90
碳钢		
Moda 410S/4000	○	$○_p$
Moda 430/4016	○	$○_p$
Core 304L/4307	○	$○_p$
Supra 444/4521	○	$○_p$
Supra 316L/4404	○	$○_p$
Ultra 317L/4439	○	$○_p$
Ultra 904L	○	$○_p$
Ultra 254 SMO	○	
Ultra 4565	○	
Ultra 654 SMO	○	
Forta LDX 2101	○	
Forta DX 2304	○	
Forta LDX 2404	○	
Forta DX 2205	○	
Forta SDX 2507	○	
Ti	○	○

S

Tall oil（妥尔油）

注意

Ultra 904L 和 254 SMO 适用于含微量硫酸的原油。

妥尔油是 tall oil 的音译，又称液体松香，是从碱法（主要为硫酸盐法）制木浆时所残余的黑色溶液中制得。熔点－8℃，沸点 290～310℃。

妥尔油在金属加工中用于制取乳化剂、微乳液，作为辅助乳化剂可以减少主乳化剂的用量，与常用的油酸相比乳化速度快、润滑性优越、清洗效果好并且有一定的抗泡性，对硬水的适应范围宽，有良好的抗酸败性。

所有浓度时：

材料	温度/℃	
	100	300
碳钢		
Moda 410S/4000		
Moda 430/4016		
Core 304L/4307	○	×
Supra 444/4521		
Supra 316L/4404	○	●
Ultra 317L/4439	○	○
Ultra 904L	○	○
Ultra 254 SMO	○	
Ultra 4565	○	
Ultra 654 SMO	○	
Forta LDX 2101	○	
Forta DX 2304	○	
Forta LDX 2404	○	
Forta DX 2205	○	
Forta SDX 2507	○	
Ti	○	○

Tannic acid（单宁酸）

单宁酸又名鞣酸，是一种黄色或淡棕色轻质无晶性粉末或鳞片，有特异微臭，味极涩。熔点 218℃，沸点 862.8℃。溶于水及乙醇，易溶于甘油，极不溶于乙醚、氯仿或苯。其水溶液与铁盐溶液相遇变蓝黑色，加亚硫酸钠可延缓变色。

可作为收敛剂，能沉淀蛋白质，与生物碱、甙及重金属等均能形成不溶性复合物。单宁酸在印染行业也经常用到，如用酸性染料或酸性媒染染料就要用到，就是发挥其渗透速度慢的优势，达到均匀上色染整的目的。单宁酸既是一种强的固定剂，能固定许多蛋白质以及糖类衍生物，又是一种媒染剂，能增强对重金属（如铀、铅）的吸收，从而增强样品反差，特别是细胞外膜、弹性纤维、细胞连接、肌肉纤维等。

材料	浓度/%						
	5	5	10	10	25	50	50
	温度/℃						
	20	BP	20	BP	100	65	BP
碳钢	●	×	●	×	×	×	×
Moda 410S/4000	○	●	○	×	×	●	×
Moda 430/4016	○	○	○	○	●	●	●
Core 304L/4307	○	○	○	○	○	○	○
Supra 444/4521	○	○	○	○	○	○	○
Supra 316L/4404	○	○	○	○	○	○	○
Ultra 317L/4439	○	○	○	○	○	○	○
Ultra 904L	○	○	○	○	○	○	○
Ultra 254 SMO	○	○	○	○	○	○	○
Ultra 4565	○	○	○	○	○	○	○
Ultra 654 SMO	○	○	○	○	○	○	○
Forta LDX 2101	○	○	○	○	○	○	○
Forta DX 2304	○	○	○	○	○	○	○
Forta LDX 2404	○	○	○	○	○	○	○
Forta DX 2205	○	○	○	○	○	○	○
Forta SDX 2507	○	○	○	○	○	○	○
Ti	○	○	○	○	○	○	

Tar pure（焦油）

焦油又称煤膏、煤馏油、煤焦油溶液。是煤焦化过程中得到的一种黑色或黑褐色黏稠状液体，密度大于水，具有一定溶性和特殊的臭味，可燃并有腐蚀性。焦油是炼焦工业煤热解生成的粗煤气中的产物之一，其产量约占装炉煤的 3%～4%。焦油是煤化学工业的主要原料，其成分达上万种，主要含有苯、甲苯、二甲苯、萘、蒽等芳香烃，芳香族含氧化合物（如苯酚等酚类化合物），含氮、含硫的杂环化合物等多种有机物，可采用分馏的方法把焦油分割成不同沸点范围的馏分。焦油是生产塑料、合成纤维、染料、橡胶、医药、耐高温材料等的重要原料。

焦油在所有浓度下，温度为 20℃～BP 时：

材料	性能
碳钢	
Moda 410S/4000	○
Moda 430/4016	○
Core 304L/4307	○
Supra 444/4521	○
Supra 316L/4404	○
Ultra 317L/4439	○
Ultra 904L	○
Ultra 254 SMO	○
Ultra 4565	○
Ultra 654 SMO	○
Forta LDX 2101	○
Forta DX 2304	○
Forta LDX 2404	○
Forta DX 2205	○
Forta SDX 2507	○
Ti	○

T

Tartaric acid（酒石酸）

$C_2H_2(OH)_2(COOH)_2$

酒石酸，即，2,3-二羟基丁二酸，是一种羧酸，存在于多种植物中，如葡萄和酸豆，也是葡萄酒中主要的有机酸之一。在低温时对水的溶解度低，易生成不溶性的钙盐。熔点约 170℃，沸点 399.3℃。

酒石酸具有两个相互对称的手性碳，具有三种旋光异构体：右旋酒石酸、左旋酒石酸和内消旋酒石酸。

等量右旋酒石酸和左旋酒石酸的混合物的旋光性相互抵消，称为外消旋酒石酸。各种酒石酸均是易溶于水的无色晶体。

右旋酒石酸存在于多种果汁中，工业上常用葡萄糖发酵来制取。左旋酒石酸可由外消旋体拆分获得，也存在于羊蹄甲的果实和树叶中。外消旋体可由右旋酒石酸经强碱或强酸处理制得，也可通过化学合成，例如由反丁烯二酸用高锰酸钾氧化制得。内消旋体不存在于自然界中，它可由顺丁烯二酸用高锰酸钾氧化制得。

酒石酸与柠檬酸类似，作为食品中添加的抗氧化剂，可以使食物具有酸味。酒石酸最大的用途是饮料添加剂。酒石酸和单宁酸合用，可作为酸性染料的媒染剂。酒石酸能与多种金属离子络合，可作金属表面的清洗剂和抛光剂。也是制药工业原料。在制镜工业中，酒石酸是一个重要的助剂和还原剂，可以控制银镜的形成速度，获得非常均一的镀层。

材料	$C_2H_2(OH)_2(COOH)_2$ 浓度/%								
	1	1	20	20	30	30	30	50	50
	温度/℃								
	90	100～BP	70	100	60	90	102～BP	50	70
碳钢	×	×	×	×	×	×	×	×	×
Moda 410S/4000	×	×	×	×	×	×	×	×	×
Moda 430/4016	○	○	●	×	×	×	×	×	×
Core 304L/4307	○	○	○	●	○	●	●	○	○
Supra 444/4521	○	○	○	○	○	○	○	○	○
Supra 316L/4404	○	○	○	○	○	○	○	○	○
Ultra 317L/4439	○	○	○	○	○	○	○	○	○
Ultra 904L	○	○	○	○	○	○	○	○	○
Ultra 254 SMO	○	○	○	○	○	○	○	○	○
Ultra 4565	○	○	○	○	○	○	○	○	○

材料	$C_2H_2(OH)_2(COOH)_2$ 浓度/%								
	1	1	20	20	30	30	30	50	50
	温度/℃								
	90	100~BP	70	100	60	90	102~BP	50	70
Ultra 654 SMO	○	○	○	○	○	○	○	○	○
Forta LDX 2101	○	○	○		○			○	○
Forta DX 2304	○	○	○	○	○	○	○	○	○
Forta LDX 2404	○	○	○	○	○	○	○	○	○
Forta DX 2205	○	○	○	○	○	○	○	○	○
Forta SDX 2507	○	○	○	○	○	○	○	○	○
Ti	○	●	○	●	○	●	●	○	●

材料	$C_2H_2(OH)_2(COOH)_2$ 浓度/%						
	50	50	60	60	70	75	75
	温度/℃						
	90	106~BP	80	100	114~BP	100	118~BP
碳钢	×	×	×	×	×	×	×
Moda 410S/4000	×	×	×	×	×	×	×
Moda 430/4016	×	×	×	×	×	×	×
Core 304L/4307	●	×	●	×	×	×	×
Supra 444/4521	○	○	○	○	○	○	×
Supra 316L/4404	○	●	○	●	●	●	●
Ultra 317L/4439	○	●	○	●	●	●	●
Ultra 904L	○	●	○	●	●	●	●
Ultra 254 SMO	○	○	○	○	○		
Ultra 4565	○						
Ultra 654 SMO	○	○	○	○	○		
Forta LDX 2101							
Forta DX 2304	○	○	○	○	○		
Forta LDX 2404							
Forta DX 2205	○	○	○	○	○		
Forta SDX 2507	○	○	○	○	○		
Ti	●	×	●	●	●	●	●

Isocorrosion Diagram（等蚀图）

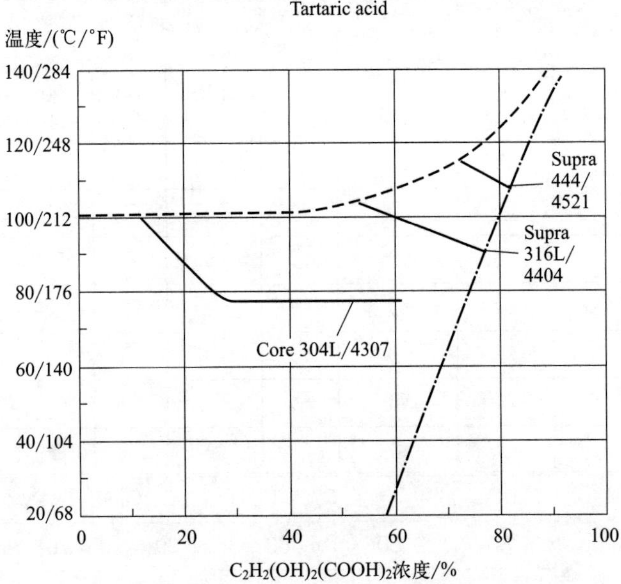

等蚀图，0.1mm/a，化学纯度的酒石酸。虚线表示沸点，点画线表示溶解度。

T

Tartaric acid + sulphuric acid（酒石酸 + 硫酸）

$C_2H_2(OH)_2(COOH)_2 + H_2SO_4$

$C_2H_2(OH)_2(COOH)_2$ 浓度为饱和，H_2SO_4 浓度为 4%时：

材料	温度/℃		
	40	60	80
碳钢			
Moda 410S/4000			
Moda 430/4016			
Core 304L/4307	○	●	×
Supra 444/4521			
Supra 316L/4404	○	○	●
Ultra 317L/4439			
Ultra 904L	○	○	●
Ultra 254 SMO	○	●	●
Ultra 4565			
Ultra 654 SMO			
Forta LDX 2101			
Forta DX 2304			
Forta LDX 2404			
Forta DX 2205			
Forta SDX 2507			
Ti			

Textile dyes（纺织染料）

碱性、中性、酸性

所有浓度，温度为 BP 时：

材料	性能
碳钢	
Moda 410S/4000	
Moda 430/4016	○
Core 304L/4307	○
Supra 444/4521	○
Supra 316L/4404	○
Ultra 317L/4439	○
Ultra 904L	○
Ultra 254 SMO	○
Ultra 4565	○
Ultra 654 SMO	○
Forta LDX 2101	○
Forta DX 2304	○
Forta LDX 2404	○
Forta DX 2205	○
Forta SDX 2507	○
Ti	○

Thionyl chloride（亚硫酰氯）

$SOCl_2$

注意

不锈钢在潮湿的情况下有点蚀和应力腐蚀的危险。

淡黄色至红色，发烟液体，有强烈刺激性气味。熔点：−105℃；密度：1.638g/mL；沸点：78.8℃。可混溶于苯、氯仿、四氯化碳等。能溶解某些金属的碘化物，在水中分解为亚硫酸和盐酸。加热到约140℃则分解成氯、二氧化硫和一氧化硫。与磺酸反应生成磺酰氯，与格氏试剂反应生成相应的亚砜化合物。与羟基的酚、醇有机物反应生成相应的氯化物，它的氯原子取代羟基和巯基能力显著，有时还可取代二氧化硫、氢、氧。

用于有机物，如醇类羟基、酸酐、有机磺酸和硝基化合物合成或置换的氯化剂，也用于闭环反应中噻唑啉、吡咯烷、酰胺等合成的氯酰化剂，还用于药物中间体、有机酸酐、染料中间体等合成的催化剂。此外，还用作测定芳香族胺和脂肪族胺的分析试剂。可由亚硫酸钙与五氯化磷共热制得。

$SOCl_2$ 浓度为100%，温度为20～40℃时：

材料	性能
碳钢	×
Moda 410S/4000	●
Moda 430/4016	○
Core 304L/4307	○
Supra 444/4521	○
Supra 316L/4404	○
Ultra 317L/4439	○
Ultra 904L	○
Ultra 254 SMO	○
Ultra 4565	○
Ultra 654 SMO	○
Forta LDX 2101	○
Forta DX 2304	○
Forta LDX 2404	○
Forta DX 2205	○
Forta SDX 2507	○
Ti	○

T

Tin（锡）

Sn

锡，一种略带蓝色的白色光泽的低熔点金属元素。碳族元素，原子序数50，相对原子质量118.71，元素名来源于拉丁文。锡在地壳中的含量为0.004%，几乎都以锡石（氧化锡）的形式存在，此外还有极少量的锡的硫化物矿。锡有14种同位素，其中10种是稳定同位素，分别是：锡112、114、115、116、117、118、119、120、122、124。锡柔软，用小刀能切开它，易弯曲。熔点231.89℃，沸点2260℃。有三种同素异形体：

① 白锡为四方晶系，晶胞参数：$a=0.5832$nm，$c=0.3181$nm。晶胞中含4个Sn原子，密度7.28g/cm^3，硬度2，延展性好。

② 灰锡为金刚石形立方晶系，晶胞参数：$a=0.6489$nm。晶胞中含8个Sn原子，密度5.75g/cm^3。

③ 脆锡为正交晶系，密度6.54g/cm^3。

锡的化学性质很稳定，在常温下不易被氧气氧化，所以它经常保持银闪闪的光泽。无毒。与卤素加热反应生成四卤化锡，也能与硫反应。锡对水稳定，能缓慢溶于稀酸，较快溶于浓酸中，能溶于强碱性溶液，在氯化铁、氯化锌等盐类的酸性溶液中会被腐蚀。

锡是大名鼎鼎的“五金”——金、银、铜、铁、锡之一。主要用于制造合金。锡与硫的化合物——硫化锡，颜色与金子相似，常用作金色颜料。锡与氧的化合物——二氧化锡，可用于制造搪瓷、白釉与乳白玻璃。锡器的材质是一种合金，其中纯锡含量在97%以上，不含铅，适合日常使用。锡在我国古代常被用来制作青铜。锡和铜的比例为3∶7。锡是排在白金、黄金及银后面的第四种贵金属，它富有光泽，无毒，不易氧化变色，具有很好的杀菌、净化、保鲜效用。生活中常用于食品保鲜，可作为罐头内层的防腐膜等。焊锡，也含有锡，一般含锡61%，有的是铅锡各半，也有的是由90%铅、6%锡和4%锑组成。

Sn为熔融时：

材料	温度/℃				
	300	350	400	500	700
碳钢					
Moda 410S/4000	×	×	×	×	×
Moda 430/4016	×	×	×	×	×
Core 304L/4307	○		●	×	×
Supra 444/4521					
Supra 316L/4404	○		●	×	×

续表

材料	温度/℃				
	300	350	400	500	700
Ultra 317L/4439	○		●	×	×
Ultra 904L	○				
Ultra 254 SMO					
Ultra 4565					
Ultra 654 SMO					
Forta LDX 2101					
Forta DX 2304					
Forta LDX 2404					
Forta DX 2205					
Forta SDX 2507					
Ti	○	○		●	●

T

Tincture of iodine（碘酒）

$I_2H + C_2H_5OH$

碘酒，家庭常备药品之一，是由碘化钾、碘溶解于酒精溶液而制成。碘酒具有强大的杀死病原体的作用，它可以让病原体中的蛋白质发生变异，从而杀死病原体。碘酒常用于治疗病毒性、真菌性、细菌性等皮肤病。还可用于毛囊炎、牙周炎、牙龈炎、感染性唇炎、口腔黏膜感染、脂溢性皮炎等的治疗。

I_2H 浓度为 10%，C_2H_5OH 为所有浓度，温度为 20℃时：

材料	性能
碳钢	
Moda 410S/4000	
Moda 430/4016	
Core 304L/4307	○$_p$
Supra 444/4521	○$_p$
Supra 316L/4404	○$_p$
Ultra 317L/4439	○$_p$
Ultra 904L	○$_p$
Ultra 254 SMO	
Ultra 4565	
Ultra 654 SMO	
Forta LDX 2101	
Forta DX 2304	
Forta LDX 2404	
Forta DX 2205	
Forta SDX 2507	
Ti	○

Toluene（甲苯）

$C_6H_5CH_3$

无色澄清液体，有苯样气味。有强折光性。能与乙醇、乙醚、丙酮、氯仿、二硫化碳和冰醋酸混溶，极微溶于水。相对密度 0.866，凝固点－95℃，沸点 110.6℃，折光率 1.4967，闪点（闭杯）4.4℃。易燃。蒸气能与空气形成爆炸性混合物，爆炸极限 1.2%～7.0%（体积）。高浓度气体有麻醉性。有刺激性。化学性质活泼，与苯相像。可进行氧化、磺化、硝化和歧化反应，以及侧链氯化反应。甲苯能被氧化成苯甲酸。

甲苯大量用作溶剂和高辛烷值汽油添加剂，也是有机化工的重要原料，但与此同时与从煤和石油得到的苯和二甲苯相比，目前的产量相对过剩，因此相当数量的甲苯用于脱烷基制苯或歧化制二甲苯。甲苯衍生的一系列中间体，广泛用于染料、医药、农药、炸药、助剂、香料等精细化学品的生产，也用于合成材料工业。甲苯进行侧链氯化得到的一氯苄、二氯苄和三氯苄，包括它们的衍生物苯甲醇、苯甲醛和苯甲酰氯（一般也由苯甲酸光气化得到），在医药、农药、染料，特别是香料合成中应用广泛。甲苯的环氯化产物是农药、医药、染料的中间体。由甲苯氧化得到的苯甲酸，是重要的食品防腐剂（主要使用其钠盐），也用作有机合成的中间体。甲苯及苯衍生物经磺化制得的中间体，包括对甲苯磺酸及其钠盐、CLT 酸、甲苯-2,4-二磺酸、苯甲醛-2,4-二磺酸钠、甲苯磺酰氯等，用于洗涤剂添加剂、化肥防结块添加剂、有机颜料、医药、染料的生产。甲苯硝化制得大量的中间体，可衍生得到很多最终产品；其中在聚氨酯制品、染料和有机颜料、橡胶助剂、医药、炸药等方面最为重要。甲苯可与浓硝酸反应生成三硝基甲苯（即 TNT）。

$C_6H_5CH_3$ 浓度为 100%，温度为 BP 时：

材料	性能
碳钢	
Moda 410S/4000	○
Moda 430/4016	○
Core 304L/4307	○
Supra 444/4521	○
Supra 316L/4404	○
Ultra 317L/4439	○
Ultra 904L	○
Ultra 254 SMO	○
Ultra 4565	○

续表

材料	性能
Ultra 654 SMO	○
Forta LDX 2101	○
Forta DX 2304	○
Forta LDX 2404	○
Forta DX 2205	○
Forta SDX 2507	○
Ti	○

T

Trichloroethylene（三氯乙烯）

C_2HCl_3

〈注意〉

在潮湿的情况下，不锈钢有点蚀和应力腐蚀的危险。

无色透明液体，有似氯仿的气味。熔点（℃）：－87.1，相对密度（水＝1）：1.46；沸点（℃）：87.1。不溶于水，溶于乙醇、乙醚，可混溶于多数有机溶剂。在120℃以下对一般金属无腐蚀作用。与90％的硫酸反应生成一氯代乙酸；与氯加成生成五氯乙烷。加热或高温时与氧反应生成剧毒的光气。

优良的溶剂，用作金属表面处理剂，电镀、上漆前的清洁剂，金属脱脂剂，脂肪、油、石蜡的萃取剂。用于有机合成、农药的生产。三氯乙烯用于生产四氯乙烯（可作为驱肠虫药），用于生产六氯乙烷作为兽用驱虫药，来防治反刍兽类肝片吸虫病及线虫病等。

C_2HCl_3 浓度为100％时：

材料	温度/℃	
	20	BP
碳钢		×
Moda 410S/4000		×
Moda 430/4016		●
Core 304L/4307	○	○
Supra 444/4521		○
Supra 316L/4404	○	○
Ultra 317L/4439	○	○
Ultra 904L	○	○
Ultra 254 SMO	○	○
Ultra 4565	○	○
Ultra 654 SMO	○	○
Forta LDX 2101	○	○
Forta DX 2304	○	○
Forta LDX 2404	○	○
Forta DX 2205	○	○
Forta SDX 2507	○	○
Ti	○	○

Turpentine，oil of turpentine（松节油）

$C_{10}H_{16}$

松节油是透明无色具有芳香味的液体，相对密度为 0.86～0.87，折光指数为 1.4670～1.4710，熔点－60～－50℃，沸点 150～180℃。松节油与乙醚、酒精、苯、二硫化碳、四氯化碳等有机溶剂互溶。松节油本身无酸性，但受外界氧化作用而成游离酸。若含水含酸或与空气接触则颜色易发生变化，若无水无酸又不与空气接触，则不易变色。松节油不溶于水，易挥发，属二级易燃液体，闪点 32℃，自燃点 235℃。遇高热易爆炸，遇强氧化剂亦能燃烧爆炸，爆炸极限在 32～53℃时为 0.8%～62%（体积）。松节油的组分比较复杂，在近代的分析中常采用物理分析方法测定其物理常数，如沸点、相对密度、折射率、旋光度、熔点和黏度等。

松节油是一种天然精油，是以蒎烯为主的多种萜类的混合物，有特有的化学活性，可用作生产涂料、合成樟脑、松油醇、合成香料、医药、合成树脂等的化工原料。

所有浓度，温度为 20℃时：

材料	性能
碳钢	
Moda 410S/4000	○
Moda 430/4016	○
Core 304L/4307	○
Supra 444/4521	○
Supra 316L/4404	○
Ultra 317L/4439	○
Ultra 904L	○
Ultra 254 SMO	○
Ultra 4565	○
Ultra 654 SMO	○
Forta LDX 2101	○
Forta DX 2304	○
Forta LDX 2404	○
Forta DX 2205	○
Forta SDX 2507	○
Ti	○

T

Urea（尿素）

$CO(NH_2)_2$

尿素是由碳、氮、氧和氢组成的有机化合物，又称脲。其化学式为 CON_2H_4、$CO(NH_2)_2$ 或 CN_2H_4O，分子量 60，国际非专利药品名称为 Carbamide。熔点 132.7℃，沸点 196.6℃。外观是白色晶体或粉末。它是动物蛋白质代谢后的产物，通常用作植物的氮肥。

尿素在肝中合成，是哺乳类动物排出的体内含氮代谢物。这个代谢过程称为尿素循环。尿素是第一种以人工合成无机物质而得到的有机化合物。可与酸作用生成盐。有水解作用。因为在人尿中含有这种物质，所以取名尿素。尿素含氮（N）46%，是固体氮肥中含氮量最高的。

尿素在酸、碱、酶作用下（酸、碱需加热）能水解生成氨和二氧化碳。对热不稳定，加热至 150～160℃将脱氨成缩二脲。若迅速加热将脱氨而三聚成六元环化合物三聚氰酸（机理：先脱氨生成异氰酸（HN═C═O），再三聚）。加热至 160℃分解，产生氨气同时变为氰酸。与乙酰氯或乙酸酐作用可生成乙酰脲与二乙酰脲。在乙醇钠作用下与丙二酸二乙酯反应生成丙二酰脲（又称巴比妥酸，因其有一定酸性）。在氨水等碱性催化剂作用下能与甲醛反应，缩聚成脲醛树脂。与水合肼作用生成氨基脲。

尿素易溶于水，在 20℃时 100mL 水中可溶解 105g，水溶液呈中性。尿素产品有两种。结晶尿素呈白色针状或棱柱状晶形，吸湿性强；粒状尿素为粒径 1～2mm 的半透明颗粒，外观光洁，吸湿性有明显改善。20℃时临界吸湿点为相对湿度 80%，但 30℃时，临界吸湿点降至 72.5%，故尿素要避免在盛夏潮湿气候下敞开存放。目前常在尿素生产中加入石蜡等疏水物质，其吸湿性大大下降。

广泛应用于农业、工业、实验室。

材料	$CO(NH_2)_2$ 浓度/%	
	32.5	所有浓度
	温度/℃	
	45	180
碳钢		
Moda 410S/4000		

续表

材料	$CO(NH_2)_2$浓度/%	
	32.5	所有浓度
	温度/℃	
	45	180
Moda 430/4016		
Core 304L/4307	○	
Supra 444/4521		
Supra 316L/4404		○
Ultra 317L/4439		○
Ultra 904L		○
Ultra 254 SMO		
Ultra 4565		
Ultra 654 SMO		
Forta LDX 2101	○	
Forta DX 2304	○	
Forta LDX 2404		
Forta DX 2205		
Forta SDX 2507		
Ti		○

U

Urine（尿）

注意

如果提供连续或定期的水冲洗，不会有点蚀的风险。

尿液的主要成分是水，占96%～97%，固体成分占3%～4%。正常成人每天排出固体物质约60g，固体物质中无机盐约25g，其中一半是钠、氯离子；有机物约35g，其中尿素约30g，其余是少量的糖类、蛋白质及体内多种代谢产物。

温度为0～60℃时：

材料	性能
碳钢	
Moda 410S/4000	
Moda 430/4016	
Core 304L/4307	○$_p$
Supra 444/4521	
Supra 316L/4404	○$_p$
Ultra 317L/4439	○$_p$
Ultra 904L	○$_p$
Ultra 254 SMO	
Ultra 4565	
Ultra 654 SMO	
Forta LDX 2101	
Forta DX 2304	
Forta LDX 2404	
Forta DX 2205	
Forta SDX 2507	
Ti	○

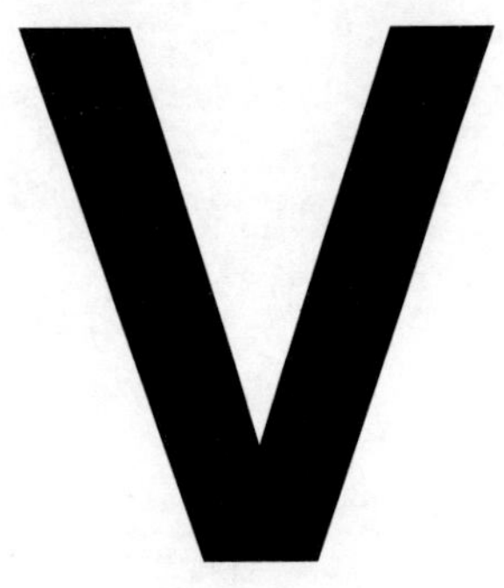

Vinegar（醋）

醋是主要含乙酸2%～9%（质量分数）的水溶液，酿造醋除含乙酸外，还含有多种氨基酸以及其他很多微量物质。

浓度为4%～6%，温度为20℃时：

材料	性能
碳钢	
Moda 410S/4000	
Moda 430/4016	○
Core 304L/4307	○
Supra 444/4521	○
Supra 316L/4404	○
Ultra 317L/4439	○
Ultra 904L	○
Ultra 254 SMO	○
Ultra 4565	○
Ultra 654 SMO	○
Forta LDX 2101	○
Forta DX 2304	○
Forta LDX 2404	○
Forta DX 2205	○
Forta SDX 2507	○
Ti	○

White liquor, artificial（白液，人造）

白液是造纸工业中对一种蒸煮药液的俗称。其组成是氢氧化钠和硫化钠的水溶液，其中氢氧化钠的浓度为 1.0mol/L，硫化钠的浓度为 0.2mol/L。pH 值为 13.5～14.0，药液的活性组分为氢氧离子（OH^-）和硫氢离子（HS^-），氢氧离子来自氢氧化钠和硫化钠的水解：

$$S^{2-}+H_2O \longrightarrow HS^-+OH^-$$

$$HS^-+H_2O \longrightarrow H_2S+OH^-$$

白液用于硫酸盐法的蒸煮液，其之所以称为白液，是相对于在制浆过程中其他液体呈“黑色”“绿色”“红色”而言，没有其他含义。

材料	浓度/%		
	含 4% NaCl		含 1% NaCl
	温度/℃		
	90	103	180
碳钢			
Moda 410S/4000			
Moda 430/4016		○	
Core 304L/4307	○	○	○
Supra 444/4521		○	
Supra 316L/4404	○	○	○
Ultra 317L/4439			○
Ultra 904L			○
Ultra 254 SMO			○

续表

材料	浓度/%		
	含 4% NaCl		含 1% NaCl
	温度/℃		
	90	103	180
Ultra 4565			○
Ultra 654 SMO			○
Forta LDX 2101	○	○	○
Forta DX 2304	○	○	○
Forta LDX 2404	○	○	○
Forta DX 2205	○	○	○
Forta SDX 2507	○	○	○
Ti			○

W

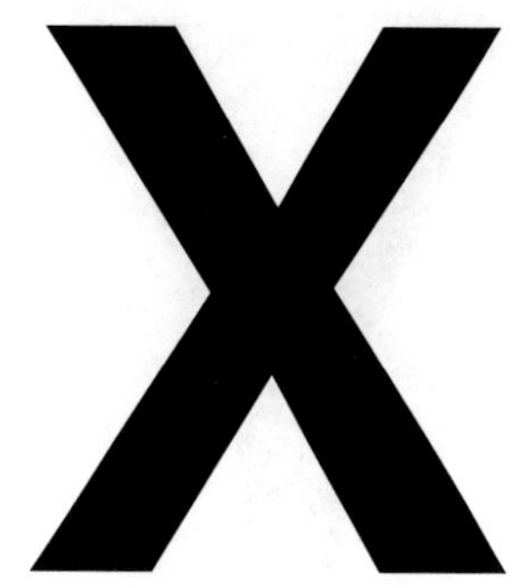

Xylene（二甲苯）

$C_6H_4(CH_3)_2$

无色透明液体，有类似甲苯的气味。熔点（℃）：−25；沸点（℃）：144.4；相对密度（水=1）：0.88。不溶于水，可混溶于乙醇、乙醚、氯仿等多数有机溶剂。

主要用作化工原料和溶剂。可用于生产染料、杀虫剂和药物，如维生素等。亦可用作航空汽油添加剂。还用于制造邻苯二甲酸酐、邻苯二甲腈、二甲苯酚和二甲苯等。

$C_6H_4(CH_3)_2$ 为所有浓度，温度为 BP 时：

材料	性能
碳钢	
Moda 410S/4000	○
Moda 430/4016	○
Core 304L/4307	○
Supra 444/4521	○
Supra 316L/4404	○
Ultra 317L/4439	○
Ultra 904L	○
Ultra 254 SMO	○
Ultra 4565	○
Ultra 654 SMO	○
Forta LDX 2101	○
Forta DX 2304	○
Forta LDX 2404	○
Forta DX 2205	○
Forta SDX 2507	○
Ti	○

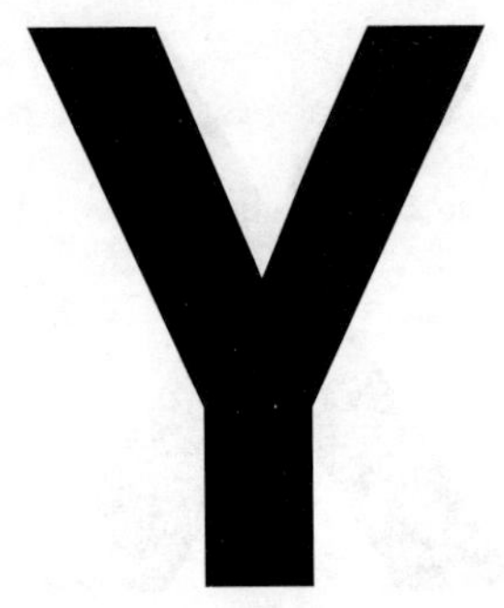

Yeast（酵母）

酵母是一种肉眼看不见的微小单细胞微生物，能将糖发酵成酒精和二氧化碳，分布于整个自然界，是一种典型的异养兼性厌氧微生物，在有氧和无氧条件下都能够存活，是一种天然发酵剂。

一般泛指能发酵糖类的各种单细胞真菌，可用于酿造生产，也可为致病菌，是遗传工程和细胞周期研究的模式生物。酵母菌是人类文明史中被应用得最早的微生物。目前已知有 1000 多种酵母，根据酵母菌产生孢子（子囊孢子和担孢子）的能力，可将酵母分成三类：形成孢子的株系属于子囊菌和担子菌；不形成孢子但主要通过出芽生殖来繁殖的称为不完全真菌，或者叫“假酵母”（类酵母）。

酵母菌在自然界分布广泛，主要生长在偏酸性的潮湿含糖环境。2018 年 2 月，酵母长染色体的精准定制合成荣获 2017 年度中国科学十大进展。

所有浓度，温度为 20℃～BP 时：

材料	性能
碳钢	
Moda 410S/4000	○
Moda 430/4016	○
Core 304L/4307	○
Supra 444/4521	○
Supra 316L/4404	○
Ultra 317L/4439	○
Ultra 904L	○
Ultra 254 SMO	○
Ultra 4565	○

续表

材料	性能
Ultra 654 SMO	○
Forta LDX 2101	○
Forta DX 2304	○
Forta LDX 2404	○
Forta DX 2205	○
Forta SDX 2507	○
Ti	○

Z

Zinc（锌）

Zn

锌是一种化学元素，原子序数是30。锌是一种青白色、光亮、具有反磁性的金属，其密度比铁略小，呈六边形晶体结构。

锌是第四“常见”的金属，仅次于铁、铝及铜。不过不是地壳中含量最丰富的元素之一（前几名是氧、硅、铝、铁、钙、钠、钾、镁）。在常温下锌硬而易碎，但在100～150℃下会变得有韧性。当温度超过210 ℃时，锌又重新变脆，可以用敲打来粉碎它。锌的电导率居中。在所有金属中，它的熔点（420℃）和沸点（900℃）相对较低。除了汞和镉以外，它的熔点是所有过渡金属里最低的。锌在现代工业中在电池制造上有不可磨灭的地位（电池表面是锌皮），为一相当重要的金属。

用作分析试剂，如作还原剂，用于砷、铜、硝酸盐等的测定，或与乙酸、盐酸、硫酸、碱、水（含氯化铵）等共用作还原剂。也用于电镀锌和制备有色金属合金。

Zn为熔融，温度为500℃时：

材料	性能
碳钢	×
Moda 410S/4000	×
Moda 430/4016	×
Core 304L/4307	×
Supra 444/4521	×
Supra 316L/4404	×
Ultra 317L/4439	×
Ultra 904L	×
Ultra 254 SMO	

续表

材料	性能
Ultra 4565	
Ultra 654 SMO	
Forta LDX 2101	
Ultra 317L/4439	×
Forta DX 2304	
Forta LDX 2404	
Forta DX 2205	
Forta SDX 2507	
Ti	×

Zinc carbonate（碳酸锌）

$ZnCO_3$

白色细微无定形粉末。无臭、无味。相对密度 4.42～4.45，沸点 333.6℃。不溶于水和醇，微溶于氨，能溶于稀酸和氢氧化钠中。与 30%双氧水作用，释出二氧化碳，形成过氧化物。

碳酸锌在医药上用作皮肤保护剂，在饲料中用于补锌剂，在化肥行业中用作脱硫，在橡胶制品、油漆等其它化工产品中也可广泛应用。

熔融态，温度为 500℃时：

材料	性能
碳钢	○
Moda 410S/4000	○
Moda 430/4016	○
Core 304L/4307	○
Supra 444/4521	○
Supra 316L/4404	○
Ultra 317L/4439	○
Ultra 904L	○
Ultra 254 SMO	○
Ultra 4565	○
Ultra 654 SMO	○
Forta LDX 2101	○
Forta DX 2304	○
Forta LDX 2404	○
Forta DX 2205	○
Forta SDX 2507	○
Ti	○

Zinc chloride（氯化锌）

$ZnCl_2$

白色粒状、棒状或粉末，无气味。氯化锌是常温下溶解度最大的固体盐，但在80℃以上，硝酸铵的溶解度要远大于氯化锌。氯化锌易溶于水（其水溶液对石蕊呈酸性，pH约为4），溶于甲醇、乙醇、甘油、丙酮、乙醚，不溶于液氨。相对密度2.907，熔点约290℃，沸点732℃。潮解性强，能从空气中吸收水分而潮解。具有溶解金属氧化物和纤维素的特性。熔融氯化锌有很好的导电性能。灼热时有浓厚的白烟生成。有腐蚀性。

水中溶解度表：

温度/℃	溶解度/（g/100g）
0	342
10	353
20	395
30	437
40	452
60	488
80	541
100	614

氯化锌是无机盐工业的重要产品之一，可作为生产活性炭的活化剂，使活性炭成为多孔性物，增大其表面积；也用于制造抗溶性泡沫灭火液和生产氰化锌。有机工业用作聚丙烯腈的溶剂，有机合成的接触剂、脱水剂、缩合剂、去臭剂、特种表面活化剂及用于香兰素、兔耳草醛、消炎痛药物、阳离子交换树脂生产的催化剂。石油工业用作净化剂。染料工业用作冰染染料显色剂的稳定剂，也用于活性染料、阳离子染料的生产。橡胶工业用作硫化促进剂的辅助材料。印染工业用作媒染剂、丝光剂、增重剂。电镀工业用作铵盐镀锌的锌离子添加剂。颜料工业用作白色颜料原料。冶金工业用于生产铝合金和处理金属表面。焊接时作为除锈剂。选煤厂常用于做浮沉实验。

材料	$ZnCl_2$ 浓度/%				
	5~20	5~20	20~70	75	80
	温度/℃				
	20	BP	150	200	150
碳钢		×	×	×	×
Moda 410S/4000	○$_{p}$	●$_{ps}$	×	×	×
Moda 430/4016	○$_{p}$	●$_{ps}$	×	×	×
Core 304L/4307	○$_{p}$	●$_{ps}$	●$_{ps}$	×	×
Supra 444/4521	○$_{p}$	p	p	p	p
Supra 316L/4404	○$_{p}$	○$_{ps}$	○$_{ps}$	●$_{ps}$	●$_{ps}$
Ultra 317L/4439	○$_{p}$	○$_{ps}$	○$_{ps}$	○$_{ps}$	●$_{ps}$
Ultra 904L	○$_{p}$	○$_{ps}$	○$_{ps}$	○$_{ps}$	○$_{ps}$
Ultra 254 SMO					
Ultra 4565					
Ultra 654 SMO					
Forta LDX 2101					
Forta DX 2304					
Forta LDX 2404					
Forta DX 2205					
Forta SDX 2507					
Ti	○	○	○	●$_{p}$	●$_{p}$

Zinc cyanide（氰化锌）

$Zn(CN)_2$

白色粉末。熔点（℃）：800（分解）；相对密度（水=1）：1.85。不溶于冷水，微溶于热水、乙醇、乙醚，溶于稀无机酸、碱液、氨水。

主要用作氰化镀锌和氰化镀锌铁合金电解液中锌离子的来源。还用于制造医药、农药，也用于有机合成。

$Zn(CN)_2$ 为所有浓度，温度为 20℃时：

材料	性能
碳钢	
Moda 410S/4000	
Moda 430/4016	○
Core 304L/4307	○
Supra 444/4521	○
Supra 316L/4404	○
Ultra 317L/4439	○
Ultra 904L	○
Ultra 254 SMO	○
Ultra 4565	○
Ultra 654 SMO	○
Forta LDX 2101	○
Forta DX 2304	○
Forta LDX 2404	○
Forta DX 2205	○
Forta SDX 2507	○
Ti	○

Zinc nitrate（硝酸锌）

$Zn(NO_3)_2$

无色四方晶系晶体，无气味。105～131℃失去水分。溶于约 0.5 份水，易溶于乙醇，水溶液对石蕊呈酸性，5%水溶液的 pH 为 5.1。相对密度（d_{14}）2.065，熔点约 36℃。有氧化性，有腐蚀性。

可用于测定血液中硫的浑浊度。还用于配制酸化催化剂、乳胶凝结剂、树脂加工催化剂、印染媒染剂、钢铁磷化剂及机器零件镀锌等。

$Zn(NO_3)_2$ 浓度为 75%，温度为 175℃时：

材料	性能
碳钢	
Moda 410S/4000	
Moda 430/4016	○
Core 304L/4307	○
Supra 444/4521	○
Supra 316L/4404	○
Ultra 317L/4439	○
Ultra 904L	○
Ultra 254 SMO	○
Ultra 4565	○
Ultra 654 SMO	○
Forta LDX 2101	○
Forta DX 2304	○
Forta LDX 2404	○
Forta DX 2205	○
Forta SDX 2507	○
Ti	○

Zinc sulphate（硫酸锌）

$ZnSO_4$

硫酸锌是最重要的锌盐，无色斜方晶系晶体、颗粒或粉末，无气味，味涩。熔点100℃，沸点330℃。有多种水合物：在0～39℃范围内与水相平衡的稳定水合物为七水硫酸锌（俗称皓矾，是一种天然矿物），39～60℃内为六水硫酸锌，60～100℃内则为一水硫酸锌；当加热到280℃时各种水合物完全失去结晶水，750℃以上进一步分解，最后在930℃左右分解为氧化锌和三氧化硫。

硫酸锌是制造锌钡白和锌盐的主要原料，也可用作印染媒染剂，木材和皮革的保存剂，也是生产黏胶纤维和维纶纤维的重要辅助原料。另外，在电镀和电解工业中也有应用，还可以用于制造电缆。医药上用于催吐剂。农业上可用于防止果树苗圃的病害，也是一种常用肥料，可做基肥、叶面肥等。

Z

材料	$ZnSO_4$ 浓度/%	
	20	40
	温度/℃	
	20～BP	BP
碳钢		×
Moda 410S/4000		×
Moda 430/4016		×
Core 304L/4307	○	●p
Supra 444/4521	○	
Supra 316L/4404	○	○
Ultra 317L/4439	○	○
Ultra 904L	○	○
Ultra 254 SMO	○	○
Ultra 4565	○	○
Ultra 654 SMO	○	○
Forta LDX 2101	○	
Forta DX 2304	○	○
Forta LDX 2404	○	○
Forta DX 2205	○	○
Forta SDX 2507	○	○
Ti	○	○

Zirconium oxychloride（氧氯化锆）

$ZrOCl_2$

氧氯化锆是一种无机化工产品，白色至淡黄色微结晶粉末。分子量为 178.1294；密度（g/mL，25℃）：1.344；熔点（℃）：−15。易溶于水（水溶液呈酸性）、乙醇、甲醇，不溶于醚及其它有机溶剂。

氢氧化锆盐酸法采用锆英石与烧碱熔融，漂洗、除硅之后与硫酸作用，再加入氨水，得到氢氧化锆沉淀，用盐酸溶解沉淀物，得到氧氯化锆，经蒸发浓缩、冷却结晶、晶体粉碎，制得氧氯化锆成品。

用作油田地层泥土稳定剂，橡胶添加剂，涂料干燥剂，耐火材料，陶瓷、釉和纤维处理剂，造纸工业废水凝集处理剂，还可用于制造二氧化锆等。

材料	$ZrOCl_2$ 浓度/%			
	11	11	20	20
	温度/℃			
	80	100	80	100
碳钢				
Moda 410S/4000	×	×	×	×
Moda 430/4016	×	×	×	×
Core 304L/4307	×	×	×	×
Supra 444/4521	p	p	p	p
Supra 316L/4404	●ps	×	●ps	×
Ultra 317L/4439	●ps	×	●ps	×
Ultra 904L	○ps	○ps	○ps	●ps
Ultra 254 SMO				
Ultra 4565				
Ultra 654 SMO				
Forta LDX 2101				
Forta DX 2304				
Forta LDX 2404				
Forta DX 2205				
Forta SDX 2507				
Ti	○	○	○	○